普通高等教育物理类专业"十四五"系列教材

U0151682

射线检测

主　编　吴俊芳
副主编　成鹏飞　严祥安　苏耀恒　王秋萍

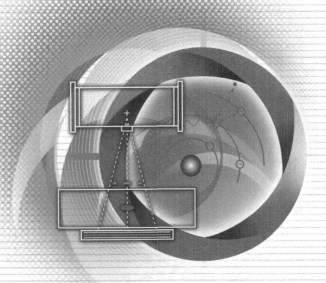

西安交通大学出版社
XI'AN JIAOTONG UNIVERSITY PRESS

内容简介

本书是普通高等教育本科教材,主要用于培养从事射线检测的行业人才。本书主要以最新 NB/T47013.2—2015 标准为基础,结合射线检测的基本理论和实践操作系统地介绍了射线检测技术。本书通过嵌入视频、音频、课前预习、作业、试卷、拓展资源、主题讨论等数字资源,将教材、课堂、教学资源三者融合,实现线上线下结合的教材新模式。

全书共 8 章,内容包括射线检测的物理基础、射线检测的设备和器材、射线照相灵敏度的影响因素、射线透照工艺、暗室处理技术、射线照相底片的评定、辐射防护、其他射线检测方法和技术。

本书可作为普通高等院校的本科教材,也可作为从事无损检测技术人员取证培训学习和相关专业教师教学参考用书等。

图书在版编目(CIP)数据

射线检测 / 吴俊芳主编;成鹏飞等副主编. —西安:西安交通大学出版社,2023.11(2025.1重印)
ISBN 978-7-5693-2599-7

Ⅰ.①射… Ⅱ.①吴… ②成… Ⅲ.①射线检验
Ⅳ.①TG115.28

中国版本图书馆 CIP 数据核字(2022)第 078578 号

书　　名	射线检测	
	SHEXIAN JIANCE	
主　　编	吴俊芳	
副 主 编	成鹏飞　严祥安　苏耀恒　王秋萍	
责任编辑	毛　帆　刘雅洁	
责任校对	李　佳	
出版发行	西安交通大学出版社	
	(西安市兴庆南路 1 号　邮政编码 710048)	
网　　址	http://www.xjtupress.com	
电　　话	(029)82668357　82667874(市场营销中心)	
	(029)82668315(总编办)	
传　　真	(029)82668280	
印　　刷	西安日报社印务中心	
开　　本	787 mm×1092 mm　　1/16　印张 14.375　　字数 345 千字	
版次印次	2023 年 11 月第 1 版　2025 年 1 月第 2 次印刷	
书　　号	ISBN 978-7-5693-2599-7	
定　　价	38.00 元	

如发现印装质量问题,请与本社市场营销中心联系。
订购热线:(029)82665248　(029)82667874
投稿热线:(029)82668577　QQ:354528639
读者信箱:354528639@qq.com

版权所有　侵权必究

前　言

　　本书是作者依据无损检测人才培养的需求,结合应用物理学专业的物理基础及中华人民共和国能源行业标准 NB/T 47013.2—2015,编写的适合本科教学和行业需求的教材。

　　《射线检测》教材是按照 2015 年颁布的最新版本的射线检测标准,即中华人民共和国能源行业标准 NB/T 47013.2—2015,与射线检测行业发展同步,便于大家学习最新的标准和技能。

　　本教材与课程配合,以嵌入二维码的纸质教材为载体,嵌入了视频、音频、课前预习、作业、试卷、拓展资源、主题讨论等数字资源,并添加了拓展知识阅读、课程思政内容、试卷及其答案等内容,将教材、课堂、教学资源三者融合,实现线上线下结合的教材新模式。

　　本教材内容包括绪论、第 1 章射线检测的物理基础、第 2 章射线检测的设备和器材、第 3 章射线照相质量的影响因素、第 4 章射线透照工艺、第 5 章暗室处理技术、第 6 章射线照相底片的评定、第 7 章辐射防护和第 8 章其他射线检测方法及技术等内容。

　　本人长期从事射线检测课程的教学工作,教学中使用的“射线检测”多媒体课件获得教育部优秀多媒体课件,在从事理论教学的同时也不定期在企业中进行实践锻炼。本人在编写教材的过程中,对内容进行了反复的甄选和提炼,并融入了多年的教学及实践工作的经验。

　　吴俊芳作为主编负责了前言、绪论、第 1 章至第 8 章内容的编写和审核工作,严祥安负责第 1 章至第 3 章内容的编写,张崇辉负责第 3 章至第 5 章内容的编写,伍刚、原林及陈爱民共同负责第 6 章至第 8 章内容的编写,成鹏飞、苏耀恒和王秋萍负责书稿中部分资料的整理、数字内容的审核、书稿的审定工作等。西安工程大学理学院应用物理系对于本书的编写给予了大力支持和帮助,系里的同仁们提出了许多宝贵的意见,在编写过程中也参考了许多国内同类教科书,在此一并表示由衷的感谢,由于编者的学识水平有限,书中有不妥之处恳请同行和读者提出宝贵意见和建议。

吴俊芳

目　录

绪　论

什么是无损检测？工业领域中的无损检测类似于人们买西瓜时的"隔皮猜瓜"。买西瓜时，用手轻轻拍打西瓜外皮，听声响或凭手感，想猜一下西瓜的生熟，这是人们常有的习惯。如果对猜想有怀疑，则要求切开看个究竟。用手轻拍，对西瓜是无损坏的、非破坏性的，"隔皮猜瓜"就是生活中的"无损检测"；而"切开看个究竟"，这就是生活中的破坏性检查了。不论无损检测技术如何发展，"隔皮猜瓜"这一主旨内涵不变，对检测结果（猜想）有怀疑时，要解剖（切开）进行验证，这一基本思想也不变。

无损检测（Non Destructive Testing，NDT）就是采用非破坏性手段，对材料或者构件的组织和结构以及不连续性缺陷进行定性、定量和定位的检测技术。

五大常规无损检测方法是：射线检测（Radiographic Testing，RT）、涡流检测（Eddy Current Testing，ECT）、磁粉检测（Magnetic Testing，MT）、渗透检测（Penetrate Testing，PT）和超声检测（Ultrasonic Testing，UT）。五大常规无损检测方法的应用各有不同：检测内部缺陷主要用射线检测、超声检测；检测表面缺陷主要用涡流检测、磁粉检测、渗透检测、超声检测；检测近表面缺陷主要用涡流检测、磁粉检测、超声检测。非常规无损检测方法有声发射（Acoustic Emission，AE）、泄漏检测（Leak Testing，LT）、光全息照相（Optical Holography）、红外热成像（Infrared Thermography）、微波检测（Microwave Testing）等。无损检测常应用于原材料检测、二次加工检测、在役检测、电站检测、钢丝绳检测、储罐检测等。

射线检测是利用某种射线来检查焊缝内部缺陷的一种方法。常用的射线有 X 射线和 γ 射线两种。X 射线和 γ 射线能不同程度地透过金属材料，对照相胶片产生感光作用。利用这种性能，当射线通过被检查的焊缝时，因焊缝缺陷对射线的吸收能力不同，使射线照在胶片上的强度不一样，胶片感光程度也就不一样，这样就能准确、可靠、非破坏性地显示缺陷的形状、位置和大小。

射线检测的基本原理是，物体局部区域存在的缺陷、结构存在的差异将改变物体对射线的衰减，当强度均匀的射线束透射物体时使得不同部位透射射线强度不同。这样，采用一定的检测器（例如，射线照相中采用胶片）检测透射射线强度，就可以判断物体内部的缺陷和物质分布等。射线检测的基本原理如图 0.1 所示。

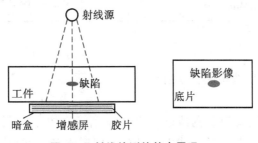

图 0.1　射线检测的基本原理

1895年，德国物理学家伦琴发现X射线，并于当年应用于医学检测（医学诊断也是一种无损检测）；1896年，亨利·贝克勒耳发现了γ射线；1912年，库利吉博士研制出大功率X射线管；1922年，美国Watertown陆军兵工厂完成真正意义上的工业射线照相；20世纪30年代，射线照相技术开始正式工业应用；20世纪70年代，出现了有图像增强器的成像检测技术、层析检测技术（如CT）等；1990年后，进入数字化检测时代。

1. 射线检测的分类

射线检测可分为以下四类：

(1)射线照相检测技术：包含X射线检测、γ射线检测、中子射线检测、非胶片射线检测、电子射线检测。

(2)射线实时成像检测技术：采用图像增强器、成像板、线阵列的技术实现实时成像，包含X射线荧光、图像增强、数字实时成像、X射线光导摄像。

(3)射线层析检测技术：包含CT技术、康普顿散射成像。

(4)其他射线检测技术。

2. 射线检测的类别、技术及主要应用

射线检测的类别、技术及主要应用如表0.1所示。

表0.1　射线检测的类别、技术及主要应用

类别	技术	主要应用
射线照相检测技术	X射线照相检测	铸焊件、电子元器件检验、结构测绘
	γ射线照相检测	铸件、焊接件检验
	中子射线照相检测	含氢物资、腐蚀、发射性材料等的检测
	电子射线照相检测	纸张、邮票等的检测
	静电干板射线照相检测	（早期研究，很少使用）
	相纸射线照相检测	低灵敏度检测
	高速射线照相检测	弹道、爆炸、工艺、生物等过程研究
射线实时成像检测技术	X射线荧光实时成像	机场、车站、海关检查
	图像增强实时成像检测	工业在线检测
	数字实时成像检测	机场、车站、海关检查
	X射线光导摄像实时成像	生物、文物、考古等研究
射线层析检测技术	射线层析检测	航空、航天重要件检测、科学研究
	康普顿散射成像检测	飞机场检测、航天重要件检测

3. 本课程的内容

本课程主要讲解X射线检测和γ射线检测。

1)X射线检测

X射线检测的主要设备为X射线机，如图0.2所示。按照X射线机的结构，X射线机通常分为三类：便携式X射线机、移动式X射线机和固定式X射线机。

图 0.2　X 射线机

2)γ 射线检测

　　γ 射线检测的主要设备为 γ 射线机,如图 0.3 所示。γ 射线机用放射性同位素作为 γ 射线源辐射 γ 射线,它与 X 射线机的一个重要不同是 γ 射线源始终都在不断地辐射 γ 射线,而 X 射线机仅仅在开机并加上高压后才产生 X 射线,这就使 γ 射线机的结构具有了不同于 X 射线机的特点。γ 射线是由放射性元素衰变产生的,能量不变,强度不能调节,强度只随时间成指数倍减小。

图 0.3　γ 射线机

　　γ 射线机分为三种类型:手提式、移动式和固定式。手提式 γ 射线机轻便、体积小、重量小,便于携带,使用方便。但从辐射防护的角度来说,其不能装备能量高的 γ 射线源。

　　射线检测作为五大常规无损检测方法之一,在工业上有着非常广泛的应用。它既可用于金属检查,也可用于非金属检查。对金属内部可能产生的缺陷,如气孔、针孔、夹杂、疏松、裂纹、偏析、未焊透和未熔合等都可以用射线检测。其应用的行业有特种设备、航空、航天、船舶、兵器、水工成套设备和桥梁钢结构。

"射线检测"是应用物理学专业的一门专业课,主要介绍射线检测物理基础、射线检测的设备和器材、射线照相质量的影响因素、射线透照工艺、暗室处理技术、射线照相底片的评定、辐射防护及其他射线检测方法及技术等内容。

本课程内容选取与组织以无损检测人员资格考核大纲为依据,结合企业生产一线、质检部门对射线检测岗位能力的要求,以Ⅱ、Ⅲ级检测人员的培训内容为主体,突出理论、工艺和应用之间的联系。

"射线检测"在线课程发布在西安工程大学超星尔雅网络教学平台,网址为 http://i. mooc. chaoxing. com/space/index. shtml。网站上除了在线课程外,还有丰富的学习资料,包含每节课的课前预习、上课所用课件、课后练习、章节习题、知识拓展、射线检测的各种标准,相关学术会议资料等,供学生学习和提高。

第1章

射线检测的物理基础

射线检测是无损检测中的五大常规检测之一，也是无损检测中应用最广泛的检测手段。本章主要介绍原子与原子结构、射线的种类和性质、射线与物质的相互作用、射线强度的衰减规律以及射线照相法的原理与特点。

1.1 原子与原子结构

下面介绍原子与原子结构，了解元素和原子的关系，认识放射性和放射性元素。

课前预习

1.1.1 元素与原子

元素又称化学元素，是具有相同质子数（核电荷数）的同一类原子的总称。目前为止，总共发现 118 种元素，其中 94 种是天然存在的，10 多种是人工制造的。每种元素都用一定的英文字母来表示，称为元素符号。例如氧元素，元素符号是 O。

原子是元素的具体存在，是体现元素性质的最小微粒。原子质量极其微小，例如氢原子质量为 1.673×10^{-27} kg，以常用质量单位来表示很不方便。因此，物理学中采用"原子质量单位"，用符号"u"表示，规定碳同位素$^{12}_{6}$C 质量的 1/12 为 1 u，即

$$1 \text{ u} = 1.6606 \times 10^{-27} \text{kg} \tag{1.1}$$

原子量就是某元素的原子平均质量相对于$^{12}_{6}$C 原子的质量的 1/12 的比值。照此规定，氢元素的原子量为 1，氧元素的原子量为 16，氦元素的原子量为 2，氮元素的原子量为 14。

原子由一个原子核和若干个核外电子组成，原子核由两种更小的粒子即质子和中子组成。原子很小，原子的半径大约为 10^{-10} m，原子核的半径大约为 10^{-15} m，两者相差十万倍。原子的结构如图 1.1 所示。原子核位于原子中心，电子围绕原子核运动，原子内部大部分是"空"的。

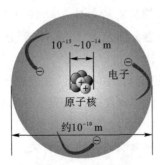

图 1.1 原子的结构

碳原子及其
原子结构

原子核带正电荷,位于原子中心,电子带负电荷,在原子核周围高速运动。原子核所带的正电荷与核外电子所带的负电荷数量相同,所以整个原子呈电中性。不同元素的核电荷数不同,核外电子数也不同。中子不带电,1 个质子带 1 个单位正电荷。原子核中有几个质子,就有几个核电荷,因此得到以下关系:

元素周期表

$$质子数=核电荷数=核外电子数=原子序数 \tag{1.2}$$

原子中质子的质量为 1.6726×10^{-27} kg,中子的质量为 1.6749×10^{-27} kg,电子的质量为 9.1091×10^{-31} kg,而质子和中子的质量分别是电子的 1836 倍和 1839 倍。用原子质量单位表示,质子和中子的相对原子质量分别为 1.007 和 1.008。

放射性元素

凡是具有一定质子数、中子数并处于特定能量状态的原子或原子核称为核素。用 Z 表示原子的质子数,用 N 表示中子数,用 A 表示原子的质量数(核子数),它们之间的关系为

$$A=Z+N \tag{1.3}$$

现代版的元素周期表

核素的标准书写方法是将质量数(核子数)表示在元素符号的左上角位置,核电荷数标于左下角,例如 $^{234}_{92}U$,即表示铀元素质量数是 234,核电荷数是 92,质子数是 92,而中子数为 142。

原子的质子数决定着原子的种类,例如,含有 1 个质子的所有原子都是氢原子,含有 2 个质子的所有原子都是氦原子……依次类推。目前已经发现的元素有 118 种,它们的原子中依次含有 1~118 个质子。

元素在元素周期表中的序号叫作元素的原子序数,它等于原子中的质子数,用“Z”表示。每一种元素都有一个名称、一个元素符号和一个原子序数。例如,含 1 个质子的元素叫“氢”,元素符号是“H”,原子序数是“1”。如果两个原子质子数目相同,但中子数目不同,则它们仍有相同的原子序数,在周期表是同一位置的元素,所以两者就叫同位素。例如,氢元素的原子,有不含中子、含 1 个中子和含有 2 个中子的。不含中子的氢原子 $^{1}_{1}H$ 叫“氕”,含 1 个中子的氢原子 $^{2}_{1}H$ 叫“氘”,含 2 个中子的氢原子 $^{3}_{1}H$ 叫“氚”,氕、氘、氚便是氢的三种同位素。许多元素都有同位素,例如,铀有 $^{234}_{92}U$、$^{235}_{92}U$、$^{238}_{92}U$ 等多种同位素,碳有 $^{12}_{6}C$、$^{13}_{6}C$、$^{14}_{6}C$ 等几种同位素。

有放射性的同位素称为“放射性同位素”,没有放射性并且半衰期大于 1050 年的则称为“稳定同位素”,并不是所有同位素都具有放射性。自 19 世纪末发现了某些元素的放射性以后,到 20 世纪初,人们发现的放射性元素已有 30 多种,而且证明,有些放射性元素虽然放射性显著不同,但化学性质却完全一样。

放射性同位素的原子核很不稳定,会不间断地、自发地放射出射线,直至变成另一种稳定同位素,这就是“核衰变”。放射性同位素在进行核衰变的时候,可放出 α 射线、β 射线、γ 射线等,但是并不一定能同时放射出这几种射线。核衰变的速度不受温度、压力、电磁场等外界条件的影响,也不受元素所处状态的影响,只和时间有关。

天然放射性同位素是自然界存在的矿物,一般 $Z \geqslant 88$ 的许多元素及其化合物具有放射性。人工放射性同位素可用高能粒子轰击稳定同位素的核,使其变为放射性同位素,射线检测用的放射性同位素均为人工放射性同位素。

1.1.2　核外电子运动规律

1913 年,丹麦物理学家玻尔在原子核式结构模型的基础上,提出了原子轨道和能级的概念,并对原子发光机理作出了解释。

玻尔的原子理论假设(玻尔模型)的要点:原子中的电子沿着圆形轨道绕核运行,各条轨道有不同的能量状态,叫作能级。各能级的能量都是确定的,原子的能级是不连续的,可以表示为 $E_1,E_2,E_3,\cdots,E_n$。

原子的理论模型发展史

正常情况下,电子总是在能级最低的轨道上运行,这时的原子状态称为基态。原子从一个能量为 E_n 的稳定态跃迁到能量为 E_m 稳定态时,它发射(或吸收)单色的辐射,其频率 ν 决定于以下关系式(称为玻尔频率条件):

$$h\nu = E_n - E_m \tag{1.4}$$

式中,E_n、E_m 分别为较高、较低能级的能量值。

这些稳定态称为"定态",能量最低的定态称为"基态",其他定态均称为"激发态"。处于基态的原子相对稳定,处于激发态的原子均不稳定,在很短的时间后将释放能量回到基态。

原子结构发展过程

1.1.3　原子核结构

原子核由质子和中子组成,质子和中子统称为核子,质子与中子也在运动中。原子核的半径为 $10^{-15} \sim 10^{-14}$ m,约为原子半径的十万分之一。如果把原子设想成一个直径为 10 m 的球体,那么原子核也只有芝麻那么大,所以说原子内部的绝大部分是空的。原子的质量主要集中于原子核上,原子核的密度很大,1 mm³ 大小的原子核,质量大约为十万吨。

原子结构发展示意图

虽然原子核是由质子和中子组成的,但实验发现,原子核的质量并不等于组成它的质子与中子的质量和,而总是小于这些核子的质量之和,它们的质量之差为质量亏损。例如,氘核 $^2_1$H 是由一个质子和一个中子组成,中子质量 m_n 为 1.008665 u,质子质量 m_p 为 1.007277 u,m_n 与 m_p 两者之和为 2.015942 u,而氘核的质量 m_d 为 2.013552 u,m_n 与 m_p 的和与 m_d 的差值为 0.002390 u,由质能公式

原子核的组成

$$E = m_0 c^2 \tag{1.5}$$

可求得相应的能量为 2.226 MeV,这部分能量称为结合能。

在原子核内,带正电的质子间存在着库仑斥力,但质子和中子仍能非常紧密地结合在一起,这说明核内存在着一个非常大的力,即核力。从发现中子起,人们就对核力开始了各种探索。迄今为止,一方面人们已积累了有关核力的大量知识,另一方面,核力仍是人们在探索的、悬而未决的基本问题。

核力是短程的强相互作用,短程性易于理解,因为人们在发现原子核之前从未觉察到这种力,也就是说只有在原子核的限度内才发生作用。从结合能正比于核子数 A,即正比于核的体积这一实验事实进一步发现,核力的力程甚至比原子核限度还要小,即核力程,在此距离外可以是零,故它只作用于相邻的核子。核的强相互作用也易于理解,在核内由于质子之间距离很短,所以它们之间的库仑斥力也很大,但质子竟然能紧密地结合在一起而

形成密度高达 10^{14} g·cm^{-3} 的原子核,这就充分说明核力的强大,核力约比库仑斥力大137 倍。

核力是具有饱和性的交换力,核力的饱和性是指核子只与它最靠近的几个核子有相互作用,饱和性由核力的短程性决定,短程性和饱和性是核力最重要的两个特性。

核力

核力是交换力,是指核子之间通过交换某种媒介粒子而发生相互作用,与原子间的相互作用力相似。核力是核子之间通过交换一种质量约为电子静止质量的 200 倍媒介粒子(称为介子)而发生相互作用。

核力与电荷无关,无论中子还是质子都受到核力的作用。质子与质子之间的核力等于中子与中子之间的核力,这称作电荷对称性。质子与质子之间的核力、中子与中子之间的核力、质子与中子之间的核力都相等,称作核力与电荷无关。

核力在极短程内存在斥力,核子不能无限靠近,它们之间除引力外还一定存在斥力。核力与自旋有关,两个核子之间的核力是与它们的自旋的相对取向有关的。例如质子与中子自旋平行时的力大于自旋反平行时的力。

1.1.4　放射性衰变

原子核的稳定性与中子数、质子数有关。对小质量数的核,$N/Z=1$ 附近较稳定,这个比值随核质量数的增大而增大;对大质量数的核,$N/Z=1.6$ 附近的核较稳定。稳定性核素对核子总数有一定限度,一般为 $A \leqslant 209$,而且中子数和质子数应保持一定的比例,一般 N/Z 为 $1 \sim 1.5$,也有个别例外。

任何含有过多核子或 N/Z 不适当的核素,都是不稳定的。$A \geqslant 209$ 的核素,即元素周期表中钋(Po)之后的所有元素的核素都具有放射性。钋之前的元素,有的核素也具有放射性。它们或是自发地放射出 α 射线(即 He 核),而转变成质量数 A 较小的新核,或是因核素的 N/Z 不适当,其核内的中子与质子会自发地相互转变,从而改变 N/Z 的值,并同时放出一个 β^-(或 β^+)粒子。

核素衰变后产生的新核几乎都是处在激发态,这样的核或是自发地放射出 γ 光子而转变到基态或较低能态,或是继续进行 α 衰变(或 β 衰变),直到变成一个稳定的核素为止。不稳定的核素自发变化,转变为另一种核素,同时还放出一定的粒子流,这种性质称为放射性。放射性同位素的原子核自发地放射粒子或波的过程叫放射性衰变,衰变过程中释放出来的粒子流称为射线。放射性同位素发生衰变后,产生新元素。新元素可能是稳定的,也可能是不稳定的。不稳定的元素要进一步衰变,直到产生稳定同位素为止。放射性衰变由原子核本身的性质所决定,不受外部环境如温度、压力、电磁场等物理和化学条件的影响,且无法加以控制。

射线检测的
物理基础

1986 年贝克勒尔首先发现了铀的放射现象。迄今为止,人们已发现的主要的放射性衰变模式有 α 衰变、β 衰变、γ 衰变(γ 跃迁)。衰变规律是电荷数守恒、质量数守恒。

1. α 衰变

α 衰变是指处于激发态的放射性核素 X,自发地放出 α 粒子,而转变成另一种原子核 Y 的过程。

α 粒子由两个质子和两个中子组成,带有两个正电荷,它实际上是一个氦原子核。有些放射性同位素在放射 α 粒子时,伴随能量跃迁的同时放射出 γ 射线。这种衰变过程可以用下式表示:

α 衰变示意图

$$_Z^A X \xrightarrow{\alpha} _{Z-2}^{A-4} Y + _2^4 He + \gamma \tag{1.6}$$

由式(1.6)可以看出,放射性同位素原子核(母核)X 经过 α 衰变之后,产生一种新元素(子核)Y,其原子序数减小 2,质量数减小 4。例如,元素 $_{88}^{226}Ra$ 衰变,放射一个 α 粒子,产生一种新元素 $_{86}^{222}Rn$,同时放射 γ 射线,其衰变过程可表示

$$_{88}^{226} Ra \xrightarrow{\alpha} _{86}^{222} Rn + _2^4 He + \gamma \tag{1.7}$$

α 粒子所形成的 α 射线是一种电离辐射,α 衰变的实质是某元素的原子核同时放出由两个质子和两个中子组成的氦核,其过程可表示为

$$2_1^1 H + 2_0^1 n \longrightarrow _2^4 He \tag{1.8}$$

2. β 衰变

β 衰变是指处于激发态的放射性核素 X,自发地放出 β 粒子,而转变成另一种原子核 Y 的过程。β 衰变又分为 β⁻ 衰变、β⁺ 衰变和轨道电子俘获(Electron Capture,EC)(K、L 俘获)三种方式。

β⁻ 衰变是放射出 e^- 粒子(高速电子)的衰变。一般地,中子相对丰富的放射性核素常发生 β⁻ 衰变。β⁻ 衰变质子数增加一个,原子量不变。有的元素发生 β⁻ 衰变时伴随能量的跃迁,同时放射出 γ 射线,其衰变过程可以用下式表示:

β 衰变示意图

$$_Z^A X \xrightarrow{\beta} _{Z+1}^A Y + _{-1}^0 e + \gamma \tag{1.9}$$

由式(1.9)可以看出,放射性同位素原子核(母核)X 发生 β⁻ 衰变时,产生一种新元素(子核)Y,其原子序数加 1,质量数不变。例如,元素 $_{27}^{60}Co$ 发生 β 衰变,放射一个 β 粒子,产生新元素 $_{28}^{60}Ni$,同时放射 γ 射线,它的衰变过程可表示为

$$_{27}^{60} Co \xrightarrow{\beta} _{28}^{60} Ni + _{-1}^0 e + \gamma \tag{1.10}$$

β⁻ 衰变实质是由核内的一个中子变成质子时放射出一个负电子,其衰变过程可以用下式表示:

$$_0^1 n \longrightarrow _1^1 H + _{-1}^0 e \tag{1.11}$$

例如,元素 $_{77}^{192}Ir$ 经过 β⁻ 衰变,放射一个 e^- 粒子,产生新元素 $_{78}^{192}Pt$,同时放射 γ 射线,它的衰变过程可表示为

$$_{77}^{192} Ir \xrightarrow{\beta} _{78}^{192} Pt + _{-1}^0 e + \gamma \tag{1.12}$$

β⁺ 衰变是放射出 e^+ 粒子(正电子)的衰变。一般地,中子相对缺乏的放射性核素常发生 β⁺ 衰变,其衰变过程可以用下式表示:

$$_Z^A X \longrightarrow _{Z-1}^A Y + _{+1}^0 e + \gamma \tag{1.13}$$

β⁺ 衰变的实质是母核中的一个质子转变成一个中子放射出一个正电子,其衰变过程可以用下式表示:

$$_1^1 H \longrightarrow _1^1 n + _{+1}^0 e + \gamma \tag{1.14}$$

轨道电子俘获(K、L 俘获)是原子核俘获一个 K 层或 L 层电子而衰变成核电荷数减少 1,质量数不变的另一种原子核。由于 K 层最靠近核,所以 K 俘获最易发生。在 K 俘获发生时,必有外层电子去填补内层上的空位,并放射出具有子体特征的标识 X 射线。这一能量也可能传递给更外层电子,使它成为自由电子发射出去,这个电子称作"俄歇电子",它的衰变过程可表示为

$$^A_Z X + ^{\ 0}_{-1} e \longrightarrow ^{\ A}_{Z-1} Y + \gamma \tag{1.15}$$

轨道电子俘获的实质是元素的原子核内的一个质子俘获一个负电子变成一个中子,它的衰变过程可表示为

$$^1_1 H + ^{\ 0}_{-1} e \longrightarrow ^1_0 n \tag{1.16}$$

3. γ 衰变

γ 衰变是处于激发态的核,通过放射出 γ 射线而跃迁到基态或较低能态的现象。γ 射线的穿透力很强,其在医学、核物理技术等应用领域占有重要地位。γ 衰变是同质异能 γ 跃迁,α 衰变和 β 衰变产生的新原子核,处于激发态的时间很短,约 10^{-13} s,很快跃迁到较低能级或基态,并放出 γ 光子,而核的原子序数和质量数都不变。它的衰变过程可表示为

γ 衰变示意图

$$^A_Z X \xrightarrow{\ \gamma\ } ^A_Z Y + \gamma \tag{1.17}$$

有时处于激发态的核可以不辐射 γ 射线回到基态或较低能态,而是将能量直接传给一个核外电子,主要是 K 层电子,使该电子电离出去,这种现象称为内变换,所放出的电子称作内变换电子。

γ 射线是比 X 射线波长更短的电磁波,γ 射线具有很强的穿透力。它是由激发态的原子核退激或正负电子对湮灭的产物。

1.2　射线的种类和性质

射线的种类很多,这里主要介绍无损检测中常用的 X 射线和 γ 射线。

1.2.1　X 射线和 γ 射线的性质

课前预习

X 射线和 γ 射线与我们所熟知的可见光、无线电波、红外线、紫外线等一样,都属于电磁波,因此也具有电磁波的性质。X 射线是一种波长比紫外线还短的电磁波,它具有光的特性,即有反射、折射、干涉、衍射、散射和偏振等现象。它能使一些结晶物体发生荧光、气体电离和胶片感光。其波长约为 0.001～10 nm,常用 0.001～0.1 nm,频率约为 $3 \times 10^9 \sim 5 \times 10^{14}$ MHz。γ 射线是一种波长比 X 射线更短的射线,波长约为 0.0003～0.1 nm,频率约为 $3 \times 10^{12} \sim 1 \times 10^{15}$ MHz。

工业上广泛采用人工同位素产生 γ 射线。由于 γ 射线的波长比 X 射线更短,所以 γ 射线具有更大的穿透力。在无损检测中 γ 射线常被用来对厚度较大和大型整体工件进行射线照相。各种电磁波谱的分布如表 1.1 所示。

表 1.1　电磁波谱

光谱区	频率范围	空气中波长	作用类型
宇宙或 γ 射线	$>10^{20}$（能量 Hz）	$<10^{-12}$ m	原子核
X 射线	$10^{16} \sim 10^{20}$ Hz	$10^{-3} \sim 10$ nm	内层电子跃迁
远紫外光	$10^{15} \sim 10^{16}$ Hz	$10 \sim 200$ nm	电子跃迁
紫外光	$7.5 \times 10^{14} \sim 10^{15}$ Hz	$200 \sim 400$ nm	电子跃迁
可见光	$4.0 \times 10^{14} \sim 7.5 \times 10^{14}$ Hz	$400 \sim 750$ nm	价电子跃迁
近红外光	$1.2 \times 10^{14} \sim 4.0 \times 10^{14}$ Hz	$0.75 \sim 2.5$ μm	振动跃迁
红外光	$10^{11} \sim 1.2 \times 10^{14}$ Hz	$2.5 \sim 1000$ μm	振动或转动跃迁
微波	$10^{8} \sim 10^{11}$ Hz	$0.1 \sim 100$ cm	转动跃迁
无线电波	$10^{5} \sim 10^{8}$ Hz	$1 \sim 1000$ m	原子核旋转跃迁
声波	$30 \sim 20000$ Hz	$15 \sim 10^{6}$ km	分子运动

电磁波在物理学上通常用波速 c、波长 λ 和频率 ν 来描述，它们之间的关系为

$$\lambda = c/\nu \tag{1.18}$$

其中波速 $c = 3.0 \times 10^{8}$ m·s^{-1}。

电磁波谱

X 射线和 γ 射线在真空中以光速直线传播，本身不带电，不受电场和磁场的影响，在媒质界面上只能发生漫反射，而不能像可见光那样产生镜面反射。X 射线和 γ 射线的折射系数非常接近于 1，所以折射的方向改变不明显。它们可以发生干涉和衍射现象，但只能在非常小的尺度中，例如在晶体组成的光阑中。X 射线和 γ 射线不可见，能穿透可见光不能穿透的物质。X 射线和 γ 射线在和物质作用时，会与物质发生复杂的物理、化学作用，具有辐射生物效应，能杀伤生物细胞，破坏生物组织。

1.2.2　X 射线的产生及其特点

X 射线是在 X 射线管中产生的。X 射线管是一个具有阴阳两极的真空管，阴极是钨丝，阳极是金属制成的靶。在阴阳两极之间加有很高的直流电压（管电压），当阴极加热到白炽状态时释放出大量电子，这些电子在高压电场中被加速，从阴极飞向阳极（管电流），最终以很大速度撞击在金属靶上，失去所具有的动能。这些动能绝大部分转换为热能，仅有极少一部分转换为 X 射线，并向四周辐射。

X 射线管

X 射线的发现

高速电子与靶物质相互作用产生的 X 射线由两部分组成：一部分为连续 X 射线，另一部分为特征 X 射线。连续 X 射线是入射高速电子与物质原子的原子核相互作用时所产生的 X 射线；特征 X 射线是入射高速电子与靶物质原子的核外电子相互作用时所产生的 X 射线。

1.连续谱的产生和特点

根据经典电动力学,带电粒子在加速或减速时必然伴随着电磁辐射,当带电粒子与原子相碰撞(更确切地说是与原子核的库仑场相互作用)发生骤然减速时,由此伴随产生的辐射称为韧致辐射,如图 1.2 所示。高速电子与阳极靶的原子碰撞时,电子由高速运动突然转为停止不动,电子失去动能一部分动能转化为热能,另一部分转化为一个或几个光子辐射出去,这个光子流就是 X 射线。

伦琴与 X 射线的发现

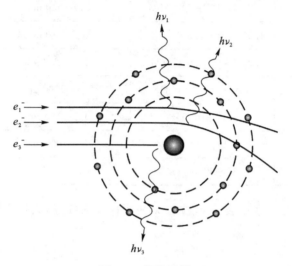

图 1.2　韧致辐射

当大量电子(例如当管电流为 5 mA 时,撞到靶上的电子数目约为 3×10^{16} 个 $\cdot$ s^{-1})与靶相撞,相撞前电子初速度各不相同,相撞时减速过程也各不相同。少量电子经一次撞击就失去全部动能,而绝大多数电子要经历多次碰撞,逐渐地损耗自身的能量,即产生多次辐射。由于多次辐射中光子的能量不同,这就使得能量转换过程中所发出的电磁辐射可以具有各种波长。因此,X 射线的波谱呈连续分布,称为连续 X 射线谱,简称连续谱,也叫白色 X 射线,如图 1.3 所示。

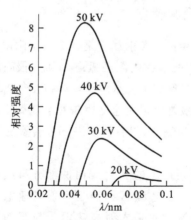

图 1.3　X 射线连续谱

电子与阳极靶的原子碰撞时,电子失去自己的能量,其中部分以光子的形式辐射。设光子的碰撞一次产生一个频率为 ν 的光子,则光子的能量为 $h\nu$(h 为普朗克常数,其值为 $h = 6.63 \times 10^{-34}$ J·s,),这样的光子流即为 X 射线。当灯丝加热后将发射电子,这些电子在 X 射线管上施加的高压 V(kV)作用下,高速飞向阳极,到达阳极时电子具有的动能 E_k 为

$$E_k = eV \tag{1.19}$$

式(1.19)中,e 为电子的电量,其值为 $e = 1.6 \times 10^{-19}$ C。

如果电子在一次撞击过程损失了它全部的动能 E_k,那么从能量守恒定律来看,产生的轫致辐射的光子的能量为 $h\nu$,则有

$$E_k = eV = h\nu \tag{1.20}$$

连续谱有一个最短波长的极限称为短波限,记为 $\lambda_{\min}$,若一个电子的动能全部转化为光子的能量,该光子能量为最大能量,记为 $E_{\max}$,相应的频率为最大频率,记为 $\nu_{\max}$,其波长即为 $\lambda_{\min}$。短波限 $\lambda_{\min}$ 和加速电压 V 之间应有下述关系:

$$E_{\max} = eV = h\nu_{\max} = \frac{hc}{\lambda_{\min}} \tag{1.21}$$

式(1.21)中,V 是管电压,单位为 kV。由式(1.21)可以得到连续谱短波限 $\lambda_{\min}$,其表达式为

$$\lambda_{\min} = \frac{1.24}{V} \tag{1.22}$$

在实际能量转化中,绝大多数电子都有能量损失,即 $E < E_{\max}$,因此 $\lambda \geqslant \lambda_{\min}$,形成以 $\lambda_{\min}$ 为最短波长的连续谱。

X 射线强度是随波长的变化而连续变化的,每条曲线都有一个峰值,这个峰值对应的波长称为峰值波长,记为 $\lambda_{\max}$,如图 1.4 所示。峰值波长 $\lambda_{I\max}$ 与短波限 $\lambda_{\min}$ 的关系为

$$\lambda_{I\max} = 1.5\lambda_{\min} \tag{1.23}$$

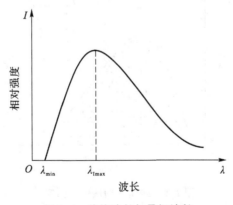

图 1.4 峰值波长与最短波长

波长的平均值称为平均波长,用 $\bar{\lambda}$ 表示。平均波长 $\bar{\lambda}$ 和与短波限 $\lambda_{\min}$ 的关系为

$$\bar{\lambda} = 2.5\lambda_{\min} \tag{1.24}$$

例题 1.1 已知管电压为 200 kV,求短波限 λ_{min}、峰值波长 λ_{Imax}、平均波长 $\bar{\lambda}$ 和光子的最大能量 E_{max}。

解 由式(1.21)~(1.24)可得短波限 λ_{min} 为

$$\lambda_{min} = \frac{1.24}{V} = \frac{1.24}{200} = 0.0062 \text{ nm} \tag{1}$$

峰值波长 λ_{Imax} 为

$$\lambda_{Imax} = 1.5\lambda_{min} = 1.5 \times 0.0062 = 0.0093 \text{ nm} \tag{2}$$

平均波长 $\bar{\lambda}$ 为

$$\bar{\lambda} = 2.5\lambda_{min} = 2.5 \times 0.0062 = 0.0155 \text{ nm} \tag{3}$$

光子的最大能量为

$$E_{max} = h\nu_{max} = \frac{hc}{\lambda_{min}} = 3.2 \times 10^{-14} \text{ J} \tag{4}$$

答:短波限 λ_{min} 为 0.0062 nm、峰值波长 λ_{Imax} 为 0.0093 nm、平均波长 $\bar{\lambda}$ 为 0.0155 nm,光子的最大能量 E_{max} 为 3.2×10^{-14} J。

X 射线的强度 I 是指通过垂直于 X 射线传播方向的单位面积上在单位时间内所通过的光子数目的能量总和,常用单位是 $J \cdot cm^{-2} \cdot s^{-1}$。X 射线的强度 I 是由光子能量 $h\nu$ 和光子的数目 n 两个因素决定的,即

$$I = nh\nu \tag{1.25}$$

连续 X 射线的强度最大值对应的波长是 λ_{Imax},它是 $1.5\lambda_{min}$,而不是 λ_{min}。连续 X 射线的总强度 I_T 可用连续谱中每条曲线下所包含的面积表示,如图 1.5 所示。

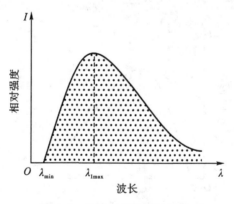

图 1.5 连续 X 射线的总强度

连续 X 射线的总强度 I_T 数学表达式为

$$I_T = \int_{\lambda_{min}}^{\infty} I(\lambda)\mathrm{d}\lambda \tag{1.26}$$

连续 X 射线的总强度 I_T 也是阳极靶发射出的 X 射线的总能量。实验证明,I_T 与管电流 i(mA)、管电压 V(kV)、靶材料原子序数 Z 有以下关系:

$$I_T = KZiV^2 \tag{1.27}$$

式(1.27)中,K 为比例常数,K 的取值为$(1.1 \sim 1.4) \times 10^{-6}$。

管电流越大,表明单位时间撞击靶的电子数越多,产生的射线强度也越大。管电压增加时,虽然电子数目未变,但每个电子所获得的能量增大,因而短波成分射线增加,且碰撞发生的能量转换过程增加,因此,射线强度同时增加。靶材料的原子序数越高,核库仑场越强,轫致辐射作用越强,射线强度也会增加,所以靶一般采用高原子序数的钨制作。连续 X 射线的强度与管电压、管电流和原子序数的关系如图 1.6 所示。

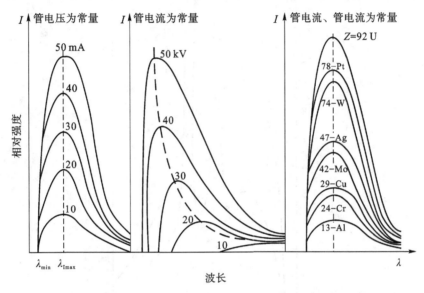

图 1.6　连续 X 射线的强度与管电压、管电流和原子序数的关系

在 X 射线管中,连续谱 X 射线的产生效率 η 是连续谱 X 射线的总强度 I_T 与 X 射线管输入功率(管电流 i 与管电压 V 的乘积)之比,X 射线的产生效率 η (总强度/输入功率)为

$$\eta = \frac{I_T}{Vi} = \frac{KiZV^2}{Vi} = KZV \tag{1.28}$$

由式(1.28)可知,X 射线的产生效率与管电压和靶材料原子序数成正比。管电压的高压波形越接近恒压,X 射线的产生效率越高。可见,为了得到较高的产生效率,应采用原子序数高的靶物质材料。在较低的管电压下,不可能得到较高的产生效率,也就是大部分的电子能量转换成了热量。

例题 1.2　已知钨靶原子序数 $Z = 74$,管电压 $V = 200$ kV,$K = 1.4 \times 10^{-6}$,求 X 射线的产生效率 η。

解　由式(1.28)可知

$$\eta = KZV = 1.4 \times 10^{-6} \times 74 \times 200 = 2\%$$

答:X 射线的产生效率 η 为 2%。

高能 X 射线的产生效率很高,如 4 MeV 高能射线加速器的转换效率约为 36%。由于输入的能量绝大部分转换为热能,所以,X 射线管必须有良好的冷却装置,以保证阳极不会被烧坏。

2.标识谱的产生及特点

X 射线的另一部分是具有分立波长的谱线,这部分谱线的谱峰所对应的波长位置完全取决于靶材料本身,这部分谱线称为标识谱,又称特征谱。标识谱重叠在连续谱之上,如同山丘上的宝塔,如图 1.7 所示。

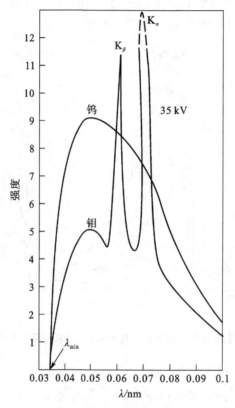

图 1.7 X 射线标识谱

当 X 射线管两端所加的电压超过某个临界值 V_K 时,波谱曲线上除连续谱外,还将在特定波长位置出现强度很大的线状谱线,这种线状谱的波长只依赖于阳极靶面的材料,而与管电压和管电流无关,因此,把这种标识靶材料特征的波谱称为标识谱,V_K 称为激发电压。不同靶材料的激发电压各不相同,如图 1.7 所示,管电压为 35 kV 时,低于钨的激发电压 $V_K =$ 69.51 kV,高于钼的激发电压 $V_K = 20$ kV。所以,钼靶的波谱上有标识谱而钨靶的波谱上没有标识谱。

当 X 射线管的管电压超过某个临界值(激发电压 V_K)时,阴极发射的电子可以获得足够的能量,它与阳极靶相撞时,可以把靶原子的内层电子逐出壳层之外,使该原子处于激发态。此时外层电子将向内层跃迁,同时放出 1 个光子,光子的能量等于发生跃迁的两能级能量之差。例如 L 层电子跃迁至 K 层放出 K_α 标识射线,M 层电子跃迁至 K 层放出 K_β 标识射线,如图 1.8 所示。

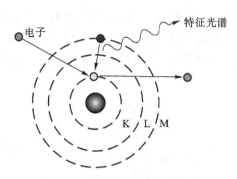

图 1.8　X 射线标识谱产生机理

标识谱的波长只依赖于阳极靶面的材料,与管电压、管电流无关,不同的靶材激发电压也不同。标识 X 射线强度只占 X 射线总强度的极少部分,能量也低,所以在工业射线探伤中不起什么作用。

X 射线量是表示 X 射线多少的物理量,即 X 射线束的光子数量,一般用管电流(mA)和照射时间(s)的乘积来反映 X 射线量,以毫安秒(mA·s)为单位。

X 射线的线质指 X 射线的硬度,指穿透物质本领的大小。由 X 射线波长(或频率)、X 射线光子能量决定,而与光子个数无关。由于 X 射线波长或能量是由管电压决定的,所以,一般就用管电压(kV)间接表示 X 射线的线质。

在实际应用中,X 射线的线质是以管电压和滤过情况来反映的。这是因为管电压高、激发的 X 射线光子能量大,即线质硬。滤过板厚,连续谱中低能成分被吸收得多,透过滤过板的高能成分增加,使得 X 射线束的线质变硬。在滤过情况一定时,常用管电压的千伏值来粗略描述 X 射线的线质。

在实际工作中描述 X 射线的线质除管电压外,还用半价层等物理量来表示 X 射线的线质,常用的分类表示如表 1.2 所示。

表 1.2　X 射线的分类(根据硬度)

名称	管电压/kV	最短波长/nm	主要用途(目前多用于诊断,不用于治疗)
极软 X 射线	5～20	0.25～0.062	软组织摄影、表皮治疗
软 X 射线	20～100	0.062～0.012	透视和摄影
硬 X 射线	100～250	0.012～0.005	较深组织治疗
极硬 X 射线线	250 以上	0.005 以下	深组织治疗

1.2.3　γ 射线的产生及特点

γ 射线是原子核由高能级跃迁到低能级时产生的,与 X 射线标识谱的产生机理相似。不同的是 X 射线标识谱是原子的核外电子能级(原子能级)之间的跃迁,光子能量是几电子伏到几千电子伏,而 γ 射线光子能量是几千电子伏到兆电子伏。

放射性衰变过程中所发生的处于激发态的核,在向低能级的激发态或基态跃迁时产生的辐射。同样的,由于原子核有不同的能级结构,不同的放射性核素放射的 γ 辐射有不同的能量。例如受激发态的 Co60 连续放出 2 个各带有 1.17 MeV 和 1.33 MeV 的 γ 射线光子后转换为稳定状态。γ 射线的能谱为线状谱,谱线只出现在特定波长的若干点上,如图 1.9 所示。

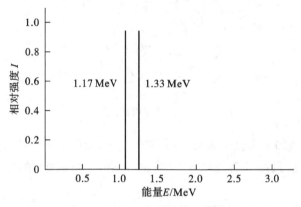

图 1.9　Co60 的 γ 射线的线状能谱

通过对大量原子核进行研究,发现所有的放射性物质其原子核数目随时间的变化都遵守一种普遍的衰变规律。放射性同位素的原子数随时间作负指数函数衰减,这就是衰变定律。实验表明,在时间 $\mathrm{d}t$ 内发生的核衰变数目为 $-\mathrm{d}N$,它必定与当时存在的原子核数目 N 及 $\mathrm{d}t$ 成正比,即

$$-\mathrm{d}N = \lambda N \mathrm{d}t \tag{1.29}$$

式(1.29)中,λ 是比例常数,叫作衰变常数,是与该种放射性同位素性质有关的常数,表征放射性元素衰变的快慢;λ 代表一个原子核在单位时间内发生衰变的概率,每个放射性核素都有一个完全确定的衰变常数,它在任一时刻的衰变概率是完全可以预告的。

放射性同位素原子数目的减少服从指数规律。随着时间的增加,放射性原子的数目按几级数减少,式(1.29)中出现的负号是由于放射性元素的原子核数目是随着时间的增加而减少的。

设 $t=0$ 时原子核数目为 N_0,则对式(1.29)积分可得

$$N = N_0 \mathrm{e}^{-\lambda t} \tag{1.30}$$

式(1.30)就是放射性衰变服从的指数规律。

放射性同位素衰变的快慢,通常用"半衰期"来表示,半衰期通常用符号 $T_{1/2}$ 表示。半衰期表示一定数量放射性同位素原子数目减少到其初始值一半时所需要的时间。如 P32 的半衰期是 14.3 天,就是说,假使原来有 100 万个 P32 原子,经过 14.3 天后,只剩下 50 万个了。半衰期越长,说明衰变得越慢;半衰期越短,说明衰变得越快。半衰期是放射性同位素的特征常数,不同的放射性同位素有不同的半衰期,衰变的时候放射出射线的种类和数量也不同。

当 $t=T_{1/2}$ 时,$n=N_0/2$,由式(1.30)可得

$$N_0/2 = N_0 \mathrm{e}^{-\lambda T_{1/2}} \tag{1.31}$$

由式(1.31)可求得半衰期为

$$T_{1/2} = \frac{\ln 2}{\lambda} = \frac{0.693}{\lambda} \tag{1.32}$$

放射性同位素不断地衰变,它在单位时间内发生衰变的原子数目叫作放射性强度,放射性强度的常用单位是居里,符号为 Ci,1 居里表示在 1 s 内发生 $3.7×10^{10}$ 个核衰变。在 SI 中,放射性强度单位用贝可勒尔表示,简称贝可,符号为 Bq,1 贝可表示 1 s 内发生一次核衰变。单位贝可在实际应用中减少了换算步骤,方便了使用。居里和贝可之间的换算关系为

$$1\ \text{Bq}=2.7×10^{-11}\ \text{Ci} \tag{1.33}$$

例题 1.3　Co60 的衰变常数为 0.131/a,求它的半衰期 $T_{1/2}$。

解　由式(1.32)得

$$T_{1/2}=0.693/\lambda=5.3\ \text{a}$$

答:Co 60 的半衰期 $T_{1/2}$ 为 5.3 年。

1.3　射线与物质的相互作用

课前预习

用X射线、γ射线照射物体时,射线将与物质发生复杂的相互作用,这些作用从本质上说是光子与物质原子的相互作用,包括光子与原子、光子与原子的电子及自由电子、光子与原子核的相互作用。其中主要的相互作用有光电效应、康普顿效应、电子对效应和瑞利散射。由于这些相互作用,一部分射线被物质吸收,一部分射线被散射,使得穿透物质的射线强度减弱。

1.3.1　光电效应

当光子与物质原子的束缚电子作用时,光子把全部能量转移给某个束缚电子,使之发射出去,而光子本身则消失,这一过程称为光电效应。光电效应发射出去的电子叫光电子。入射光子的全部能量用于该光电子与原子的结合能和光电子的动能,如图 1.10 所示。

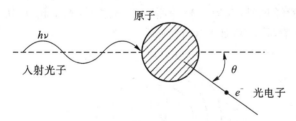

图 1.10　光电效应

原子吸收了光子的全部能量,其中一部分消耗于光电子脱离原子束缚所需的电离能(电子在原子中的逸出能),另一部分就作为光电子的动能。所以,发生光电效应的前提条件是光子能量必须大于电子的逸出能。释放出来的光电子能量 E_e 与入射光子能量 $h\nu$ 以及电子所在壳层的逸出能 E_i 之间有如下关系:

$$E_e=h\nu-E_i \tag{1.34}$$

光电效应的发生概率与射线能量和物质原子序数有关,它随着入射光子能量增大而减小,随着原子序数 Z 的增大而增大。

1.3.2　康普顿效应

在康普顿效应中,光子与电子发生非弹性碰撞,一部分能量转移给电子,使它成为反冲电子,而散射光子的能量和运动方向均发生变化,如图 1.11 所示。$h\nu$ 和 $h\nu'$ 分别为入射光子能量和散射光子能量,θ 为散射光子与入射光子方向间夹角,称为散射角,φ 为反冲电子的反冲角。

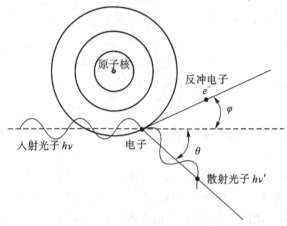

图 1.11　康普顿效应

康普顿效应总是发生在自由电子或原子的束缚最小的外层电子上,入射光子的能量和动量由反冲电子和散射光子两者之间进行分配,散射角越大,散射光子的能量越小,当散射角 θ 为 180°时,散射光子能量最小。

康普顿效应的发生概率大致与物质原子序数成正比,与光子能量成反比。

1.3.3　电子对效应

当光子从原子核旁经过时,在原子核的库仑场作用下,光子转化为 1 个正电子和 1 个负电子,这种过程称为电子对效应,如图 1.12 所示。

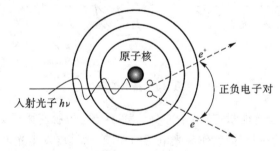

图 1.12　电子对效应

根据能量守恒定律,只有当入射光子能量大于 $2m_0c^2$,即 $h\nu > 1.02$ MeV 时,才能发生电子对效应。入射光子的能量除一部分转变为正负电子对的静止质量(1.02 MeV)外,其余就作为它们的动能。因为电子的静止质量相当于 0.51 MeV 能量,所以一对电子的静止质量相当于 1.02 MeV 的能量。

与光电效应相似,电子对效应除涉及入射光子和电子对外,必须有一个第三者——原子核参加,才能满足动量和能量守恒。

　　电子对效应产生的快速正电子和电子一样,在吸收物质中通过电离损失和辐射损失消耗能量,很快被慢化,然后与吸收物质中 1 个电子相互转化为 2 个能量为 0.51 MeV 的光子,这种现象称为电子对湮没。

　　电子对效应发生概率是高能量射线和原子序数高的物质占优势。

1.3.4　瑞利散射

　　入射光子与束缚较牢固的内层轨道电子发生弹性散射过程,这个过程称为瑞利散射。在此过程中,1 个束缚电子吸收入射光子而跃迁到高能级,随即又放出 1 个能量约等于入射光子能量的散射光子,但传播方向发生改变。由于束缚电子未脱离原子,故反冲体是整个原子,从而光子的能量损失可忽略不计,如图 1.13 所示。

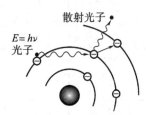

散射光子

$E = h\nu$
光子

图 1.13　瑞利散射

　　瑞利散射发生的概率和物质的原子序数及入射光子的能量有关,大致与物质原子序数 Z 的平方成正比,并随入射光子能量的增大而急剧减小。入射光子能量在 200 keV 以下时,瑞利散射的影响不可忽略。

1.3.5　各种相互作用发生的相对概率

　　光电效应、康普顿效应、电子对效应的发生概率均与物质的原子序数和入射光子能量有关,对于不同物质和不同能量区域,这三种效应的相对重要性不同,如图 1.14 所示为各种效应占优势的区域图。

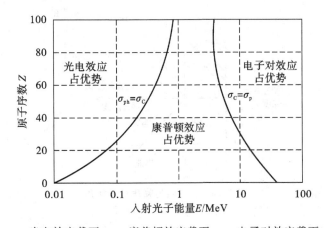

σ_{ph}—光电效应截面;σ_C—康普顿效应截面;σ_p—电子对效应截面。

图 1.14　各种效应占优势的区域图

由图 1.14 中可以看出,对于低能量射线和原子序数高的物质,光电效应占优势;对于中等能量射线和原子序数低的物质,康普顿效应占优势;对于高能量射线和原子序数高的物质,电子对效应占优势。

图 1.15 所示的是射线与铁相互作用时,各种效应的发生概率。由图可看出,当光子能量为 10 keV 时,光电效应(σ_{ph})占绝对优势;随着能量的增大,光电效应(σ_C)逐渐减小,而康普顿效应的影响却逐渐增大;稍过 100 keV,两种效应相等,瑞利散射(σ_R)在此能量附近发生概率达到最大,但也不超过 10%;在 1 MeV 左右,射线强度的衰减几乎都是康普顿效应造成的;光子能量继续增大,由电子对效应引起的吸收逐渐增大;在 10 MeV 左右,电子对效应与康普顿效应作用大致相等,超过 10 MeV 以后,电子对效应的概率越来越大。

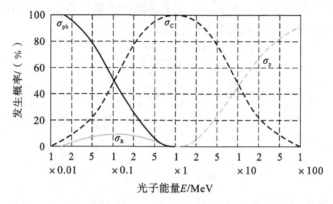

σ_{ph}—光电效应截面;σ_C—康普顿效应截面;σ_p—电子对效应截面;σ_R—瑞利散射截面。

图 1.15　铁中四种效应发生的概率

各种效应对射线照相质量产生不同的影响。例如,光电效应和电子对效应引起的吸收有利于提高照相对比度,而康普顿效应产生的散射线则会降低对比度。轻金属试件照相质量往往比重金属试件照相质量差;使用 1 MeV 左右能量的射线照相,其对比度往往不如较低能量射线或更高能量射线,这些都是康普顿效应的影响造成的。X 射线与物质相互作用导致强度的减弱以及能量转化示意图,如图 1.16 所示。

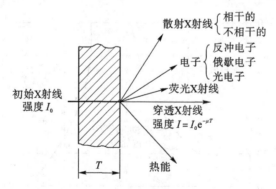

图 1.16　X 射线与物质相互作用

1.4 射线强度的衰减规律

课前预习

由前面内容可知,射线通过一定厚度物质时,有些光子与物质发生相互作用,有些则没有。如果光子与物质发生的相互作用是光电效应和电子对效应,则光子被物质吸收;如果光子与物质发生康普顿效应,则光子被散射。散射光子也可能穿过物质层,穿过物质层的射线通常由两部分组成:一部分是未与物质发生相互作用的光子,其能量和方向均未变化,称为透射射线;另一部分是发生过一次或多次康普顿效应的光子,其能量和方向都发生了改变,称为散射线。

1.4.1 窄束、单色射线的强度衰减规律

所谓窄束射线,是指不包括散射成分的射线束,通过物质后的射线束,仅由未与物质发生相互作用的光子组成。"窄束"一词是因实验时通过准直器得到细小的辐射束流而得名,是一种专用术语,它并不含几何学上"细小"的意义,即使射束有一定宽度,只要其中没有散射成分,便可称为"窄束"。

所谓单色,是指由单一波长电磁波组成的射线,或者说,是由相同能量光子组成的辐射束流,又称为单能辐射。

采用如图 1.17 所示的装置,在单能辐射源与探测器之间放置两个准直器,在两个准直器之间放置吸收物质,便可通过实验测出窄束单色射线的强度衰减情况。

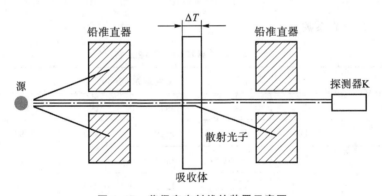

图 1.17 获得窄束射线的装置示意图

当吸收物质不存在时,探测器 K 记录的辐射强度为 I_0,称为辐射的原始强度或入射强度。放置厚度为 ΔT 的薄层物质后,K 点的辐射强度变为 I,称为一次透射射线强度。以 ΔI 表示强度的变化量,即

$$-\Delta I = I - I_0 \tag{1.35}$$

式(1.35)中,负号表示强度在减弱。用不同种类和厚度的吸收物质以及不同能量的射线实验,可发现以下关系:

$$-\Delta I = \mu I \Delta T \tag{1.36}$$

式(1.36)中,μ 称为线衰减系数,即射线通过薄层物质时强度减弱与物质厚度及辐射初始强度成正比,同时与 μ 的数值有关。

对式(1.36)积分,并设 $T=0$ 时,$I=I_0$,即可得窄束单色射线强度衰减公式:

$$I = I_0 e^{-\mu T} \tag{1.37}$$

式中,T 为穿透物质的厚度。

线衰减系数 μ 的意义是射线通过单位厚度物质时,与物质相互作用的概率。它与射线能量、物质的原子序数和密度有关。对于同一种物质,射线能量不同时线衰减系数不同。对于同一能量的射线,通过不同物质时,其线衰减系数也不同。

由于射线强度衰减是几个效应共同作用的结果,所以,线衰减系数可写为

$$\mu = \mu_{ph} + \mu_C + \mu_p + \mu_R \tag{1.38}$$

式中,μ_{ph} 是光电效应线衰减系数;μ_C 是康普顿效应线衰减系数;μ_p 是电子对效应线衰减系数;μ_R 是瑞利散射线衰减系数。

μ 大致与物质密度 ρ 成正比,对于原子序数 Z,存在关系 $\mu_{ph} \propto Z^5$,$\mu_C \propto Z$,$\mu_p \propto Z^2$;对于射线能量 $h\nu$,存在以下关系式:$\mu_{ph} \propto (h\nu)^{-3.5}$,$\mu_C \propto (h\nu)^{-1}$,$\mu_p \propto \ln(h\nu)$。

令

$$\mu_m = \mu/\rho \tag{1.39}$$

式(1.39)中,μ_m 称为质量衰减系数,其优点是 μ_m 值不受物质密度和物理状态的影响。例如水和水蒸气的 μ_m 值是一样的。当吸收物质是混合物和化合物时,可按下式求得其质量衰减 μ_m:

$$\mu_m = \frac{\mu}{\rho} = \frac{\mu_1}{\rho_1}\alpha_1 + \frac{\mu_2}{\rho_2}\alpha_2 + \cdots = \mu_{m1}\alpha_1 + \mu_{m2}\alpha_2 + \cdots \tag{1.40}$$

式(1.40)中,μ_{m1}、μ_{m2} 是各组成元素的质量衰减系数;α_1、α_2 是各组成元素的含量百分比;ρ 为混合物的密度。

几种材料的线衰减系数见表1.3。

表 1.3　几种材料的线衰减系数

射线能量/MeV	线衰减系数/cm^{-1}					
	水	碳	铝	铁	铜	铅
0.25	0.121	0.26	0.29	0.80	0.91	2.7
0.50	0.095	0.20	0.22	0.665	0.70	1.8
1.0	0.069	0.15	0.16	0.469	0.50	0.8
1.5	0.058	0.12	0.132	0.370	0.41	0.58
2.0	0.050	0.10	0.116	0.313	0.35	0.524
3.0	0.041	0.83	0.100	0.270	0.295	0.482
5.0	0.030	0.067	0.075	0.244	0.284	0.494
7.0	0.025	0.061	0.068	0.233	0.273	0.53
10.0	0.022	0.054	0.061	0.214	0.272	0.6

在实际应用中,经常使用半价层来描述某种能量射线的穿透能力或某种射线的衰减作用程度。半价层是指使入射射线强度减少一半的吸收物质厚度,用符号 $T_{1/2}$ 表示。由窄束单色

射线强度衰减式(1.37)得,当 $t=T_{1/2}$ 时,$I/I_0 = 1/2$,则有

$$T_{1/2} = \frac{0.693}{\mu} \tag{1.41}$$

利用式(1.40)和式(1.41)可以进行相关数值的计算。

例题 1.4　用光子能量为 1.25 MeV 的平行窄束 γ 射线,垂直贯穿铝板,要使贯穿后射线强度为入射线强度的 1/20,求铝板的厚度。($\mu_{Al}=0.15$ cm^{-1})

解　设 n 个半价层满足关系式为

$$\frac{1}{20} = \left(\frac{1}{2}\right)^n \tag{1}$$

由式(1)可得

$$n = \frac{\lg 20}{\lg 2} = 4.32 \tag{2}$$

由半价层满足关系式得

$$T_{1/2} = \frac{0.693}{\mu} = \frac{0.693}{0.15} = 4.62 \text{ cm} \tag{3}$$

所求厚度 T 为

$$T = nT_{1/2} = 4.32 \times 4.62 = 19.96 \text{ cm} \tag{4}$$

答:铝板的厚度为 19.96 cm。

1.4.2　宽束、多色射线的强度衰减规律

工业检测中应用的射线,不可能是"窄束、单色"射线,到达探测器的束流中,总是包含散射线的成分,这样的射线称为"宽束"射线。束流中的光子往往也不具有相同能量。例如,常用的放射性同位素发出的 γ 射线是几种乃至十几种能量光子的组合,属"多色"射线,而 X 射线的波长更是连续变化的,称为"白色"射线。

射线在穿透物质过程中与物质相互作用,除了直线前进的透射射线外,还有散射线以及荧光 X 射线、光电子、反冲电子、俄歇电子等,向各个方向射出,其中各种电子穿透物质能力很弱,很容易被物质本身或空气吸收,而荧光 X 射线能量较低,例如,铁的 $K_{\beta1}$ 荧光 X 射线的能量约为 7 keV,也很容易被吸收,一般不会造成影响。所以,对射线照相产生影响的散射线主要来自康普顿效应,在较低能量范围,则来自相干散射。

应用宽束射线时,一次透射射线 I_p 和散射射线 I_s 同时到达探测器。设到达探测器的射线总强度为 I,则有

$$I = I_p + I_s = I_p(1+I_s/I_p) = I_p(1+n) \tag{1.42}$$

式(1.42)中,$n=I_s/I_p$,称作散射比。散射比 n 的大小与射线能量、穿透物质种类、穿透厚度等诸多因素有关。

如果射线束不是由单一能量的光子组成,而是由几种不同能量的光子组成,那么它通过物质时的强度衰减将变得更复杂。因为光子的能量不同,其衰减系数也不同,与物质相互作用强度减弱的程度也就不同。

设一束多色射线的初始强度为 I_0，其中不同能量的光子束流强度分别为 I_{01}，I_{02}，I_{03}，$\cdots$，则有

$$I_0 = I_{01} + I_{02} + I_{03} + \cdots \tag{1.43}$$

若射线在物质中的衰减系数分别为 μ_1，μ_2，μ_3，$\cdots$，不同能量射线的分强度为 I_1，I_2，$\cdots$，则满足下列关系式

$$I_1 = I_{01} e^{-\mu_1 T}, I_2 = I_{02} e^{-\mu_2 T}, I_3 = I_{03} e^{-\mu_3 T}, \cdots \tag{1.44}$$

一次透过射线的总强度 I 可表示为

$$I = I_1 + I_2 + I_3 + \cdots \tag{1.45}$$

考虑总的强度衰减结果，可以归纳得到以下关系式：

$$I = I_0 e^{-\bar{\mu} T} \tag{1.46}$$

式(1.46)即为多色射线强度衰减结果，式中 $\bar{\mu}$ 称为平均衰减系数，可根据实验数据计算得出。

多色射线穿透物质过程中，能量较低的射线分量强度衰减多，能量较高的射线分量强度衰减相对较少。这样，透射射线的平均能量将高于初始射线的平均能量，此过程被称为多色射线穿透物质过程的线质硬化现象。随着穿透厚度的增加，线质逐渐变硬，平均衰减系数 $\bar{\mu}$ 的数值将逐渐减小，而平均半价层 $T_{1/2}$ 值将逐渐增大。

图 1.18 所示为连续谱射线穿过物体后强度分布变化情况。由图可知，波长较长部分的射线强度衰减较大，从而使透射射线的平均波长变短。

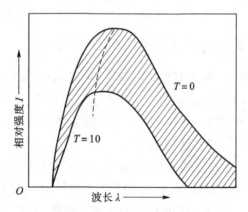

图 1.18 连续谱射线穿过物体后强度分布的变化

对于宽束、多色射线，其强度衰减公式可写成

$$I = I_0 e^{-\bar{\mu} T} (1 + n) \tag{1.47}$$

式(1.47)中，I 是透射射线强度，为一次透射射线 I_p 和散射射线 I_s 强度之和；I_0 是初始射线强度；$\bar{\mu}$ 是平均衰减系数；T 是穿透物质的厚度；n 是散射比。

1.5 射线照相法的原理与特点

射线照相是指 X 射线或 γ 射线穿透试件，以胶片作为记录信息器材的无损检测方法，该方法是最基本、应用最广泛的一种射线检测方法。

课前预习

1.5.1　射线照相法的原理

射线在穿透物体过程中会与物质发生相互作用,因这些相互作用,射线被吸收和散射,从而导致其强度减弱。强度衰减程度取决于物质的衰减系数和射线在物质中穿透的厚度。如果被透照物体(试件)的局部存在缺陷,且构成缺陷的物质的衰减系数又不同于试件,该局部区域的透过射线强度就会与周围产生差异。把胶片放在适当位置使其在透过射线的作用下感光,经暗室处理后得到底片。底片上各点的黑化程度取决于射线照射量(又称曝光量,等于射线强度乘以照射时间),由于缺陷部位和完好部位的透射射线强度不同,底片上相应部位就会出现黑度差异。我们将底片上相邻区域的黑度差定义为"对比度"。把底片放在观片灯光屏上借助透过光线观察,可以观察到不同形状的影像,评片人员据此判断缺陷情况并评价试件质量。

对缺陷引起的射线强度变化情况可作定量分析,如图 1.19 所示为射线检测基本原理。图中可见试件内部有一小缺陷。

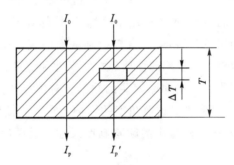

图 1.19　射线检测基本原理

如图 1.19 所示,设试件厚度为 T,线衰减系数为 μ,缺陷在透照方向的尺寸为 ΔT,缺陷的线衰减系数为 μ',入射射线强度为 I_0,透射线总强度为 I,则有

$$I = (1+n)I_0 e^{-\mu T} \tag{1.48}$$

无缺陷部位一次透射线强度 I_p 为

$$I_p = I_0 e^{-\mu T} \tag{1.49}$$

缺陷部位一次透射线强度 I_p' 为

$$I_p' = I_0 e^{-\mu(T-\Delta T)-\mu'\Delta T} \tag{1.50}$$

由式(1.49)和式(1.50)可得

$$\Delta I = I_p' - I_p = I_0 e^{-\mu T}\left[e^{(\mu-\mu')\Delta T}-1\right] \tag{1.51}$$

透射线总强度为 I,由式(1.48)和式(1.51)有

$$\frac{\Delta I}{I} = \frac{e^{(\mu-\mu')\Delta T}-1}{1+n} \tag{1.52}$$

把式(1.52)中 $e^{(\mu-\mu')\Delta T}$ 利用泰勒级数展开,并取前两项可得

$$e^{(\mu-\mu')\Delta T} \approx 1+(\mu-\mu')\Delta T \tag{1.53}$$

则根据式(1.52)和式(1.53)可表示为

$$\frac{\Delta I}{I} = \frac{(\mu - \mu')\Delta T}{1+n} \tag{1.54}$$

如果 μ' 与 μ 相比极小,则 μ' 可忽略。例如 μ 为钢的衰减系数,μ' 为空气的衰减系数,$\mu' \ll \mu$,则式(1.54)可写作

$$\frac{\Delta I}{I} = \frac{\mu \Delta T}{1+n} \tag{1.55}$$

由式(1.55)可得,射线强度差异是底片产生对比度的根本原因,所以把 $\Delta I/I$ 称为<u>主因对比度</u>。由式(1.55)可以看出,影响主因对比度的因素是缺陷尺寸 ΔT、线衰减系数 μ 和散射比 n。

1.5.2 射线照相法的特点

射线照相法的检测对象是各种熔化焊接方法(电弧焊、气体保护焊、电渣焊、气焊等)的对接接头,尤其在锅炉、压力容器的制造检验中得到了广泛的应用。该法也能检查铸钢件,在特殊情况下还可用于检测角焊缝或其他一些特殊结构试件。它一般不适宜钢板、钢管、锻件的检测,也较少用于钎焊、摩擦焊等焊接方法的接头的检测。

射线照相 (射线照相)

射线照相法用底片作为记录介质,可以直接得到缺陷的直观图像,且可以长期保存。通过观察底片能够比较准确地判断出缺陷的性质、数量、尺寸和位置。

射线照相法容易检出那些形成局部厚度差的缺陷。对气孔和夹渣之类的缺陷有很高的检出率,而对裂纹类缺陷的检出率则受透照角度的影响。它不能检出垂直照射方向的薄层缺陷,例如钢板的分层。射线照相所能检出的缺陷高度尺寸与透照厚度有关,它可以达到透照厚度的1%,甚至更小。

射线照相法检测薄工件没有困难,几乎不存在检测厚度下限,但检测厚度上限受射线穿透能力的限制,而穿透能力取决于射线光子能量。420 kV 的 X 射线机能穿透的钢厚度约80 mm,Co60 γ 射线穿透的钢厚度约 150 mm。更大厚度的试件则需要使用特殊的设备——加速器,其最大穿透厚度可达到 400 mm 以上。

射线照相法几乎适用于所有材料,在钢、钛、铜、铝等金属材料上使用均能得到良好的效果,该方法对试件的形状、表面粗糙度没有严格要求,材料晶粒度对其不产生影响。

射线照相法检测成本较高,检测速度较慢。射线对人体有伤害,需要采取防护措施。

拓展知识阅读:

两弹一星功勋奖章

习　题　1

一、判断题

1.原子序数相同而原子量不同的元素,我们称它为同位素。　　　　　　　　　（　　）

2.放射性同位素的半衰期是指放射性元素的能量变为原来的一半所需要的时间。（　　）

3.射线能量越高,传播速度越快,例如 γ 射线比 X 射线传播快。　　　　　　（　　）

4.当 X 射线经过 2 个半价层后,其能量仅仅剩下最初的 1/4。　　　　　　　（　　）

5.X 射线的强度不仅取决于 X 射线机的管电流而且还取决于 X 射线机的管电压。（　　）

6.光电效应中光子被完全吸收,而康普顿效应中光子未被完全吸收。　　　　（　　）

7.X 射线和 γ 射线都是电磁辐射,而中子射线不是电磁辐射。　　　　　　　（　　）

8.对钢、铝、铜等金属材料来说,射线的质量吸收系数值总是小于线吸收系数值。（　　）

9.不包括散射成分的射线束称为窄射线束。　　　　　　　　　　　　　　　（　　）

10.康普顿效应的发生概率大致与光子能量成正比,与物质原子序数成反比。　（　　）

二、选择题

1.原子的主要组成部分是（　　）。

　A.质子、电子、光子　　　　　　　　　　B.质子、重子、电子

　C.光子、电子、X 射线　　　　　　　　　D.质子、中子、电子

2.同位素是指（　　）。

　A.质量数相同而中子数不同的元素　　　B.质量数相同而质子数不同的元素

　C.中子数相同而质子数不同的元素　　　D.质子数相同而质量数不同的元素

3.在射线检验中采用的能量范围（约 100 keV～10 MeV）射线穿过钢铁强度衰减的最主要原因是（　　）。

　A.光电效应　　　　B.汤姆孙效应　　　　C.康普顿效应　　　　D.电子对效应

4.单色射线是指（　　）。

　A.标识 X 射线　　　　　　　　　　　　B.工业探伤 γ 源产生的射线

　C.用来产生高对比度的窄束射线　　　　D.由单一波长的电磁波组成的射线

5.当光子与物质相互作用时,光子的波长增加,方向改变,这是由于（　　）的结果。

　A.光电效应　　　　B.康普顿散射　　　　C.汤姆孙散射　　　　D.电子对产生

6.射线通过物质时的衰减取决于（　　）。

　A.物质的原子序数、密度和厚度　　　　B.物质的杨氏模量

　C.物质的泊松比　　　　　　　　　　　D.物质的晶粒度

7.从 X 射线管中发射出的射线包括（　　）。

　A.连续 X 射线　　　B.标识 X 射线　　　C.β 射线　　　D.A 和 B

8.X 射线的穿透能力取决于（　　）。

　A.毫安　　　　　　B.千伏　　　　　　C.曝光时间　　　　D.焦点尺寸

9.X 射线管产生的连续 X 射线的强度与管电压的关系是(　　)。

　　A.强度与管电压成正比　　　　　　　　B.强度与管电压成反比

　　C.强度与管电压平方成正比　　　　　　D.强度与管电压平方成反比

10.衰变常数 λ 反映了放射性物质的固有属性(　　)。

　　A.λ 值越小,说明该物质越不稳定,衰变得越慢

　　B.λ 值越大,说明该物质越不稳定,衰变得越快

　　C.λ 值越大,说明该物质越稳定,衰变得越慢

　　D.λ 值越大,说明该物质越稳定,衰变得越快

三、简答题

1.连续 X 射线和标识 X 射线有哪些不同点?它们在射线探伤各起什么作用?

2.试述光电效应的机理和产生条件。

3.试述康普顿效应的机理和特点。

4.什么叫半价层?它在检测中有哪些用处?

四、计算题

1.透过厚钢板后的平行窄束 X 射线再透过屏蔽好的 12 mm 厚的钢板,若透射线照射率为透过 12 mm 钢板前的 1/16,则钢对该 X 射线的半价层和吸收系数各为多少?

2.某射线源,铅的半价层为 3 mm,则铅的 1/10 价层和 1/20 价层分别为多少?

3.用 X 射线透照母材厚度 30 mm,焊缝余高 4 mm 的试件,若射线线质不因厚度而异,吸收系数均为 0.693 cm^{-1}。求半价层厚度和射线贯穿工件后,母材部位和焊缝部位的射线强度之比。(已知 X 射线的散射比对于母材和焊缝分别为 2.5 和 3)

参考答案

第2章

射线检测的设备和器材

射线检测涉及许多设备和器材,本章主要介绍 X 射线检测和 γ 射线检测需要的设备和器材,主要有 X 射线机、γ 射线机、射线照相胶片、射线照相辅助设备和器材。

2.1 X 射线机

课前预习

X 射线机是高压精密仪器,为了正确使用和充分发挥 X 射线机的功能,顺利完成射线检测工作,应了解和掌握 X 射线机的原理、结构及性能。

本节的主要内容有:X 射线管,X 射线机的基本结构、主要技术条件、使用与维护。下面介绍 X 射线机常见的分类。

2.1.1 X 射线机的种类和特点

X 射线机
的分类

X 射线机常见的分类有按照 X 射线机结构分类、按照 X 射线机使用性能分类、按照 X 射线机高压发生器的工作频率分类及按照 X 射线机绝缘介质种类分类等。

1.按照 X 射线机结构分类

X 射线机按照结构可分为携带式 X 射线机和移动式 X 射线机两类。

(1)携带式 X 射线机。这是一种体积小、质量轻、便于携带、适用于高空和野外作业的 X 射线机。它采用的是结构简单的半波自整流线路。X 射线管和高压发生部分共同装在射线机头内,控制箱通过一根多芯的低压电缆将其连接在一起,管电压 $U \leqslant 300 \text{ kV}$,电流 $i \leqslant 5 \text{ mA}$,结构简单。其实物图如图 2.1(a)所示,其结构图如图 2.1(b)所示。

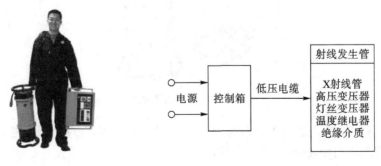

（a）携带式X射线机实物图　　　　（b）携带式X射线机结构图

图 2.1　携带式 X 射线机

(2)移动式 X 射线机。这是一种体积和质量都比较大,安装在移动小车上,用于固定或半固定场合使用的 X 射线机。它的高压发生部分(一般是两个对称的高压发生器)和 X 射线管是分开的,其间用高压电缆连接。为了提高工作效率,一般采用强制油循环冷却,管电压可达500 kV,电流较大,可达数十毫安,结构复杂。其实物图如图 2.2(a)所示,其结构图如图2.2(b)所示。

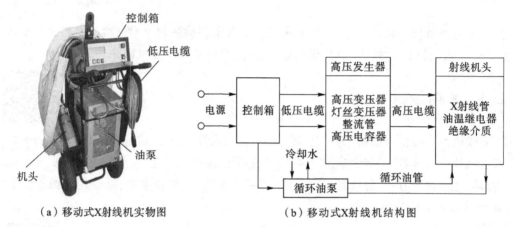

(a)移动式X射线机实物图　　　　　(b)移动式X射线机结构图

图 2.2　移动式 X 射线机

2.按照 X 射线机使用性能分类

按照 X 射线机使用性能分为定向 X 射线机、周向 X 射线机和 X 射线管道爬行器三类。

(1)定向 X 射线机。它是一种普及型、使用最多的 X 射线机。其机头产生的 X 射线辐射方向为 40°左右的圆锥角,一般用于定向单张拍片,如图 2.3 所示。

图 2.3　定向 X 射线机

(2)周向 X 射线机。这种 X 射线机产生的 X 射线束向 360°方向辐射,主要用于大口径管道和容器环焊缝周向曝光,如图 2.4 所示。

图 2.4　周向 X 射线机

　　(3)X 射线管道爬行器。这是为了解决很长的管道环焊缝拍片而设计生产的一种装在爬行装置上的 X 射线机。该机器在管道内爬行时,用一根长电缆提供电力和传输控制信号,利用焊缝外放置的一个小同位素 γ 射源确定位置,使 X 射线机在管道内爬行到预定位置进行摄片。X 射线向 360°方向辐射,因此该机器适用于长输管道环焊缝周向拍片,其实物如图 2.5所示。

图 2.5　X 射线管道爬行器

　　3.按照 X 射线机高压发生器的工作频率分类

　　X 射线机按照供给 X 射线管高压部分交流电的工作频率分为工频 X 射线机、变频 X 射线机、恒频 X 射线机、高频 X 射线机四类。

　　工频 X 射线机的工作频率为 50～60 Hz,变频 X 射线机的工作频率为 300～800 Hz,恒频 X 射线机的工作频率约为 200 Hz,高频 X 射线机工作频率高于 5 kHz。在同样电流、电压条件下,高频机、恒频机、变频机、工频机穿透能力由高到低逐渐变弱,高频机穿透能力最强、功耗最小、效率最高。

　　4.按照 X 射线机绝缘介质种类分类

　　X 射线机按照绝缘介质可分为变压器油绝缘 X 射线机和 SF$_6$ 气绝缘 X 射线机两类。变压器油绝缘 X 射线机一般用 25 号变压器油。变压器油绝缘主要用于移动 X 射线机,绝缘介质为 SF$_6$ 的气绝缘主要用于便携式 X 射线机。

安检 X 光机成像原理

　　除了以上几种常见分类外,还有按照 X 射线机的工作电压分为恒压 X 射线机和脉冲 X 射线机,按照 X 射线管材质分为玻璃管 X 射线机和陶瓷管 X 射线机,按照焦点尺寸分为纳米焦点、微焦点、小焦点和常规焦点 X 射线机等。微焦点 X 射线机,焦点尺寸一般为 0.01~0.1 mm,最小可达 0.005 mm,适用于检测半导体器件、集成电路、陶瓷等内部结构和焊接质量。

此外,还有一些特殊用途的 X 射线机,如软 X 射线机,管电压在 60 kV 以下,可用于检测金属薄件、非金属材料等低原子序数物质的内部缺陷。

2.1.2　X 射线机的主要部件——X 射线管

X 射线管是 X 射线探伤机的核心部件,一台 X 射线机的优劣主要是看其 X 射线管的技术性能。如穿透能力、透照清晰度、使用寿命等,这些都与 X 射线管的质量直接有关。熟悉 X 射线管的内部结构和技术性能,有助于检测人员正确使用和操作 X 射线探伤设备,延长设备使用寿命。

X 射线管按照发射电子方式分为冷阴极式和热阴极式,按照发射波谱分为软 X 射线管和一般 X 射线管,按照阳极冷却方式分为自冷却和强迫冷却,按照辐射方向分为定向和周向 X 射线管,按照壳体材质分为玻璃壳、金属壳和金属陶瓷壳等。

1. 普通 X 射线管

普通 X 射线管的基本结构是一个真空度为 $1.33 \times 10^{-4} \sim 1.33 \times 10^{-5}$ Pa $(10^{-6} \sim 10^{-7}\ \mathrm{mmHg})$ 的二极管,由阴极(即灯丝)、阳极(即金属靶)和保持其真空度的玻璃外壳构成,X 射线管实物图如图 2.6(a)所示,X 射线管结构示意图如图 2.6(b)所示。

X 射线管

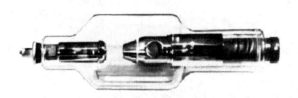

(a) X射线管实物图

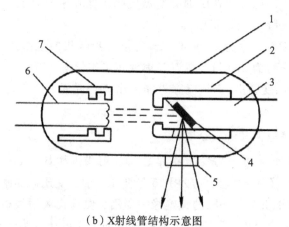

(b) X射线管结构示意图

1—玻璃外壳;2—阳极罩;3—阳极体;4—阳极靶;5—窗口;6—灯丝;7—阴极罩。

图 2.6　X 射线管

1)X 射线管的阴极

X 射线管的阴极由灯丝和阴极罩组成。X 射线管的阴极是发射电子和聚集电子的部件，由发射电子的灯丝(一般用钨制作)和聚集电子的凹面阴极头(用铜制作)组成，如图 2.7 所示。灯丝的作用是发射电子，材料是高熔点金属钨制成钨丝(发射效率高，不易损坏)。阴极的形状可分为线焦点和圆焦点两大类。线焦点阴极的灯丝绕成螺旋管形，装在阴极头的条形槽内，如图 2.7(a)所示。有的 X 射线管阴极头有两组灯丝以适合不同的用途，如图 2.7(b)所示。圆焦点阴极的灯丝绕成平面螺旋形，装在井式凹槽阴极头内，如图 2.7(c)所示。

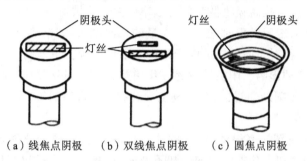

（a）线焦点阴极 　（b）双线焦点阴极 　（c）圆焦点阴极

图 2.7　X 射线管的阴极

阴极罩的作用是对灯丝发射的电子进行聚焦。阴极罩的材料是铜，电位较灯丝低。钨丝的温度决定于加热电流强度，当达到一定管电压而管电流不再增加时，称此时的电流为饱和电流。

阴极的工作过程是当阴极通电后，灯丝被加热而发射电子，阴极头上的电场将电子聚集成一束。在 X 射线管两端高压所建立的强电场作用下，电子飞向阳极，轰击靶面，产生 X 射线。

2)X 射线管的阳极

X 射线管的阳极是产生 X 射线的部分。阳极主要由阳极靶(5)、阳极体(3)和阳极罩(2)三部分构成，如图 2.8 所示。

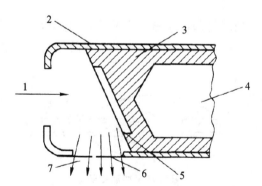

1—电子入射方向;2—阳极罩;3—阳极体;4—冷却油空腔;5—阳极靶;6—窗口;7—射线束。

图 2.8　X 射线管的阳极

(1)阳极靶。阳极靶的作用是接受高速电子的轰击，产生 X 射线。由于高速运动的电子撞击阳极靶时只有约 1% 的动能转换为 X 射线（X 射线产生效率 $\eta = KiZV$），其他绝大部分约 99％转化为热能。热能使靶面温度升高,所以一般工业用 X 射线管的阳极靶是由耐高温、原子序数高、表面镜面的钨材料制成的。钨熔点高(钨熔点为 3387 ℃),原子序数大($Z=$ 74),转换效率高,标识谱或软 X 射线管(利用的是它的标识谱)则选用钼靶($Z=42$,钼熔点为 2600 ℃)。阳极靶可以分为固定靶、旋转靶、油冷却靶等。

(2)阳极体。阳极体的作用是支撑靶面,传送靶面上的热量,避免钨靶烧坏。因此,阳极体采用热导率大的无氧铜制成。

(3)阳极罩。阳极罩的作用是吸收"散乱射线"和"二次电子"(因轰击阳极靶产生)。阳极罩的材料通常用钢、钨(可提高吸收散乱射线效率),并安装铍窗口(可透过更多的软 X 射线)。从阴极飞出的电子在撞击阳极靶时,会产生大量的二次电子,如落到 X 射线管的玻璃壳内壁上则会使玻璃壳带电,将对飞向阳极的电子束产生不良影响。用铜制的阳极罩可以吸收这些二次电子,从而防止这种影响。阳极罩的另一作用是吸收一部分散乱射线。在阳极罩正对靶面的斜面处开有能使 X 射线通过的窗口,其上常装有几毫米厚的铍。

3)X 射线管的冷却

由于 X 射线管能量转换率很低,电子的能量约有 99％转换为热能传给阳极靶,因此,X 射线管工作时阳极的冷却十分重要。如冷却不及时,阳极过热会排出气体,降低 X 射线管的真空度,严重过热可使靶面熔化以致龟裂脱落,使整个 X 射线管不能工作。

X 射线管的冷却方式一般有辐射散热冷却、冲油冷却和旋转阳极冷却三种方式。

(1)辐射散热冷却。这种 X 射线管的阳极体是实心的,阳极体尾部伸到管壳外,其上装有金属辐射散热片,作用是增加散热面积,加快冷却速度。这种 X 射线管多用在携带式 X 射线机中,其结构如图 2.9 所示。

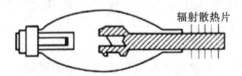

图 2.9 辐射散热冷却

(2)冲油冷却。这种 X 射线管阳极体做成空腔式,可用外循环油通过阳极体的空腔直接带走靶子上产生的热量,冷却效率比较高。这种 X 射线管多用于移动式 X 射线机中,其结构如图2.10所示。

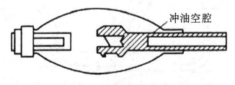

图 2.10 冲油冷却

(3)旋转阳极冷却。在医疗中用的大电流 X 射线机常采用一种旋转阳极式的 X 射线管,其阳极端玻璃壳外有线圈作定子,阳极根部作转子,阳极制成圆盘形,边上有斜角,这种 X 射线管的阳极靶是整个圆盘的圆周。当阳极以高速旋转时,可以很快地散去被电子撞击所发生的热。由于阳极转动非常平稳,所以焦点可以保持形状和位置的稳定。用旋转阳极制成的 X

射线管,不但可以得到较小的焦点,而且可以通过较大的电流(可增加到静止靶所使用的电流的 10 倍以上),其结构如图 2.11 所示。

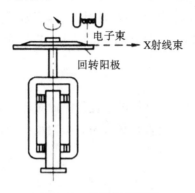

图 2.11　旋转阳极冷却

4)X 射线管的外壳

普通 X 射线管的外壳用耐高温的玻璃制成,灯丝导线从阴极端部穿过管壁引出。为了使金属和玻璃相接处不漏气,与玻璃壁接触的金属被要求和玻璃有一样的膨胀系数。为解决这一问题,我们采用了一种特殊的称为科瓦的铁镍钴合金。

2.特殊用途的 X 射线管

由于用玻璃作外壳制成的 X 射线管对过热和机械冲击都很敏感,因此,20 世纪 70 年代开发出了性能优越的金属陶瓷管。这种材质的射线管有很多特点,例如抗震性强,一般不易破碎等。其管内真空度高,各项电性能好,管子寿命长,容易焊装铍窗口。对 250 kV 以上的 X 射线,金属陶瓷管的尺寸可以做得比玻璃管小得多。

特殊用途的 X 射线管有周向辐射 X 射线管、小焦点 X 射线管、棒阳极 X 射线管等。

1)周向辐射 X 射线管

这种 X 射线管可以通过一次曝光完成大直径筒体环焊缝整个圆周的曝光,从而大大提高了工作效率。它的阳极靶有平面阳极和锥体阳极两种,如图 2.12 所示。其中,平面阳极制造容易,散热条件好,使用较多,但其射线束中心有倾角,对环焊缝纵向裂纹的检测有一定影响。

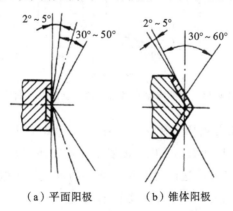

（a）平面阳极　　　（b）锥体阳极

图 2.12　周向辐射 X 射线管阳极靶

2)小焦点 X 射线管

这种 X 射线管通过圆筒式聚焦栅将灯丝发射的电子束聚成很细的一束,可获得小于 0.1 mm 微小焦点。在射线实时成像检测技术中为提高灵敏度,通常采用放大透照布置,这就需要小焦点 X 射线管。放大倍数的选择与 X 射线管焦点尺寸有关,射线源尺寸越小,可选用的放大倍数越大。

3)棒阳极 X 射线管

这种 X 射线管的阳极制成棒状,可伸进小直径筒内对环焊缝作周向曝光。典型的棒阳极 X 射线管参数为:总长 280 mm,最大直径100 mm,棒阳极外径33 mm,长 49 mm,用水冷却,额定管电压 160 kV,额定管电流6 mA。

3. X 射线管的技术性能

关于 X 射线管的技术性能,这里主要介绍 X 射线管的阴极特性和阳极特性、X 射线管的管电压、X 射线管的焦点、X 射线的强度分布、X 射线管的真空度和 X 射线管的寿命等。

1)X 射线管的阴极特性和阳极特性

X 射线管的阴极特性定义为灯丝温度与饱和电流密度(管电流)的关系,如图 2.13 所示。阴极特性的特点是管电流随灯丝温度升高(发射电子的数量增多)而增大。金属热电子发射与发射体的温度关系极大,在一定的管电压下,X 射线管阴极发出的电子全部射到阳极上,则饱和电流密度与温度的关系(即 X 射线管的阴极特性)曲线如图 2.13 所示。从图中可以看到,在阴极的工作温度范围内,较小的温度变化就会引起较大的电流变化。

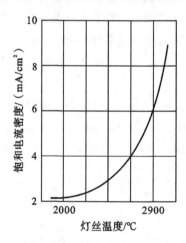

图 2.13 饱和电流密度与灯丝温度的关系曲线

阳极特性即 X 射线管的管电压与管电流的关系,如图 2.14 所示。从图中可以看到,在管电压较低时(10~20 kV),X 射线管的管电流随管电压增加而增大;当管电压增加到一定程度后,管电流趋于饱和而不再增加。这说明在某一恒定的灯丝加热电流下,阴极发射的热电子已经全部到达了阳极,再增加电压亦不可能使管电流增大。也就是说,工业检测用的 X 射线管工作在电流饱和区。由此可知,对工作在饱和区的 X 射线管,要改变管电流,只有改变灯丝的加热电流(即改变灯丝的温度)。

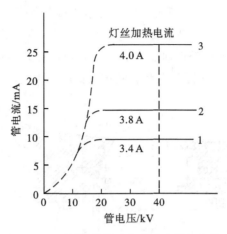

图 2.14　X 射线管电流与管电压关系曲线

通过对图 2.13、图 2.14 所示两个特性曲线的分析,可以得出如下结论:X 射线管的管电流和管电压在工作过程中可以进行相互独立调节。

2)X 射线管的管电压

X 射线管的管电压是指 X 射线管承载的最大峰值电压,单位为 kV。必须注意的是,在修理时进行的电工测量中,表头指示的是有效值。对于正弦波,存在如下关系:

$$U_{有效值} = 0.707 U_{峰值} \tag{2.1}$$

例题 2.1　一额定管电压为 200 kV 的 X 射线管,其有效电压为多少?

解　利用式(2.1)可得

$$U_{有效值} = 0.707 U_{峰值} = 0.707 \times 200 = 141.4 \ kV \tag{1}$$

答:其有效值电压为 141.4 kV,测试中不允许超过,否则会因为击穿而损坏。

管电压是 X 射线管的重要技术指标,管电压越高,发射的 X 射线的波长越短,穿透能力就越强。在一定范围内,管电压和穿透能力有近似直线关系,如图 2.15 所示。

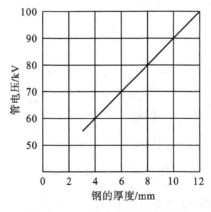

图 2.15　X 射线穿透能力示意图

3)X 射线管的焦点

X 射线管的焦点是 X 射线管重要技术指标之一,其数值大小直接影响照相灵敏度。X 射线管焦点的尺寸主要取决于 X 射线管阴极灯丝的形状和大小、阴极头聚焦槽的形状及灯丝在槽内安装的位置。此外,管电压和管电流对焦点大小也有一定影响。阳极靶被电子撞击的部分叫作实际焦点,实际焦点垂直于管轴线上的正投影叫作有效焦点,X 射线机说明书提供的焦点尺寸就是有效焦点尺寸。实际焦点和有效焦点如图 2.16 所示。

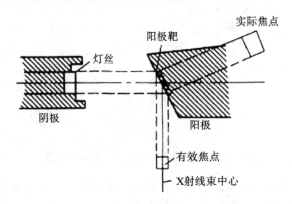

图 2.16　实际焦点和有效焦点示意图

由几何投影关系可知,焦点大的射线机其能量相对较高,有利于散热,可承受较大的管电流。但是,焦点大的产生的几何不清晰度也大,不利于缺陷的检出;焦点小的,照相清晰度好,底片灵敏度高。焦点形状与灯丝形状有关。射线源焦点的主要形状有四种,即正方形焦点、长方形焦点、圆形焦点和椭圆形焦点,分别如图 2.17(a)(b)(c)(d)所示。其有效焦点尺寸 d 分别为:

焦点尺寸的
计算方法

① 正方形有效焦点尺寸 d 为

$$d = a \qquad\qquad (2.2)$$

② 长方形和椭圆形有效焦点尺寸 d 为

$$d = \frac{a+b}{2} \qquad\qquad (2.3)$$

③ 圆形有效焦点尺寸 d 为

$$d = d \qquad\qquad (2.4)$$

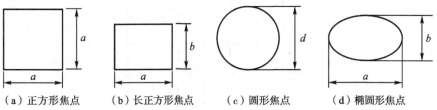

(a)正方形焦点　　(b)长正方形焦点　　(c)圆形焦点　　(d)椭圆形焦点

图 2.17　焦点形状分类

对斜靶定向 X 射线管,其有效焦点面积 S_0 与实际焦点面积 S 的关系可用下式表示:

$$S_0 = S\sin\alpha \qquad\qquad (2.5)$$

式(2.5)中,α 是靶与垂直管轴线平面的夹角。常用有效焦点面积有 2.3 mm×2.3 mm、3 mm×3 mm、4 mm×4 mm 等尺寸,采用特殊的磁聚焦方法可以使有效焦点尺寸达到 0.1～0.2 mm。

4)X 射线的强度分布

定向 X 射线管的阳极靶与管轴线方向呈 20°的倾角,因此,发射的 X 射线束有 40°左右的立体锥角。随着角度不同 X 射线的强度有一定差异,用伦琴计测量,不同角度上 X 射线的强度分布如图 2.18 所示。

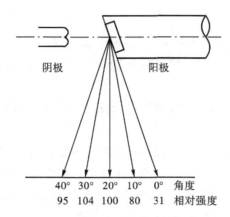

阴极　　　　　　　　　　　　阳极

| 40° | 30° | 20° | 10° | 0° | 角度 |
| 95 | 104 | 100 | 80 | 31 | 相对强度 |

图 2.18　不同角度上 X 射线的强度分布

从图 2.18 中可以看到,阴极侧比阳极侧射线强度高,在大约 30°辐射角处射线强度达到最大。但实际上,由于阴极侧射线中包含着较多的软射线成分,所以对具有一定厚度的试件照相,阴极侧部位的底片并不比阳极侧更黑,利用阴极侧射线照相也并不能缩短多少时间。

5)X 射线管的真空度

X 射线管必须在高真空度 $1.33 \times 10^{-4} \sim 1.33 \times 10^{-5}$ Pa 才能正常工作,故在使用时要特别注意不能使阳极过热。阳极金属过热时会释放气体,使 X 射线管的真空度降低,发生气体放电现象。气体放电会影响电子发射,从而使管电流减少。严重放电现象也可能造成管电流突增,这两种情况都可以从毫安表上看出(毫安表指针摆动,严重时指针能打到头,过流继电器动作),最坏的后果是导致 X 射线管被击穿。

高温下工作的 X 射线管实际上还存在另一种情况:高温金属离子也能吸收气体。当管内某些部分受电子轰击时,放出的气体立即被电离,其正离子飞向阴极,撞击灯丝所溅散的金属会吸收一部分气体。这两个过程在 X 射线管工作中是同时存在的,达到平衡时就决定了此时 X 射线管的真空度,这就是 X 射线机训机的基本原理。对新出厂的或长期不使用的 X 射线机应经严格训机后才能使用。X 射线管的真空度可以用"高频火花真空测试仪"检查,亦可通过冷高压试验确定其能否使用。

6)X 射线管的寿命

X 射线管的寿命是指由于灯丝发射能力逐渐降低,射线管的辐射剂量率降为初始值的80%时的累积工作时限。玻璃管寿命一般不少于 400 小时,金属陶瓷管寿命不少于 500 小时。如果使用不当,将使 X 射线管的寿命大大降低。保证 X 射线管使用寿命的措施主要有:在送高压前,灯丝必须提前预热、活化;使用负荷应控制在最高管电压的 90%以内;使用过程中一定要保证阳极的冷却,例如将工作和间隙时间设置为 1:1;严格按使用说明书要求进行训机。

2.1.3　X射线机的基本结构

一般X射线机的结构由四部分组成:高压系统、冷却系统、保护系统和控制系统。本节以工频X射线机为例作简单介绍。

1.高压系统

X射线机的高压部分包括X射线管、高压发生器(高压变压器、灯丝变压器、高压整流管和高压电容)及高压电缆等。X射线管已在上节详细介绍,以下介绍其他高压元件。

1)高压发生器

高压发生器是由高压变压器、灯丝变压器、高压整流管和高压电容等四部分组成,下面分别介绍各部分的作用。

(1)高压变压器。高压变压器的作用是将几百伏的低电压通过变压器提升到X射线管工作所需的高电压。它的特点是功率不大(约几千伏安),但输出电压却很高,可达几百千伏,因此,高压变压器二次匝数多,线径细。这就要求高压变压器的绝缘性能要好,即使温升较高也不会损坏。

高压变压器的铁芯一般用磁导率高的冷轧硅钢片叠成口字形和日字形。绕组选用含杂质少的高强漆包线,层间绝缘材料一般用多层电容纸(对气绝缘X射线机则多用聚酯薄膜或热性能更好的聚亚胺薄膜),绕制时要十分注意匝间和层间的绝缘,不得混入灰尘和污物,绕制好的变压器需经真空干燥处理后再使用。

(2)灯丝变压器。X射线机的灯丝变压器是一个降压变压器,其作用是把工频220 V电压降到X射线管灯丝所需要的十几伏电压,并提供较大的加热电流(约为十几安)。由于灯丝变压器的二次绕组在高压回路里,且和X射线管的阴极连在一起,所以要采取可靠措施,确保二次绕组和一次绕组间的绝缘。工频油绝缘和恒频气绝缘X射线机都有单独的灯丝变压器;而变频气绝缘X射线机为减少质量和体积,一般没有单独的灯丝变压器,而是在高压变压器绕组外再绕6～8匝加热线圈来提供灯丝加热电流,其结果是灯丝加热电流随着高压变压器的一侧电压变动而变化,射线机只有在管子上加有一定的工作电压才有管电流。该电路设计时必须妥善考虑X射线管的灯丝发射特性和整机工作电压及电流的相互配合。

(3)高压整流管。常用的高压整流管有玻璃外壳二极整流管和高压硅堆两种,其中使用高压硅堆可节省灯丝加热变压器,使高压发生器的质量和尺寸减小。

(4)高压电容。这是一种金属外壳、耐高压、容量较大的纸介电容。携带式X射线机没有高压整流管和高压电容,所有高压部件均在射线机头内。移动式X射线机有单独的高压发生器,内有高压变压器、灯丝变压器、高压整流管和高压电容等。

2)高压电缆

高压电缆是移动式X射线机用来连接高压发生器和X射线机头的电缆,它的构造如图2.19所示。

高压电缆的构造大体可以分为保护层、金属网层、半导体层、主绝缘层、芯线、薄绝缘层、电缆头等部分,如图2.19(a)所示。保护层是电缆的最外层,用软塑料或黑色棉纱织物制成。金属网层是用铜、钢、锡丝多根编织,使用时接地,以保护人身安全。半导体层是在绝缘橡胶层外面紧贴的一层，外观类似橡胶层，较黑、软，有一定导电功能，可为感应电荷提供通道，消除橡胶层外表面和金属网层之间的电场，避免它们之间因存在空气而发生放电造成的绝缘层老化。主绝缘层是用来隔离芯线和金属接地网之间的高压。芯线一般有两根同心芯线，用来传送阳极电流或灯丝加热电流。由于芯线间电压很低，故同心芯线之间的绝缘层很薄。同心芯线之间有一层薄绝缘层，最后是电缆头。高压电缆两端接头的构造如图 2.19(b)所示。

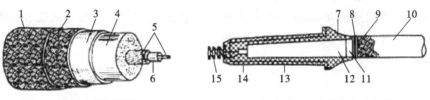

（a）高压电缆解剖图　　　　　　　　（b）高压电缆头的结构示意图

1、10—保护层；2、9—接地金属网层；3—半导体橡胶层；4—主绝缘层；5—同心芯线；
6—绝缘层；7—接地金属罩；8—细铜裸线；11—电缆半导体层；12—电缆主绝缘锥体；
13—插头套筒；14—填充料；15—连接触头。

图 2.19　高压电缆两端接头的构造

2.冷却系统

冷却是保证 X 射线机正常工作和长期使用的关键。冷却不好，不但会造成 X 射线管阳极因过热而损坏，还会因高压变压器过热导致绝缘性能变坏，耐压强度降低从而被击穿，甚至会影响 X 射线管的寿命。所以，X 射线机在设计制造时采取各种措施保证冷却效率。

油绝缘携带式 X 射线机常采用自冷方式。它的冷却是靠机头内部温差和搅拌油泵使油产生对流带走热量，再通过壳体把热量散发出去。

气体冷却 X 射线机用六氟化硫（SF_6）气体作绝缘介质，由于采用了阳极接地电路，X 射线管阳极尾部可伸到机壳外，其上装散热片，并用风扇进行强制风冷。阳极接地气冷 X 射线机构造如图 2.20 所示。

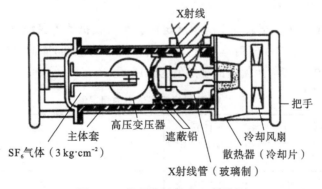

图 2.20　阳极接地气冷 X 射线机

移动 X 射线机多采用循环油外冷方式。X 射线管的冷却有单独用油箱，以循环水冷却油箱内的变压器油，再用一油泵将油箱内的变压器油按一定流量注入 X 射线管阳极空腔内冷却靶子,后将热量带走,这种方式冷却效率较高。该冷却系统由七部分组成,即冷却水管、冷却油管、冷却油箱、搅拌油泵、循环油泵、油泵电动机、保护继电器(包含油压和水压开关)。

3. 保护系统

各种电气设备都有保护系统。X射线机的保护系统主要有:每一个独立电路的短路过流保护、X射线管阳极冷却的保护、X射线管的过载保护(过流或过压)、零位保护、接地保护和其他保护。

独立电路的短路过流保护。熔丝是最常用的短路过流保护元件,一般串接在电路末端,当流过熔丝的电流超过其额定值时,由于过热而熔化断开,使该电路断电从而起到保护作用。如目前常用的气体绝缘携带式X射线机,一般在主电路接一个15~20 A的熔丝,在低压电路接一个2~3 A的熔丝。

4. 控制系统

控制系统是指X射线管外部工作条件的总控制部分,主要包括管电压调节、管电流的调节以及各种操作指示。

X射线管管电压调节一般是通过调整高压变压器的初级侧并联的自耦变压器的电压来实现的。X射线管管电流调节是通过调节灯丝加热电流来实现的。X射线机的操作指示部分包括控制箱上的电源开关,高压通断开关,电压、电流调节旋钮,电流、电压指示表头,计时器,各种指示灯等。

2.1.4 X射线机的主要技术条件

X射线机的主要技术条件包括对X射线机的电气性能要求和使用性能要求。

1. 电气性能的一般要求

输入电流电压波动不应超过额定值±10%,输出电压波动应不大于±2%。计时器误差应在5%之内,温度继电器的整定值为60±5℃,低压电路绝缘电阻应大于2 MΩ。X射线机应有保护接地,接地电阻不大于0.5 Ω,气绝缘机机头内SF_6气压低于0.34 MPa(20 ℃)时高压应断开。有过压、过流保护装置,超过规定值时,高压应断开。

2. 使用性能的一般要求

X射线机穿透能力不低于表2.1所示规定值。X射线机透照灵敏度应不低于1.8%(对Q235钢),产生的X射线应在辐射范围内,辐射场不允许有缺圆,周向机辐射场应均匀,中心平面内黑度差小于0.4,辐射角偏差的规定值为±5°。

表 2.1 X射线机穿透力的规定值

管电压/kV		150	200	250	300
管电流/mA		5	5	5	5
穿透力(钢)/mm	定向机	≥19	≥29	≥39	≥50
	周向机	≥12 锥靶	≥27(平靶)	≥37(平靶)	≥47(平靶)
			≥24(锥靶)	≥34(锥靶)	≥40(锥靶)

X 射线机允许漏射线剂量率见表 2.2。

表 2.2　允许漏射线剂量率

管电压/kV	<150	150～200	>200
距焦点 1 m 处泄漏空气比释动能率/(m·Gy·h^{-1})	≤1	≤2.5	≤5

漏射线剂量率的测试可按图 2.21 规定的方位进行测定。

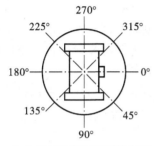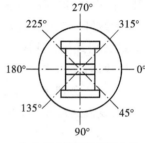

（a）定向机管头纵向测试方位　　（b）定向机管头横向测试方位　　（c）周向机管头测试方位

图 2.21　漏射线剂量率测试

用不小于表 2.3 规定的铅当量的铅罩屏蔽 X 射线窗口,把剂量计放在距管头 1 m 处测取读数。

表 2.3　屏蔽 X 射线窗口铅罩的铅当量

额定管电压/kV	100	150	200	250	300	350	400
铅当量/mmPb	1.4	2.1	3.6	6.3	9.3	11.8	14.0

2.1.5　X 射线机的使用

正确使用和及时维护 X 射线机可以延迟 X 射线机的寿命,因此必须掌握 X 射线机的使用、维护和保养。

1.X 射线机的操作程序

不同的 X 射线机控制部分的电路原理有很大的差异,它们的操作程序必须严格按照使用说明书进行。这里给出了操作 X 射线机的一般流程。

（1）通电前准备。用电源线、电缆线将控制箱、机头(或高压发生器)以及冷却系统等可靠连接,保证插头接触良好,检查使用电源是否为 220 V,控制箱可靠接地。

（2）通电后检查。接通电源后,控制箱面板上的电源指示灯亮,冷却系统开始工作(油冷机油泵开始工作,气冷机机头风扇转动)。

（3）曝光准备。油冷机"kV""mA"挡调到零位,"时间"挡调到预定位置,气冷机"kV""时间"挡调到预定位置。

（4）曝光。按下"高压"开关,高压指示灯亮表示高压已接通。对于油冷机,应均匀调节"kV"和"mA"挡到规定值;对于气冷机,设备将会自动提高到预定值。冷却系统必须保证可靠工作。

(5)曝光结束。对于油冷机,当蜂鸣器响,应均匀调节"kV"和"mA"挡回零,红灯灭,高压切断,时间复位;对于气冷机,当蜂鸣器响,"kV"和"mA"挡灯灭,高压切断,时间复位。在曝光过程中,如发现异常,可按下"高压"断开开关,切断高压,分析原因后,方可考虑是否继续工作。

2.X射线机使用的注意事项

(1)训机。非连续使用X射线机时都必须按说明书要求进行逐步升高电压的训练,这一过程称为训机。训机的方法应严格按照说明书进行。训机目的是排除新的或长时间不用的X射线管内的空气,以提高射线管的真空度。

(2)X射线机是高压设备,为避免漏电和感应电的影响,控制箱与高压发生器都应可靠接地。携带式X射线机无法固定接地,要采用临时接地措施;变频气冷式X射线机严禁用电焊机地线作接地体;移动式X射线机应固定接地,电阻小于0.5 Ω。

(3)检查X射线机的电源波动值。X射线机的波动值不能超过额定电压的±10%。

(4)X射线机送高压前,灯丝要提前预热2 min以上,这样可以延长X射线管的使用寿命。

(5)X射线机在工作中必须全过程冷却。X射线机要求按照1:1的间隙时间进行工作和休息,以确保X射线管充分冷却,防止过热。

3.X射线机的维护和保养

为了减少X射线机使用故障,应经常对X射线机进行维护和保养。X射线机应放置在通风干燥处,切忌潮湿、高温、腐蚀等环境,以免降低绝缘性能;运输时要注意防震,避免接头松动、高压包移位及X射线管破损;保持清洁,防止短路和接触不良;检查电缆头是否接触良好,X射线机机头是否漏油、漏气等。

2.2 γ射线机

课前预习

γ射线机也是射线照相中的一个重要的仪器,这一节主要介绍γ射线机的相关知识。

2.2.1 γ射线源

放射性同位素有2000多种,但只有那些半衰期较长、比活度较高、能量适宜、取之方便和价格便宜的同位素才适用于检测。目前工业射线照相常用的γ射线源主要是放射性同位素,其特性参数见表2.4。

表2.4 常用γ射线源的特性参数

特性参数	γ射线源					
	Co60	Cs137	Ir192	Se75	Tm170	Yb169
主要能量/MeV	1.17,1.33	0.661	0.296,0.308, 0.346,0.468	0.121,0.136, 0.265,0.280	0.084,0.052	0.0631,0.12, 0.193,0.309
平均能量/MeV	1.25	0.661	0.355	0.206	0.072	0.156

续表

特性参数		γ 射线源					
		Co60	Cs137	Ir192	Se75	Tm170	Yb169
半衰期		5.27 年	33 年	74 天	120 天	128 天	32 天
K_γ 常数	$R \cdot m^2 \cdot h^{-1} \cdot Ci^{-1}$	1.32	0.32	0.472	0.204	0.001 4	0.125
	$C \cdot m^2 \cdot kg^{-1} \cdot h^{-1} \cdot Bq^{-1}$	9.2×10^{-15}	2.23×10^{-15}	3.29×10^{-15}	1.39×10^{-15}	0.0097×10^{-15}	0.87×10^{-15}
比活度		中	小	大	中	大	小
透照厚度(钢)/nm		40~200	15~100	10~100	5~40	3~20	3~15
价格		高	高	较低	较高	中	中

γ 射线源在单位时间内发生的衰变数称为放射性活度,单位为贝可(Bq),1 Bq 表示每秒钟内有一个原子核发生衰变。原用的活度单位为居里(Ci),1 Ci 表示放射性材料每秒钟有 3.7×10^{10} 个原子发生衰变,它们关系为

$$1 \text{ Bq} = 2.7 \times 10^{-11} \text{ Ci} \quad \text{或} \quad 1 \text{ Ci} = 3.7 \times 10^{10} \text{ Bq} \tag{2.6}$$

对同一种 γ 射线源,放射性活度大的源在单位时间内将辐射更多的 γ 射线。但对不同的 γ 射线源,即使放射性活度相同,也并不表示它们在单位时间内辐射的 γ 射线光量子数目相同。这是因为,不同的放射性同位素在一个核的衰变中放出的 γ 射线光量子数目可以不同。例如,Co60 γ 放射源的每一个核衰变放出 2 个能量不同的光子,而 Tm170 衰变时,却不是每个核的衰变都放出 γ 射线光子,只有总衰变数的 8% 产生 γ 射线。所以,放射性活度并不等于 γ 射线源的强度,但两者存在一定的关系。因此,对于同一种放射性同位素源,放射性活度大的源其辐射的 γ 射线强度也大;但对于非同种放射性同位素的源则不一定。

放射性比活度定义为单位质量放射源的放射性活度,单位是贝可每克,符号为 $Bq \cdot g^{-1}$。比活度不仅表示放射源的放射性活度,而且表示了放射源的纯度。实际上,任何 γ 射线源中不可能完全由放射性核素组成,总会伴有一些杂质,因此,比活度更能表明 γ 射线源的品质。比活度大意味着在相同活度条件下,该种放射性同位素的源尺寸可以做得更小一些。

2.2.2　γ 射线机的优缺点

相对于 X 射线机,γ 射线机的优缺点如下:

(1)γ 射线机的优点:

①探测厚度大,穿透能力强;对钢工件而言,400 kV X 射线机最大穿透厚度仅为 100 mm 左右,而 Co60 γ 射线探伤机最大穿透厚度可达 200 mm;

②γ 射线机体积小,质量轻,不用水、电,特别适用于野外作业和在用设备的检测;

③效率高,对环缝和球罐可进行周向曝光和全景曝光;

④γ 射线机可以连续运行,且不受温度、压力、磁场等外界条件影响,同 X 射线机相比大大提高了效率;

⑤设备故障率低,无易损部件;

⑥与同等穿透力的 X 射线机相比,价格低。

(2)γ射线机的缺点:

①射线源都有一定的半衰期,有些半衰期较短的射源,(如 Ir192)更换频繁,给使用带来不便;

②辐射能量固定,无法根据试件厚度进行调节,当穿透厚度与能量不适配时,灵敏度下降较严重;

③放射强度随时间减弱,无法进行调节,当源强度较小时,曝光时间过长会感到不方便;

④固有不清晰度比 X 射线大,用同样的器材及透照技术条件,其灵敏度低于 X 射线机;

⑤对安全防护要求高,管理严格。

2.2.3　γ射线机的分类

γ射线机按所装放射性同位素不同,可分为 Co60 γ射线机、Cs137 γ射线机、Ir192 γ射线机、Se75 γ射线机、Tm170 γ射线机及 Yb169 γ射线机;按机体结构可分为直通道形式和"S"通道形式;按使用方式可分为便携式(一个人可单独携带)、移动式(能以适当专用设备移动但不是手提式的)、固定式(固定安装或只能在特定工作区作有限移动)及管道爬行器。

工业 γ射线机主要使用便携式 Ir192 γ射线机、Se75 γ射线机和移动式 Co60 γ射线机。Tm170 γ射线机和 Yb169 γ射线机在轻金属及薄壁工件的探伤具有优势,管道爬行器则专用于管道的对接环焊缝检测。

2.2.4　γ射线机的结构

γ射线机大体可分为五个部分,即源组件、探伤机机体、驱动机构、输源管和附件。

1. 源组件

源组件由放射源物质、包壳和辫子组成,如图 2.22 所示。放射源物质装入源包壳内,包壳采用内外两层,里层是铝包壳,外层是不锈钢包壳,并通过等离子焊封口。源包壳可防止放射性污染的扩散。源包壳与源辫子连接多采用冲压方式,可以承受很大的拉力。

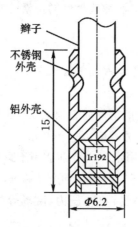

图 2.22　源组件结构示意图

2.探伤机机体

(1)屏蔽容器。γ射线机机体最主要的部分是屏蔽容器,其内部通道设计有"S"形弯通道和直通道两种。

①"S"形弯通道型。"S"通道设计是指其屏蔽材料内通道形状为"S"形,其机体结构如图2.23所示。这种装置是基于辐射以源为起点以直线向外传播的原理设计的。因为屏蔽体是"S"状,使得射线不能以直线路径从屏蔽体中透射出来,从而达到防护的目的。

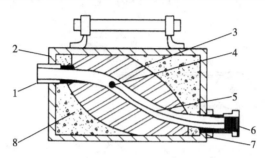

1—快速连接器;2—外壳;3—贫化铀屏蔽层;4—γ源组件;5—源托;6—安全接插器;7—密封盒;8—聚氨酯填料。

图 2.23 S 通道 γ 射线机源容器的基本结构示意图

②直通道型。直通道型机体比"S"通道机体轻,体积也小,但由于需要解决屏蔽问题,所以结构更复杂一些。在直通道型机中,射线沿通道的泄漏是靠钨制屏蔽柱屏蔽的。前屏蔽柱装在机体内的闭锁装置中;后屏蔽柱一般两节,长 50 mm,装在源组件后,与源顶瓣成链式连接。由于链式连接源瓣的柔韧性不如钢索,所以使用直通道型 γ 射线机时,对输源管弯曲半径要求更大一些,一般不得小于 500 mm,而 S 通道 γ 射线机输源管弯曲半径则可小一些。

屏蔽容器一般用贫化铀材料制作而成,比铅屏蔽体的体积、质量减小许多。

(2)安全联锁装置。γ 射线机机体上设有各种安全联锁装置可防止操作错误。例如,当源不在安全屏蔽中心位置时锁就锁不上,这时需要用驱动器来调节源的位置使其到达屏蔽中心。因此,该装置能保证源始终处于最佳屏蔽位置。操作时如果控制缆与源瓣未连接好,此装置可保证操作者无法将源输出,从而避免源失落事故的发生。

装置采用规定程序来保证操作安全可靠,其程序过程如下:只有专用钥匙才能打开安全锁;只有打开安全锁才能旋动选择环;只有选择环到"连接"位置才能卸下端盖;只有卸下端盖才能把控制缆上的阳接头与源瓣上的阴接头接上;只有阴阳接头连接无误,选择环才能转动到工作位置,源才能被驱动出来。以上任一环节未完成或操作程序不对,源就无法输出,这样就可防止意外事故的发生。

3.驱动机构

驱动机构是一套用来将放射源从机体的屏蔽储藏位置驱动到曝光焦点位置,并能将放射源收回到机体内的装置。γ 射线机及驱动机构工作情况示意图如图 2.24 所示。其中图 2.24(a)表示源在储存位置,图 2.24(b)表示源在移动中,图 2.24(c)表示源在曝光位置。

该装置一般可分为手动驱动和电动驱动两种。手动驱动器包括控制缆导管、连接机体结构与控制手柄。手动驱动器靠摇动手柄来驱动源在输源管中移动。为正确判断源的输送位置,手柄上一般还装有源位指示器,以确保源准确到达曝光焦点。

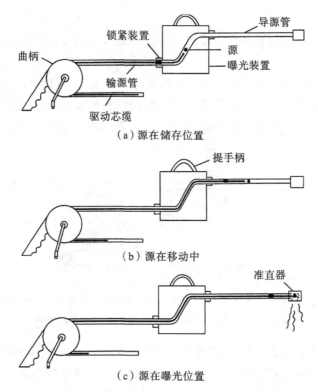

（a）源在储存位置

（b）源在移动中

（c）源在曝光位置

图 2.24　γ射线设备及驱动机构工作情况示意图

如用手动驱动器操作，人离开源的距离只有 10 m 左右，此位置若在现场无防护条件下进行 γ 射线探伤，放射剂量率会很高。为了解决这一问题，有些 γ 射线机除手动驱动外，还提供了电动驱动器。使用自动控制电动驱动器，可以预置送源延迟时间（以便操作人员发令后有足够时间离开）和预置曝光时间。当延迟时间达到预置时间时，自控电动机启动，将源送到曝光焦点，然后开始计时，当达到预置的曝光时间时，电动机再次启动将源收回到主机屏蔽体内，这样就完成一次拍片，十分安全可靠。

4.输源管

输源管也称源导管，由一根或多根软管连接一个一头封闭的包塑不锈钢软管制成，其用途是保证源始终在管内移动，其长度根据不同需要可以任意选用。使用时将其开口的一端接到机体源输出口，封闭的一端放在曝光焦点位置。曝光时要求将源输送到输源管的端头，以保证源与曝光焦点重合。

5.附件

为了 γ 射线机的使用安全和操作方便，一般都配套一些设备附件。常用附件有以下几类：

（1）各种专用准直器：用于缩小或限制射线照射场范围，减少散射线，降低操作者所受到的照射剂量。

（2）γ 射线监测仪、个人剂量计及音响报警器：用于确保操作人员的安全及确认放射源所在位置，防止放射事故的发生。

（3）各种定位架：用于固定输源管的照相头。定位架有多种形式，每一种定位架都有一定的调节范围并能固定准直器,从而保证放射源位于曝光焦点中心。

(4)专用曝光计算尺:可以根据胶片感光度、源种类、源龄、工件厚度、源活度及焦距,快速算出底片最佳黑度所需的曝光时间。

(5)换源器:因为 γ 射线源强度会随时间衰减,经过几个半衰期后源的强度减小,曝光时间增加,工作效率下降,这时就需要换源。在换源过程中要把旧源从 γ 射线机的机体内输送到换源器内,再把新源从换源器内送到 γ 射线机的机体内。换源器就是用来完成这一过程的设备。它是个椭圆形的有两个 Ⅰ 形孔道的以贫化铀为主要屏蔽材料制成的容器,重几十千克。换源器也可用于源的运输和储存。

2.2.5　γ 射线机的操作

γ 射线机在操作中一旦发生错误很可能导致严重后果,所以 γ 射线机操作必须特别仔细。γ 射线机的操作者必须经过培训,取得"放射工作人员证"才能上岗操作。

1. γ 射线检测曝光操作程序

(1)操作前的准备工作。操作必须由专职射线检测人员进行。操作前应先检查设备有无明显损伤,驱动机构是否灵活,有无卡死现象,输源管有无明显砸扁或损坏现象,个人剂量计及辐射场剂量监测仪表是否能正常工作,在以上问题确认无误后方可进行送源操作。要特别注意,安装探伤机的场所一定要有 γ 射线剂量仪随时进行监测,每个操作者必须携带个人音响报警仪,以便掌握所在位置的辐射剂量水平,从而有效地保护自己。

(2)主机安装。主机(探伤机)应放置在距离曝光点不远的适当位置,安放地点应便于输源管铺设,便于操作且保证平稳。将主机牢固地安放在适当位置后,应采取必须的辐射防护措施,设置必要的防雨、防外界物品碰撞等设施。在安装过程中,应随时用剂量仪进行监测。

(3)组装输源管。根据拍片实际情况,确定输源管根数(在满足拍片前提下,采用尽量少的输源管),原则上输源管不得多于 3 根。

(4)固定照相头。用定位架把输源管的端头定位并夹紧(用准直器时则将准直器固定),使输源管的端头部与照相焦点重合。

(5)铺设输源管。应保证送源操作顺利,同时尽可能考虑有利于人员屏蔽。如果场地宽敞,应使输源管尽量伸直。当输源管不得不弯曲时,弯曲半径应不小于 500 mm,较小的弯曲半径可能妨碍控制缆的运动甚至造成卡源事故。

(6)连接输源管。从屏蔽容器上取下源顶辫,将其插入储存源顶辫管内,把输源管接到主机出口接头上。

(7)选择驱动机构操作位置(手动操作时)。为了最大限度减少辐射伤害,操作人员应在防护物的后面(或检测控制室内)操作。驱动机构相对屏蔽容器最好呈直线,使控制缆尽量放直。控制缆的弯曲半径不得小于 1 m,更小的弯曲半径可能妨碍控制缆的运动。

(8)连接控制缆。可按下列顺序把控制缆接到屏蔽容器上:

①将锁打开,把选择环从"锁紧"位置转到"连接"位置,防护盖自动弹出;

②将控制缆连接套向后滑动,打开控制缆连接器上的卡爪,露出控制缆上的阳接头;

③用大拇指指尖压下弹簧顶锁销,把阴阳接头嵌接好,放开锁销,并检验是否连接妥当;

④收拢卡爪,盖住阴阳接头部件;

⑤向前滑动连接套,套住卡爪,并将连接套上的缺口销插入选择环定位环孔内;

⑥保持控制缆连接套连接紧贴在屏蔽装置上的联锁装置上,把选择环从"连接"位置转到"锁紧"位置。

(注意:在送源操作开始之前,应使联锁一直保持"锁紧"位置。)

(9)计算曝光时间。根据拍片条件,用计算尺或计算器计算出最佳黑度所需的曝光时间。

(10)送出源。把选择环转到"工作"位置,迅速转动手摇柄(顺时针方向),源从屏蔽容器进入输源管,直到源送到头为止。

(注意:源送出或收回时,应快速轻摇,直到摇不动为止。严禁使劲猛摇,否则会造成软轴移位,齿轮打滑。在手摇过程中,只要发现移动手柄有困难,就应反向摇动手柄把源收回到屏蔽容器中;然后用γ剂量率仪检测工作场所,确定放射源回到储存位置后,再检查控制缆和输源管的弯曲半径是否太小,校正后再往外送源。)

(11)收回源。当达到要求的曝光时间后,沿逆时针方向迅速转动送出或收回时,应快速轻摇,直到摇不动手柄,使源回到储存位置,用剂量率仪确认源已回到储存位。

(12)锁紧选择环。将选择环由"工作"位置转到"锁紧"位置,用锁锁牢。

(注意:如果选择环不能转到"锁紧"位置,说明源未完全收回,应检查原因。)

若使用自动控制电动驱动器,则按以下程序操作:

①将自动控制仪安放平稳,接好控制仪电源线;

②按控制仪使用说明书的规定,检查仪表有无故障;

③按手动方式相同步骤将控制缆和输源管与主机相连,并进行各项检查;

④按自动控制仪使用说明书的规定操作仪器,预置启动延迟时间、输源管距离、曝光时间,然后按下"启动"按钮,自动控制仪将自动完成"送源→曝光→收源"的检测照相过程。

操作过程中,人员可在远离放射源的地方工作,使受照射剂量减少到最低程度。

2.换源操作

换源器有两个"I"孔道,一个用于装新源,一个用于回收旧源,换源操作示意图如图2.25所示。

图 2.25　换源操作示意图

换源有两项内容:一是将探伤机里的旧源回收到换源器中;二是将换源器里的新源送到探伤机的屏蔽体中。其主要操作步骤如下:

①按γ射线机操作步骤把驱动机构与探伤机主机连接;

②将不带照相头的输源管分别与主机及换源器相连;

③摇动驱动机构手柄,将旧源送入到换源器中;

④从旧源辫上取出控制缆上的阳接头,从换源器旧源孔道接头上,拆下输源管,将输源管与换源器上新源孔道相接;

⑤将控制揽上的阳接头与新源辫的阴接头连接,合上导源管;

⑥摇动驱动机构手柄,将新源拉回到射线机中;

⑦按 γ 射线机操作步骤取下驱动机构和输源管,锁上安全联锁,换源工作完成。

注意:在换源操作过程中,必须使用 γ 射线剂量仪表及音响报警仪进行监测。

2.2.6 γ射线机的维护及故障排除

1.γ射线机的维护

γ射线机在维护时应注意:γ射线机一定要有专人负责保管;输源管接头应经常进行擦洗,避免灰尘和砂粒进入,每次使用完毕后应盖好两端"封堵护套";控制机构部件摇柄、输源导管、软轴应注意清洁,清洁时可用柴油清洗泥沙灰尘,待晾干后传送到软管内;齿轮应经常添加润滑剂,以保持手柄手摇时感觉轻松;对输源管应特别注意保护,防止重物砸扁砸坏管子造成卡源事故;γ射线机应单独存放在可靠的安全场所;每次使用前均应进行认真检查,如果发现问题,应暂停使用,并报专门人员处理;不允许任意拆卸,以免造成放射性事故。

2.γ射线机的故障排除

γ射线机由于操作不当会引起故障。γ射线机的操作故障及排除方法如表 2.5 所示。

表 2.5　γ射线机的操作故障及排除方法

故障类型	原因分析	排除故障
γ源送出时发生卡堵	(1)输源导管曲率半径过小; (2)控制缆导管曲率半径过小; (3)曝光头与输源导管连接不良	迅速收回,找出原因,排除故障,仔细操作
γ源收回时发生卡堵	(1)输源导管由于现场条件突然变化,发生曲率半径小于规定值的情况; (2)曝光头与输导管连接不良	(1)来回摇动手柄、试图收回; (2)快速上前把输源导管拉直,再收回
摇动手柄突感很轻松,摇动圈数超出规定圈数	输入输出端软管接头与 γ 射线探伤机接头没接好,摇动手柄时软管接头脱落,金属软轴脱在外面	(1)快速拆开摇柄与输送导管连接; (2)用手迅速把金属软轴拉回

3.γ射线机的机械故障

γ射线机的机械故障有安全联锁失灵、机械零件损坏、机体破碎等。

(1)安全联锁失灵。安全联锁是由安全锁、防护盖、选择环、锁紧锁、定位爪等零件组成,一般很少出现故障。若使用中发现有问题时,应首先检查是否严格按照操作程序进行操作,并是否操作到位。如确认存在故障,应通知厂家进行处理。

(2)机械零件损坏。它是 γ 射线机故障的主要原因。可能出现的损坏有:阳接头拉断、驱动机构失灵(弹簧片断裂、齿轮的齿损坏、缆绳节距滑变、杂物卡死等原因导致)、控制缆导管及输源管被砸扁变形或更严重的损坏、源外包壳与源座脱开等。

故障后果比较严重的是掉源,即阳接头脖子拉断或阳接头从阴接头中脱出。为防止出现这种故障,阳接头采用高强度合金钢,经调质处理后精加工制成。使用中应定期对接头进行检验。接头的磨损可用连接件卡板检验,卡板检验如图 2.26 所示。在不强行用力的情况下,接头应无法通过卡板各相应位置,否则应更换连接件。

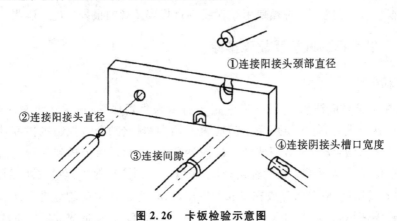

①连接阳接头颈部直径
②连接阳接头直径
③连接间隙
④连接阴接头槽口宽度

图 2.26 卡板检验示意图

(3)机体破碎。γ 射线机的机体都十分坚固,即使从高空跌落,最多只砸坏提手或外层钢壳,不会危及内部高强度的屏蔽套,所以机体破碎的故障概率极小。

2.3 射线照相胶片

课前预习

在射线检测中除了射线机,射线照相胶片也是主要的器材,本节主要介绍射线照相胶片的相关知识。

2.3.1 射线照相胶片的构造

射线胶片不同于一般的感光胶片,一般感光胶片只在胶片片基的一面涂布感光乳剂层,在片基的另一面涂布反光膜。射线胶片在胶片片基的两面均涂布感光乳剂层,目的是增加卤化银含量以吸收较多的穿透能力很强的 X 射线和 γ 射线,从而提高胶片的感光速度,同时增加底片的黑度。X 射线胶片的结构如图 2.27 所示,在 0.25～0.30 mm 的厚度中含有片基、结合层、感光乳剂层和保护层等 7 层材料。

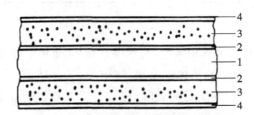

1—片基;2—结合层;3—感光乳剂层;4—保护层。

图 2.27 X 射线胶片的结构

(1)片基。片基是感光乳剂层的支持体,在胶片中起骨架作用,大多采用醋酸纤维或聚酯材料(涤纶)制作,厚度约0.175～0.200 mm。聚酯片基较薄,韧性好,强度高,更适用于自动冲洗。为改善照明下的观察效果,通常射线胶片片基采用淡蓝色。

(2)结合层。结合层又称黏合层或底膜,作用是使感光乳剂层和片基牢固地黏结在一起,防止感光乳剂层在冲洗时从片基上脱落。结合层由明胶、水、表面活性剂(润湿剂)、树脂(防静电剂)组成。

(3)感光乳剂层(又称感光药膜)。其每层厚度约 $10 \sim 20 \ \mu m$,通常由溴化银微粒在明胶中的混合体构成。乳剂中加入少量碘化银,可改善感光性能。碘化银含量按物质的量计,一般不大于 5%。此外,乳剂中还加入防灰雾剂(羟基四氮唑,苯胼三氮唑等)及某些稳定剂和坚膜剂。

明胶是用动物的皮、骨等组织中的纤维蛋白(骨胶原)经处理后制成。明胶可以使卤化银颗粒在乳剂中分布均匀,并对银盐也起一些增感作用。明胶对水有极大的亲和力,因此胶片暗室处理时,药液能均匀地渗透到乳化剂内部与卤化银粒子起作用。

在胶片生产过程中,感光乳剂经化学熟化过程后还要进行物理熟化(二次成熟),以改变卤化银颗粒团的表面状况,并增加接受光量子的能力。感光乳剂中卤化银的含量、卤化银颗粒团的大小、形状,决定了胶片的感光速度。射线胶片中的 Ag 含量大致为 $10 \sim 20 \ g \cdot m^{-2}$。

(4)保护层(又称保护膜)。保护层是一层厚度为 $1 \sim 2 \ \mu m$、涂在感光乳剂层上的透明胶质,可防止感光乳剂层受到污损和摩擦。其主要成分是明胶、坚膜剂(甲醛及盐酸萘的衍生物)、防腐剂(苯酚)和防静电剂。为防止胶片粘连,有时在感光乳剂层上还涂布毛面剂。

2.3.2　感光原理及潜影的形成

胶片受到可见光、X 射线和 γ 射线的照射时,在感光乳剂层中会产生眼睛看不到的影像,即潜影。

根据葛尔尼和莫特创立的潜影理论,在感光乳剂中,AgBr 晶体的缺陷和位错部位构成陷阱,捕捉因吸收了光子,能量提高到晶体导带的可移动电子和可移动银离子,从而形成潜影中心。潜影的形成有四个阶段,如见图 2.28 所示:光子($h\nu$)将 Br^- 中的电子逐出,该电子在 AgBr 晶体上移动,陷入捕集中心(俘获);带负电的捕集中心吸引 Ag^+,电子与 Ag^+ 结合生成银原子,形成不稳定的感光中心(离子移动);该感光中心捕捉第二个电子(俘获);第二个 Ag^+ 到达,产生一个稳定的双原子银,形成相对稳定的潜影中心(离子移动)。

由此可见,潜影的产生是银离子接受电子还原为银的过程。用化学方程式表示,即

照射前:

$$AgBr \Longrightarrow Ag^+ + Br^- \tag{2.7}$$

照射后:

$$Br^- + h\nu \longrightarrow Br + e, \quad Ag^+ + e \longrightarrow Ag \tag{2.8}$$

潜影形成过程如图 2.28 所示。图中虚线表示在生成稳定的双原子银之前,每一个步骤都是可逆的。

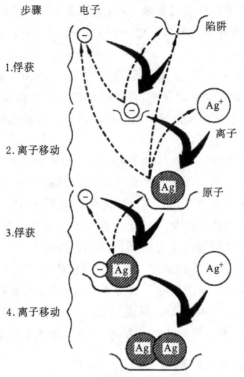

图 2.28　潜影形成示意图

潜影形成后,如相隔很长时间才显影,得到的影像比及时冲洗得到的影像较淡,此现象称为潜影衰退。潜影衰退实际上是构成潜影中心的 Ag 又被空气氧化而变成 Ag^+ 的逆变过程。胶片所处的环境温度越高,湿度越大,则氧化作用越加剧,潜影衰退越厉害。

2.3.3　底片黑度

射线穿透被检测试件后照射在胶片上,使胶片产生潜影,经过显影、定影化学处理后,胶片上的潜影成为永久性的可见图像,称为射线底片(简称为底片)。底片上的影像是由许多微小的黑色金属银微粒组成,影像各部位黑化程度大小与该部位被还原的银量多少有关,被还原的银量多的部位比银量少的部位难于透光。底片黑化程度通常用黑度(或称光学密度)D 表示。

黑度 D 定义为照射光强与穿过底片的透射光强之比的常用对数值,即

$$D = \lg \frac{I_0}{I} \tag{2.9}$$

式(2.9)中,I_0 是照射光强;I 是透射光强;I_0/I 称为阻光率;I/I_0 称为透光率。

黑度 D、照射光强、透射光强和透光率之间的关系如图 2.29 所示。

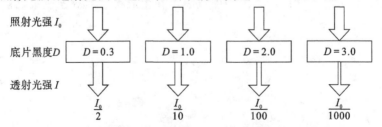

图 2.29　底片黑度、透射光强、照射光强和透光率之间的关系

例题 2.2　根据 GB3323 标准规定,底片最大黑度为 3.5 时,透过底片的光强应不小于 30 cd·m^{-2}(坎德拉每平方米),那么观片灯的亮度为多少?

解　已知黑度 $D=3.5$,$I=30$ cd·m^{-2},由黑度 D 定义式

$$D = \lg \frac{I_0}{I} \tag{1}$$

可得

$$I_0 = I \times 10^D = 30 \times 10^{3.5} = 10^5 \text{ cd·m}^{-2} \tag{2}$$

答:观片灯的亮度为 10^5 cd·m^{-2}。

2.3.4　射线胶片的感光特性

射线胶片的感光特性是指胶片曝光后(经暗室处理)得到的底片黑度与曝光量的关系。射线胶片的感光特性主要有感光度(S)、灰雾度(D_0)、梯度(G)、宽容度(L)等,这些特性可在胶片特性曲线上定量表示。

1.胶片特性曲线

胶片特性曲线是表示相对曝光量与底片黑度之间关系的曲线。在特性曲线图中,横坐标表示 X 射线曝光量的对数值,纵坐标表示胶片显影后所得到的相应黑度。

增感型胶片的特性曲线如图 2.30 所示呈"S"形,由图可得增感型胶片的特性曲线由曝光迟钝区、曝光不足区、曝光正常区、曝光过渡区和反转区五个区段组成。

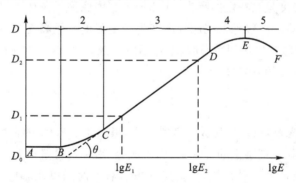

1—迟钝区;2—曝光不足区;3—曝光正常区;4—曝光过渡区;5—反转区。

图 2.30　增感型胶片的特性曲线

(1)曝光迟钝区(AB 段):曝光量增加,底片黑度不增加,所以又称不感光区,当曝光量超过 B 点,才使胶片感光,B 点称为曝光量的阈值。

(2)曝光不足区(BC 段):曝光量增加时,底片黑度只缓慢增加,此区段不能正确表现被透照工件的厚度差和底片密度差的关系。

(3)曝光正常区(CD 段):黑度值随曝光量对数的增加而呈线性增大,这是射线检测时所要利用的区段。

(4)曝光过渡区(DE 段):曝光量继续增加时,黑度增加较小,曲线斜率逐渐降低(直至 E 点)为零。

（5）反转区（EF 段）：也称负感区，曝光极端过度时，黑度反而减小。

非增感型胶片的特性曲线也有曝光迟钝区、曝光不足区和曝光正常区，但其"曝光过渡区"在黑度非常高的区段，大大超过一般观光灯的观察范围，故通常不再描绘在特性曲线上。非增感型胶片无明显的负感区。在常用的黑度范围内，非增感型胶片特性曲线呈"J"形，如图2.31所示。

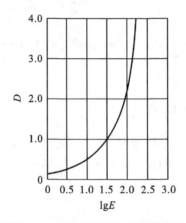

图 2.31　非增感型胶片的特性曲线

2. 射线胶片的特性参数

以下简述有关射线胶片感光特性参数的一些术语定义、计算方法及其影响因素。

（1）感光度。感光度是在特定的曝光、冲洗加工和图像测量条件下，照相材料对透照辐射能响应的一种定量测量。一般把射线底片上产生一定黑度所用曝光量的倒数定义为感光度，符号为 S。ISO7004 规定：以达到净黑度（不包括胶片灰雾度）为 2.0 时所用曝光量（用戈瑞作单位）的倒数作为该胶片的感光度，即

$$S = \frac{1}{K_s} \tag{2.10}$$

式（2.10）中，K_s 是曝光量，以产生比胶片灰雾度 D_0 黑度大于 2.00 的密度所需的戈瑞数表示。

射线胶片感光度与乳剂层中的含银量、明胶成分、增感剂含量以及银盐颗粒大小、形状有关，感光度的测定结果还受到射线能量、显影配方、温度、时间以及增感方式的影响。对同一类型的胶片来说，银盐颗粒度越粗，其感光度越高。

（2）灰雾度。未经曝光的胶片经显影和定影处理后也会有一定的黑度，此黑度称为灰雾度，又称为本底灰雾度，用符号 D_0 表示。在特性曲线上，本底灰雾度指原点至纵轴 A 点的距离，如图2.32所示。灰雾度小于 0.30 时，对射线底片的影像影响不大；灰雾度过大会损害影像对比度和清晰度，降低灵敏度。

灰雾度由两部分组成，即片基光学密度和胶片乳剂经化学处理后的固有光学密度。通常感光度高的胶片要比感光度低的胶片灰雾度大。保存条件不当和保存时间过长也会使灰雾度增大。此外，底片所显示的灰雾不仅与胶片灰雾特性有关，而且与显影液配方、显影温度、时间等因素有关。

（3）梯度。胶片的梯度是指胶片对不同曝光量在底片上显示不同黑度差的固有能力，可

用胶片特性曲线上某一点切线的斜率表示,此斜率称为胶片梯度 G 或称为胶片反差系数 γ。如图2.32中所示特性曲线 B 点的胶片梯度为

$$G = \tan \alpha' = \frac{D_1}{\lg E_1 - \lg E_1'} \tag{2.11}$$

式中,D_1 是 B 点的黑度值,E_1 是 B 点对应的曝光量,E_1' 是曲线在 B 点的切线与横轴的交点处的曝光量。

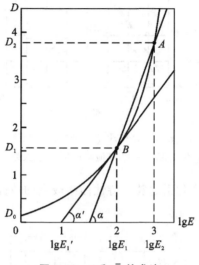

图 2.32　G 和 $\bar{G}$ 的求法

由于特性曲线上各点的 G 值不同,所以常用特性曲线上两点连线的斜率来表示,称其为胶片的平均梯度($\bar{G}$)或平均反差系数($\bar{\gamma}$)。如图 2.32 中特性曲线上与 D_2、D_1 相应的 A、B 两点表示的平均梯度 $\bar{G}$ 为

$$\bar{G} = \bar{\gamma} = \tan \alpha = \frac{D_2 - D_1}{\lg E_2 - \lg E_1} \tag{2.12}$$

ISO7004 标准规定:以特性曲线上底片净黑度 D_1 和 D_2 的连线的斜率作为胶片的平均梯度,即

$$\bar{G} = \frac{D_2 - D_1}{\lg E_2 - \lg E_1} = \frac{2.0}{\lg E_2 - \lg E_1} \tag{2.13}$$

式中,D_1 是比灰雾度 D_0 大 1.5 的一点的黑度;D_2 是比灰雾度 D_0 大 3.5 的一点的黑度;E_1 是产生 D_1 所需曝光量;E_2 是产生 D_2 所需曝光量。

射线胶片的 G 值与胶片的种类、型号有关。增感型胶片(一种适宜与荧光增感屏联用的胶片)的 G 值在较低的黑度范围内,随黑度的增大而增大,但当黑度超过一定数值,黑度再增大时,G 值反而减小。增感型胶片 G 值与黑度 D 的关系如图 2.33 曲线 A 所示。在射线照相应用范围内,非增感型胶片的 G 值随着黑度的增大而增大。这种胶片的 G 值与黑度的关系如图 2.33 曲线 B 和 C 所示,其中 B 曲线代表的胶片的深度的梯度比 C 曲线代表的胶片更高一些。此外,胶片 G 值的测定结果与显影条件有关,显影配方、时间、温度都会使特性曲线所显示 G 值发生改变。

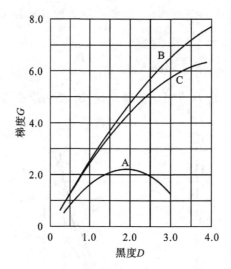

A—增感型胶片；B、C—非增感型胶片。

图 2.33　胶片 G 值与黑度 D 的关系

图 2.34 所示为显影温度变化引起胶片特性曲线改变的情况。由图可见，温度增高，使 G 值明显发生变化。

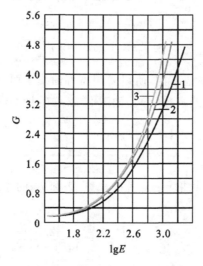

1—显影温度为 16 ℃；2—显影温度为 20 ℃；3—显影温度为 26 ℃。

图 2.34　胶片 G 值与显影温度的关系

（4）宽容度。宽容度指胶片有效黑度范围相对应的曝光范围，用符号 L 表示。在胶片特性曲线上，宽容度 L 用与黑度为许用下限值和上限值（如 1.5 和 3.5）相应的相对曝光量的倍数表示，即

$$L = 10^{\lg E_2 - \lg E_1} = \frac{E_2}{E_1} \tag{2.14}$$

显然，梯度大的胶片其宽容度必然小。

2.3.5　射线胶片系统的分类

胶片系统及其
主要特征参数

早先的胶片分类以感光特性(即胶片粒度和感光速度)为依据来划分胶片类别。分类方法也是粗略的,即大致按粒度将胶片分为微粒、细粒、中粒、粗粒,按感光速度将胶片分为很低、低、中、高速四类。

20世纪90年代中期,有人提出了新的胶片分类方法,其特点是:采用胶片系统而不是以胶片作为分类主体;采用成像特性而不是以感光特性作为分类依据;采用明确的数据指标而不是含混的术语来划分类别。

所谓胶片系统,是指包括射线胶片、增感屏(材质、厚度)和冲洗条件(方式、配方、温度、时间)的组合。新的分类方法之所以提出用"胶片系统"取代"胶片"进行分类,是因为评价胶片的特性指标不仅与胶片有关,还受增感屏和冲洗条件影响,所以将三者作为一个系统进行评价。

胶片分类所依据的成像特性,是指胶片四个特性参数,即 D 分别为2.0和4.0时的最小梯度 G_{min},$D=2.0$ 时的最大颗粒度 $\sigma_{0\,max}$,以及 $D=2.0$ 时的最大梯度噪声比 $(G/\sigma_0)_{max}$,各类胶片都有明确的数据指标。胶片系统按照GB/T 19348.1分为六类,即C1、C2、C3、C4、C5和C6类。C1为最高类别,C6为最低类别。目前标准规定的各类胶片的主要特征参数指标见表2.6。

表2.6　各类胶片的主要特征参数指标

胶片系统类别	梯度最小值 G_{min}		颗粒度最大值 $\sigma_{0\,max}$	(梯度/颗粒度)最小值 $(G/\sigma_0)_{min}$
	$D=2.0$	$D=4.0$	$D=2.0$	$D=2.0$
C1	4.5	7.5	0.018	300
C2	4.3	7.4	0.020	230
C3	4.1	6.8	0.023	180
C4	4.1	6.8	0.028	150
C5	3.8	6.4	0.032	120
C6	3.5	5.0	0.039	100

注:表中的黑度 D 均指不包括灰雾度的净黑度。

胶片制造商应对所生产的胶片进行系统性能测试并提供类别和参数。胶片处理方法、设备和化学药剂可按GB/T 19348.2的规定,对胶片进行系统性能测试应在胶片制造商提供的预先曝光胶片测试处进行测试和控制,且不得使用超过胶片制造商规定的使用期限的胶片。胶片应按制造商推荐的温度和湿度条件予以保存,并应避免受任何电离辐射的照射。

2.3.6　胶片的使用与保管

A级和AB级射线检测技术应采用C5类或更高类别的胶片,B级射线检测技术应采用C4类或更高类别的胶片。采用 γ 射线和高能X射线进行射线检测,以及对标准抗拉强度下限值 $R_m \geq 540$ Mpa高强度材料射线检测时,应采用C4或更高类别的胶片。像质要求高(对比度要大),用大梯噪比;曝光时间短(感光度要大,颗粒度要大),用小梯噪比;工件厚度小(T小,主因对比度小),材料等效系数低或线质较硬时(μ小,主因对比度小),用大梯噪比。

胶片在使用与保管时,应防止有害气体造成灰雾。胶片应带衬纸剪裁,防止划伤(黑线),装取片时避免擦伤(黑线),使用时避免受折(月牙状折痕)。胶片在开封后应尽快使用(防止灰雾),低温(10~15℃)低湿(55%~65%)保存,远离射线、热源,避免受压。

2.4 射线照相辅助设备和器材

课前预习

X射线除了前面介绍射线机和胶片外,还有一些常用的射线照相辅助设备器材,例如黑度计(光学密度计)、增感屏、像质计等,下面分别介绍。

2.4.1 黑度计(光学密度计)

黑度计又名光学密度计,或简称密度计。射线照相底片的黑度均用透射式黑度计测量。早期的黑度计是模拟电路指针显示的光电直读式黑度计,现今已很少使用,此处不作介绍。目前广泛使用的是数显式黑度计,其结构原理与指针式不同,该类仪器将接收到的模拟光信号转换成数字电信号,进行数据处理后直接在数码显示器显示出底片黑度数值。数显式黑度计有便携式和台式两种,前者比后者体积更小,质量更轻。图2.35所示为一种台式黑度计。

黑度计

图2.35 台式黑度计

黑度计使用前应进行"校零":光阑上不放底片,按下测量臂,入射光直接照到光传感器,按校零"ZERO"钮,显示0.00,此时微处理器记下入射光通量,即完成校零。在完成校零后,即可正式测量黑度。将底片放于光阑上按下测量臂,入射光透过底片照到传感器,测量出透射光通量,最后由微处理器计算出黑度D,并驱动数码管显示出D值。

2.4.2 增感屏

目前常用的增感屏有金属增感屏、荧光增感屏和金属荧光增感屏三种。其中以使用金属增感屏所得底片像质最佳,金属荧光增感屏次之,荧光增感屏最差,但增感系数以荧光增感屏最高,金属增减屏最低。

射线底片上的影像主要是靠胶片乳剂层吸收射线产生光化学作用形成的。为了能吸收较多的射线,射线照相用的感光胶片采用了双面药膜和较厚的乳剂层,但即使如此,通常也只有不到 1% 的射线被胶片所吸收,而 99% 以上的射线透射过胶片被浪费。使用增感屏可增强射线对胶片的感光作用,从而达到缩短曝光时间提高工效的目的。

增感屏的增感性能用增感系数 Q 表示,亦称增感率或增感因子。所谓增感系数,是指胶片一定、线质一定、暗室处理条件一定时,得到同一黑度底片,不使用增感屏的曝光量 E_0 与使用增感屏时的曝光量 E 之间的比值,即

增感屏及其
材料和厚度

$$Q = \frac{E_0}{E} \qquad (2.15)$$

通常用“mA·min”来表示 X 射线的曝光量,用“Ci·min”来表示 γ 射线的曝光量。如果管电流相同或源活度相同,那么曝光量取决于曝光时间。增感系数也可表示为不用增感屏时的曝光时间 t_0 与使用增感屏时的曝光时间 t 之比,即

$$Q = \frac{t_0}{t} \qquad (2.16)$$

1. 金属增感屏

金属增感屏一般是将薄薄的金属箔黏合在优质纸基或胶片片基(涤纶片基)上制成。金属增感屏的构造和作用如图 2.36 所示。常用的金属箔材质有铅(Pb)、钨(W)、钽(Ta)、钼(Mo)、铜(Cu)、铁(Fe)等。综合增感效果、价格、压延性、表面光整度和柔韧性等因素,应用得最普遍的是用铅合金(含 5% 左右的锑(Sb)和锡(Sn))制作的铅箔增感屏。

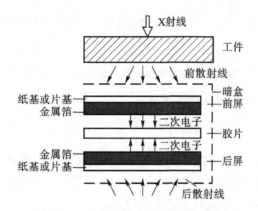

图 2.36　金属箔增感屏的构造和作用

在射线照相中,与胶片直接接触的金属增感屏会产生增感效应和吸收效应两个基本效应。

1)增感效应

胶片通常只能吸收 1% 的射线,为了提高效果,采取的措施有:一是射线胶片采用双面药膜、较厚的乳剂层;二是使用增感屏增强射线对胶片的感光作用。当 X 射线和 γ 射线光子作用于胶片时,大部分射线(约 99%)穿过胶片,只有大约 1% 的射线使胶片感光,从而使实际曝光时间大大加长。由于 X 射线和 γ 射线能使某些物质发荧光,还能使金属释放二次电子和 X 射线,因此,如果把这些物质做成增感屏放于胶片两侧,这些物质会在射线激发下产生二次电子和二次射线。因二次电子与二次射线能量很低,极易被胶片吸收,从而能增加对胶片的感光作用,这种现象就叫作增感作用。

2)吸收效应

金属增感屏对波长较长的散射线有吸收作用,从而能减少散射线引起的灰雾度,从而提高影像对比度。

从图 2.37 中可见,管电压较高时,增感系数随屏金属材料的原子序数的增大而增大。在实验范围内,金(Au,$Z=79$)最大。而在管电压较低时,锡(Sn,$Z=50$)的增感系数最大。在图 2.38 中还可见,对于同一金属屏材质时,在 300 kVp 以下,管电压越高,则增感系数越大。但 γ 射线的增感系数出现反常情况:Ir192 的能量比 300 kVp 的 X 射线高,但增感系数却小(透照钢板厚度 40 mm),而 Co60 的增感系数又比 Ir192 小。

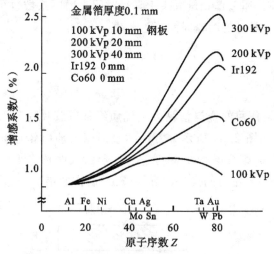

图 2.37　金属箔的材质和增感系数的关系

金属增感屏的散射线消除率 ε 由下式给出:

$$\varepsilon = \left(1 - \frac{S_m}{S_0}\right) \times 100\ \% \tag{2.17}$$

式(2.17)中,S_0 是不用金属增感屏时的散射线率;S_m 是使用金属增感屏时的散射线率。

对铅箔增感屏来说,铅箔厚度、增感系数、散射线消除率之间的关系如图 2.38 所示,散射线消除率是铅箔厚的高,而增感系数是铅箔厚的小。

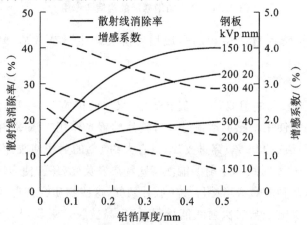

图 2.38　铅箔增感屏的增感系数和散射线消除率的关系

2.金属荧光增感屏

这种增感屏兼有荧光增感屏的高增感特性和铅箔增感屏的散射线吸收作用,其构造和作用如图 2.39 所示。金属荧光增感屏一般是将铅箔黏合在纸基上,再在铅箔上涂布荧光物质。金属荧光增感屏与非增感型胶片配合使用,其像质要优于荧光增感时的底片,但由于清晰度和分辨率的局限性,金属荧光增感屏一般不用于质量要求高的工件的透照。

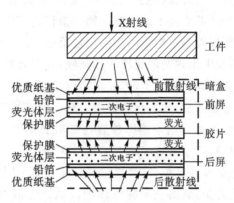

图 2.39 金属荧光增感屏的构造和作用

3.荧光增感屏

某些物质在射线的照射下,能产生波长较长的可见光,这些物质包括钨酸钙($CaWO_4$)、氟化钙(CaF_2)、硫化锌(ZnS)、铂氰化钾($K_2Pt(CN)_6$)、铂氰化钡($BaPt(CN)_6$)、铂氰化钙($CaPt(CN)_6$)等。荧光增感屏通常使用的是钨酸钙。钨酸钙在射线的照射下,能产生荧光,其最强波长为 425 nm 的蓝紫光。

荧光增感屏的构造和作用如图 2.40 所示。荧光增感屏与增感型胶片联用时,增感系数达 100~300,因此,使用荧光增感屏与增感型胶片组合可大大地缩短曝光时间,或用较低的管电压检查较厚的工件。用钨酸钙制作的荧光增感屏按荧光物质的粒度分为粗、中、细三类,其增感性能分别对应为高速、中速、低速。也有用稀土材料作荧光体的稀土荧光增感屏,这种增感屏与感绿胶片配合使用,其增感系数比钨酸钙又高 3~10 倍。

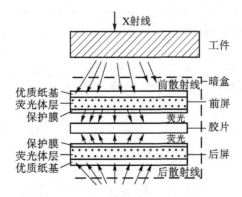

图 2.40 荧光增感屏的构造和作用

在较低的管电压条件下荧光增感屏有较大的增感系数。当管电压大于 200 kV 时,增感系数降低。由于荧光增感屏的荧光体颗粒粗,荧光会发生扩展和散乱传播,加之荧光增感屏不能截止散射线,故所得底片的影像模糊,清晰度差,灵敏度低,缺陷分辨力差,细小裂纹易漏检,因此,在射线照相中的使用范围越来越小。为避免危险性缺陷漏检,承压设备的焊射线照相不允许使用荧光增感屏。

增感屏在使用过程中,其表面应保持光滑、清洁,无污秽、损伤、变形,装片后要求增感屏与胶片能紧密贴合,胶片与增感屏之间不能夹杂异物。铅箔增感屏卷曲、受折后,会引起胶片与增感屏接触不良,使底片影像模糊。铅箔的表面比较柔软,如有划伤或者开裂,会因发射二次电子的表面积增大而使底片上出现类似裂纹的细黑线,其形状与增感屏上划痕或开裂形状相同。铅箔表面若有油污,会吸收二次电子,形成减感现象,使底片上产生白影。对于铅箔表面附着的污物,可用干净纱布蘸乙醚、四氯化碳擦去。对于铅箔增感屏上比较轻微的折痕、划痕和因黏合不良引起的鼓泡,可将铅箔增感屏放置在光滑的桌面上,用纱布将其抹平。铅箔极易受显影液和定影液的腐蚀,铅箔增感屏沾上了显影液和定影液后,如未能及时清理干净,则会在增感屏表面产生严重的腐蚀斑痕,这种增感屏只能废弃不用。

铅箔增感屏保管时要注意防潮,防止有害气体的侵蚀。铅箔增感屏保存时间过长,铅箔与基材之间会产生脱胶,合金成分锡、锑在表面呈线状析出的现象。此时,在增感屏表面出现黑线条,在底片上则产生白线条。检查铅箔增感屏黏合好坏和是否脱胶,可将增感屏轻轻地反复弯曲后,看看增感屏边缘铅箔是否翘起和增感屏上的铅箔是否鼓起。

增感屏的材料和厚度如表 2.7 所示。

表 2.7　增感屏的材料和厚度

射线源	材料	厚度/mm		
		前屏	后屏	中屏[c]
X 射线(≤100 kV)	铅	不用或≤0.03	≤0.03	—
X 射线[d] (>100~150 kV)	铅	0.02~0.10	0.02~0.15	2×0.02~2×0.10
X 射线[d] (>150~250 kV)	铅	0.02~0.15	0.02~0.15	2×0.02~2×0.10
X 射线[d] (>250~500 kV)	铅	0.02~0.20	0.02~0.20	2×0.02~2×0.10
Tm170	铅	不用或≤0.03	不用或≤0.03	—
Yb169[d]	铅	0.02~0.15	0.02~0.15	2×0.02~2×0.10
Se75	铅	A 级 0.02~0.20	A 级 0.02~0.20	2×0.10
		AB 级、B 级 0.10~0.20[a]	AB 级、B 级 0.10~0.20[a]	2×0.10
Ir192	铅	A 级 0.02~0.20	A 级 0.02~0.20	2×0.10
		AB 级、B 级 0.10~0.20[a]	AB 级、B 级 0.10~0.20	2×0.10

射线源	材料	厚度/mm		
		前屏	后屏	中屏ᶜ
Co60ᵇ	钢或铜	0.25～0.70	0.25～0.70	0.25
	铅（A 级、AB 级）	0.50～2.0	0.50～2.0	2×0.10
X 射线 （1～4 MeV）	钢或铜	0.25～0.70	0.25～0.70	0.25
	铅（A 级、AB 级）	0.50～2.0	0.50～2.0	2×0.10 或不用
X 射线 （4～12 MeV）	铜、钢或钽	≤1.0	铜、钢≤1.0	0.25
			钽≤0.50	0.25
	铅（A 级、AB 级）	0.50～1.0	0.50～1.0	2×0.10 或不用

注：a. 如果 AB 级、B 级使用前屏≤0.03 mm 的真空包装胶片,应在工件和胶片之间加 0.07～0.15 mm 厚的附加铅屏。

b. 采用 Co60 射线源透照有延迟裂纹倾向或标准抗拉强度下限值 R_m≥540 Mpa 材料时,AB 级和 B 级应采用钢或铜增感屏。

c. 双胶片透照技术应增加使用中屏。

d. 采用 X 射线和 Yb169 射线源时,每层中屏的厚度应不大于前屏厚度。

2.4.3　像质计

像质计是用来检查和定量评价射线底片影像质量的工具,又称为影像质量指示器,或简称 IQI(Image Quality Indicators)、透度计。

像质计通常用与被检工件材质相同或对射线吸收性能相似的材料制作。像质计中设有一些人为的有厚度差的结构(如槽、孔、金属丝等),其尺寸与被检工件的厚度有一定的数值关系。射线底片上的像质计影像可以作为一种永久性的证据,可表明射线透照检测是在适当条件下进行的,但像质计的指示数值并不等于被检工件中可以发现的自然缺陷的实际尺寸。

工业射线照相用的像质计有金属丝型、孔型和槽型三种。其中金属丝型应用最广,中国、日本、德国、英国、美国,以及国际标准均采用此种像质计。此外,美国还采用平板孔型像质计,英国、法国还采用阶梯孔型像质计。如使用的像质计类型不同,即使照相方法相同,一般所得的像质计灵敏度也是不同的。

除上述像质计外,还有一种双丝型像质计。这种像质计不是用来测量射线照相灵敏度,而是用来测量射线照相不清晰度的。

金属丝型像质计由若干根不同直径的金属丝组成,按金属丝的直径变化规律分为等差数列、等比数列、等径和单丝等几种形式。我国最早使用过等差数列像质计,目前,世界上以等比数列像质计应用最为普遍。等比数列像质计的线径公比有两种:一种为 $\sqrt[10]{10}$（$R10$ 系列）,一种为 $\sqrt[20]{10}$（$R20$ 系列）。通常使用公比为 $\sqrt[10]{10}$ 系列像质计,其相邻金属丝的直径之比为 $\sqrt[10]{10}=1.25$ 或者为 $\frac{1}{\sqrt[10]{10}}=0.8\sqrt[10]{10}=0.8$。表 2.8 给出了 $R10$ 像质计的线号及其对应的金属丝直径。

表 2.8　R10 像质计线号及其对应的金属丝直径

线号	1	2	3	4	5	6	7	8	9	10
标称线径	3.20	2.50	2.00	1.60	1.25	1.00	0.80	0.63	0.50	0.40
线号	11	12	13	14	15	16	17	18	19	
标称线径	0.32	0.25	0.20	0.16	0.125	0.100	0.080	0.063	0.050	

金属丝型像质计结构如图 2.41 所示。以 7 根编号相连接的金属线为一组,每个像质计中所有金属线应由相同材料构成,并固定在弱吸收材料(以不影响成像质量为原则)制成的包壳中。像质计金属线应相互平行排列,其长度 l 有三种规格,分别为 10 mm、25 mm 和 50 mm。

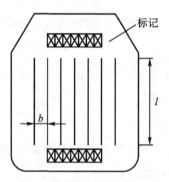

图 2.41　金属丝型像质计结构

像质计标志由最大直径的线号、线的材料和标准代号组成。标识中的最大直径的线号应放置在最大直径线的一侧;最大直径的线号同时表示像质计号。按线径不同,像质计分为 4 种型号,见表 2.9。

表 2.9　像质计型号和对应线号

像质计型号	1 号	6 号	10 号	13 号
线号	(1)~(7)	(6)~(12)	(10)~(16)	(13)~(19)

像质计按材料不同主要分为钢质像质计、铜质像质计、铝质像质计、钛质像质计,分别用代号 Fe、Cu、Al、Ti 代表。照相时像质计材质应与试件相同,当缺少同材质像质计时,也可用原子序数低的材料制作的像质计代替。不同线材像质计适用的材料范围见表 2.10。

表 2.10　不同线材像质计适用的材料范围

像质计线材代号/线的材料	Fe/碳素钢	Cu/铜	Al/铝	Ti/钛
适用材料范围	铁、镍	铜、锌、锡及锡合金	铝及铝合金	钛及钛合金

通常,我们以丝型像质计表示射线照相的相对灵敏度 K,其值按下式计算:

$$K = \frac{d}{T} \times 100\% \qquad (2.18)$$

式中，T 是被检工件的穿透厚度，单位为 mm；d 是射线照相底片上可辨认到的最细线的直径，单位为 mm。

不管使用何种类型的像质计，像质计的摆放位置会影响像质计灵敏度的指示值。因此，在摆放像质计时，摆放位置一般是在射线透照区内显示灵敏度较低部位，如离胶片远的工件表面、透照厚度较大部位。若敏度较低部位能达到规定的灵敏度，一般认为灵敏度高的部位就更能达到。

透照焊缝时，金属丝像质计应放在被检焊缝射源一侧即被检区的一端，并使金属线横贯焊缝且与焊缝方向垂直，像质计上直径小的金属线应在被检区外侧，如图 2.42 所示。采用射源置于圆心位置的周向曝光技术时，像质计可每隔 120° 放一个。

像质计

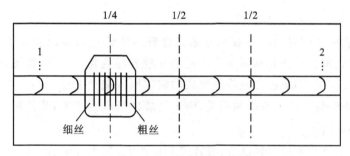

图 2.42　金属丝像质计摆放

在一些特殊情况下，像质计无法放在射源侧的表面，此时应做对比实验。其方法是：做一个与被检工件材质、直径、壁厚相同的短试样，在被检部位内外表面各放一个像质计，胶片侧像质计上应加放"F"标记，然后采用与工件相同的透照条件透照。在所得底片上，以射源侧像质计所达到的规定像质指数或相对灵敏度，来确定胶片一侧像质计所应达到的相应像质指数或相对灵敏度。图 2.43 所示为管环缝双壁单影透照法中像质计的对比实验布置图。在双壁单影法像质计放在胶片侧时，像质计上要加放"F"以表示像质计摆放位置是在胶片侧。

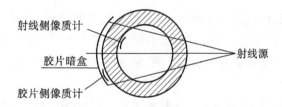

射线侧像质计

胶片暗盒

胶片侧像质计

射线源

图 2.43　管环缝双壁单影透照法中像质计的对比实验布置图

平板孔型像质计的摆放如图 2.44 所示。摆放时，要求放在离被检焊缝边缘 5 mm 以上的母材表面，且像质计下应放置一定厚度的垫片，垫片厚度大致等于被检焊缝的总余高，其目的是使得受检区域的黑度不低于像质计黑度范围的 15%，垫片的尺寸应超过像质计尺寸，使得至少有 3 条像质指示器轮廓线可在照片上看清楚。

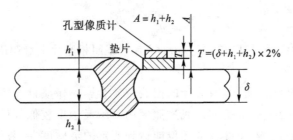

图 2.44　平板孔型像质计的摆放

2.4.4　其他照相辅助器材

其他照相辅助器材有暗袋、标注及标记带、屏蔽铅板、中心指示器和其他小器件等,下面分别进行介绍。

1.暗袋(暗盒)

装胶片的暗袋可采用对射线吸收少且遮光性好的黑色塑料膜或合成革制作,要求材料薄、软、滑。用黑塑料膜制作的暗袋比较容易老化,天冷时发硬,热压合的暗袋边容易破裂,用黑色合成革缝制成的暗袋则可避免上述弊端。如采用以尼龙绸上涂布塑料的合成革缝制暗袋,由于暗袋内壁较为光滑,装片时,胶片、增感屏较易插入暗袋。

其他照相辅助器材

暗袋的尺寸,尤其宽度要与增感屏、胶片尺寸相匹配,既能方便地取胶出片、装胶片,又能使胶片、增感屏与暗袋很好贴合。暗袋的外面划上中心标记线,可以在贴片时方便地对准透照中心。暗袋背面还应贴上铅质“B”标记,以此作为监测后散射线的附件。由于暗袋经常接触工件,极易弄脏,因此,要经常清理暗袋表面,如发现破损,应及时更换。

国外还生产一种真空包装的胶片,可直接用于拍片。真空包装胶片的暗袋由铅箔、黑纸复合而成,只能一次性使用。由于真空包装,所以无论胶片是否弯曲,增感屏、暗袋因受大气压力作用都始终与胶片密切地贴合。

2.标记及标记带

(1)标记。标记一般由适当尺寸的铅(或其他适宜的重金属)制数字、拼音字母和符号等构成。底片标记应能清晰显示且不至于对底片的评定带来影响,标记的材料和厚度应根据被检工件的厚度来选择,应能保证标记影像不模糊,也不至于产生眩光。透照部位的标记由识别标记和定位标记组成。

①识别标记:一般包括产品编号、焊接接头编号、部位编号和透照日期。返修后的透照还应有返修标记,扩大检测比例的透照应有扩大检测标记。

②定位标记:一般包括中心标记、搭接标记、检测区标记等。中心标记指示透照部位区段的中心位置和分段编号的方向,一般用十字箭头“十”表示。搭接标记是连续检测时的透照分段标记,可用符号“｜”或其他能显示搭接情况的方法(如数字等)表示。检测区标记采取的方式能够清晰标识检测区范围即可。

当焊缝内外余高均磨平,从底片上不能确定检测区位置和宽度时,应采用适当的定位标记(如采用铅质窄条)进行标识。

透照时允许采用预曝光的方式获得相关识别标记,但必须采取有效措施保证根据射线底片上的预曝光识别标记能追踪到工件的相应被检区域,并应采取有效屏蔽措施保证放置识别标记以外的区域不被曝光。

定位标记应放在工件上,其摆放应符合图 2.45～图 2.49 所示的规定。所有标记的影像不应重叠,且不应干扰有效评定范围内的影像。当由于结构原因,应放置于射线源侧的定位标记需要放置于胶片侧时,检测记录和报告应标注实际的评定范围。

识别标记允许放置于射线源侧或胶片侧,所有标记的影像不应重叠,且不应干扰有效评定范围内的影像。

为了能精确地辨别底片位置,应以被检工件上永久标识或部位特征作为参考点;如果因材料性质和使用条件而不能进行永久标识时,应采用其他方法(如布片图)确定底片位置。

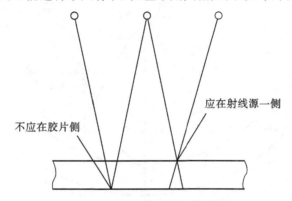

图 2.45　平面工件或纵向焊接接头

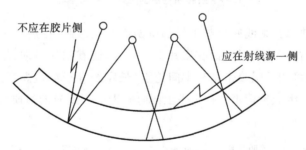

图 2.46　射线源到胶片距离 F 小于曲面工作的曲率半径

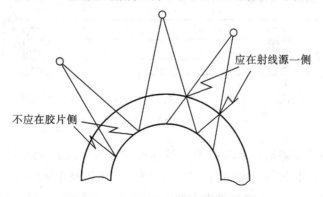

图 2.47　凸面朝向射线源的曲面部件

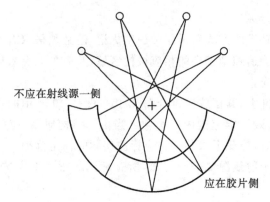

图 2.48 射线源到胶片距离 F 大于曲面工件的曲率半径

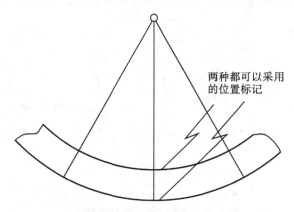

图 2.49 射线源在曲面工件的曲率中心

(2)标记带。为使每张射线底片与工件部位始终可以对照,在透照过程中应将铅质识别标记和定位标记与被检区域同时透照在底片上。此外,还有拍片日期、板厚、返修、扩大检测等标记。所有标记都可用透明胶带粘在中间挖空(长宽约等于被检焊缝的长宽)的长条形透明片基或透明塑料上,组成标记带。标记带上同时配置适当型号的像质计。标记带示例如图 2.50 所示。

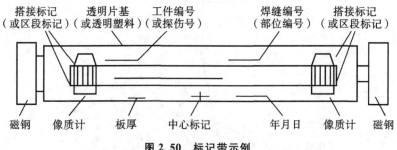

图 2.50 标记带示例

标记时,可将标记带两端粘上两块磁钢,这样可方便地将标记带贴在工件上,也可利用带磁钢的像质计上的磁钢,将标记带贴在工件上。对于一些要经常更换的标记(如片号、日期)部位,可粘贴一些塑料插口,使用起来更方便。在制作标记带时,为避免影响灵敏度显示,应使像质计粘贴在标记带的反面而不要将其贴在标记带正面,这样可使像质计较紧密地贴合在工件表面上。所有标记应摆放整齐,在底片上的影像不得相互重叠,并离被检焊缝边缘5 mm以上。

3.屏蔽铅板

为屏蔽后方散射线,应制作一些与胶片暗袋尺寸相仿的屏蔽板。屏蔽板由1 mm厚的铅板制成。贴片时,将屏蔽铅板紧贴暗袋,以屏蔽后散射线。

4.中心指示器

射线机窗口应装设中心指示器。中心指示器上装有约6 mm厚的铅光阑,可有效地遮挡非检测区的射线,以减少前方散射线;还装有可以拉伸、收缩的对焦杆,在对焦时,可将拉杆拨向前方,透照时则拨向侧面。利用中心指示器可方便地指示射线方向,使射线束中心对准透照中心。

5.其他小器件

射线照相辅助器材很多,除上述用品、设备、器材之外,为方便工作,还应备齐一些小器件,如卷尺、钢印、榔头、照明灯、电筒、各种尺寸的铅遮板、补偿泥、贴片磁钢、透明胶带、各式铅字、盛放铅字的字盘、划线尺、石笔、记号笔等。

拓展知识阅读:
X-ray

习 题 2

一、判断题

1.X射线机中的焦点尺寸应尽可能大,这样发射的X射线能量大,同时也可防止靶过分受热。　　　　　　　　　　　　　　　　　　　　　　　　　　　　　　　　　　　（　　）

2.移动式X射线机有油冷和气冷两种绝缘介质冷却方式。　　　　　　　　　　　（　　）

3.黑度定义为阻光率的常用对数值。　　　　　　　　　　　　　　　　　　　　（　　）

4.低能量射线更容易被胶片吸收,引起感光,因此,射线透照时防止散射线十分重要。
　　　　　　　　　　　　　　　　　　　　　　　　　　　　　　　　　　　　　（　　）

5.胶片灰雾度包括片基固有密度和固有光学密度两部分。　　　　　　　　　　　（　　）

6.对X射线,增感系数随射线能量的增高而增大,但对γ射线来说则不是这样,例如,Co60的增感系数比Ir192低。　　　　　　　　　　　　　　　　　　　　　　　　　（　　）

7.X和γ射线的本质是相同的,但γ射线来自同位素,而X射线来自一个以高压加速电子的装置。　　　　　　　　　　　　　　　　　　　　　　　　　　　　　　　　　（　　）

8.因为铅箔增感屏的增感系数高于荧光增感屏,所以得到广泛使用。 （　　）

9.直通道型 γ 射线机比"S"通道型 γ 射线机的机体轻,体积也小。 （　　）

10.X 射线管的阳极是由阳极靶、阳极体、阳极罩三部分构成。 （　　）

二、选择题

1.X 射线管中轰击靶产生 X 射线的高速电子的数量取决于（　　）。

　　A.阳极靶材料的原子序数　　　　　　B.阴极靶材料的原子序数

　　C.灯丝材料的原子序数　　　　　　　D.灯丝的加热温度

2.利用 γ 射线探伤时,若要增加射线强度可以采用（　　）。

　　A.增加焦距　　　　　　　　　　　　B.减小焦距

　　C.减小曝光时间　　　　　　　　　　D.三者均可

3.决定材料对 X 射线吸收量最重要的因素是（　　）。

　　A.材料厚度　　　　　　　　　　　　B.材料密度

　　C.材料原子序数　　　　　　　　　　D.材料颗粒度

4.放射性同位素源的比活度取决于（　　）。

　　A.核反应堆中照射的中子流　　　　　B.材料在反应堆中的停留时间

　　C.照射材料的特性(原子量,活化截面)　D.以上全是

5.X 射线管管电流大小主要取决于（　　）。

　　A.靶材料　　　　　　　　　　　　　B.灯丝电流

　　C.阳极到阴极的距离　　　　　　　　D.以上都是

6.由胶片特性曲线可以得到胶片的技术参数是（　　）。

　　A.胶片的反差系数　　　　　　　　　B.胶片的本底灰雾度

　　C.正常的曝光范围　　　　　　　　　D.三者均是

7.使用铅箔增感屏可以缩短曝光时间,提高底片的黑度,其原因是铅箔受 X 射线或 γ 射线照射时（　　）。

　　A.能发出荧光从而加速胶片感光　　　B.能发出可见光从而使胶片感光

　　C.能发出红外线从而使胶片感光　　　D.能发出电子从而使胶片感光

8.平板焊缝照相时,下面四种关于像质计摆放的叙述,唯一正确的摆放位置是（　　）。

　　A.近胶片一侧的工作表面,并应靠近胶片端头

　　B.近射源一侧工作表面,金属丝垂直焊缝,并位于工件中部

　　C.近胶片一侧的工作表面,并应处在有效照相范围一端的焊缝上,金属丝垂直于焊缝,
　　　细丝在外

　　D.近射源一侧有效照相范围一端的焊缝上,金属丝垂直于焊缝,细丝在外

9.在其他参数不变的情况下,若显影时间延长,胶片特性曲线会出现（　　）。

　　A.梯度增大,感光速度提高　　　　　B.梯度减小,感光速度提高

　　C.梯度减小,感光速度降低　　　　　D.梯度增大,感光速度降低

10.胶片系统分类中所指的胶片系统包括（　　）。

　　A.胶片、增感屏、暗盒　　　　　　　B.胶片、增感屏、暗盒、背防护铝板

　　C.胶片、增感屏、冲洗条件　　　　　D.源、胶片、增感屏、冲洗条件

三、简答题

1. 简述 X 射线管结构和各部分作用。

2. 试述工业 X 射线胶片的特点和结构。

3. 射线胶片有哪些特性参数？哪几项可在特性曲线上表示出来？如何表示？

四、计算题

1. 已知胶片平均梯度 $\overline{G}$ 为 3.5，照相时曝光量为 10 mA·min，底片黑度为 1.6，现欲使底片黑度达到 2.5，曝光量应增加到多少？

2. 用同种胶片在相同条件下曝光，无增感时，曝光 8 min，底片黑度为 1.2；有增感时，曝光 2 min，底片黑度为 1.5。设胶片无增感时，在黑度为 1.0 到 1.5 范围内，反差系数值视为常数，且 $\overline{G}=3$。求此增感屏在黑度 1.5 时的增感系数 Q。

3. 透照某工件时，底片显示 GB 像质计 8 号金属丝正好达到 2% 的相对灵敏度，为了达到 1.5% 的相对灵敏度，需要几号金属丝？

4. 用单一波长的 X 射线，对两片厚度分别为 30 mm 和 25 mm 的工件同时照射，曝光时间相同，材料的吸光系数都为 1.386 cm^{-1}，经暗室处理后，对应的照射底片黑度分别为 2 和 3。求在此黑度范围内，胶片的反差系数 γ 值。

参考答案

第3章

射线照相灵敏度的影响因素

本章主要介绍射线照相灵敏度,给出射线照相灵敏度的概念以及影响射线照相灵敏度的三大因素:射线照相对比度、不清晰度和颗粒度,并分析这三大因素与照相灵敏度的关系。

3.1 概述

射线照相灵敏度是评价射线照相质量的重要指标。灵敏度从定量方面来说,是指在射线底片上可以观察到的最小缺陷尺寸或最小细节尺寸;从定性方面来说,是指发现和识别细小影像的难易程度。

课前预习

灵敏度分为绝对灵敏度和相对灵敏度。绝对灵敏度是在射线底片上所能发现的沿射线穿透方向上的最小缺陷尺寸;相对灵敏度是最小缺陷尺寸与射线透照厚度的百分比。

为便于定量评价射线照相灵敏度,常用与被检工件或焊缝的厚度有一定百分比关系的人工结构,如金属丝、孔、槽等组成所谓透度计,又称为像质计,作为底片影像质量的监测工具,由此得到的灵敏度称为像质计灵敏度。像质计灵敏度也分为绝对灵敏度和相对灵敏度。绝对灵敏度是用底片上可识别的最小金属丝编号;相对灵敏度是指底片上可识别的最小金属丝直径与射线透照厚度百分比,即

$$S = \frac{d}{T} \times 100\% \tag{3.1}$$

式(3.1)中,d 是可识别的最小丝径;T 是射线透照厚度。

底片上显示的像质计最小金属丝直径、孔径或槽深,并不等于工件中所能发现的最小缺陷尺寸,即像质计灵敏度并不等于自然缺陷灵敏度。如灵敏度为 2% 并不意味着工件中尺寸为工件厚度 2% 的缺陷一定能检测出来。但是像质计灵敏度的提高,表示底片像质水平也相应提高,间接地反映出射线照相对最小自然缺陷检出能力的提高。

对裂纹之类方向性强的面积型缺陷,即使底片上显示的像质计灵敏度很高,黑度、不清晰度符合标准要求,有时也存在难于检出甚至完全不能检出的情况。尤其是面积型缺陷,其检出灵敏度与像质计灵敏度存在着较大差异,造成这种差异的影响因素很多。例如,焦点尺寸等几何因素的影响,射线透照方向与缺陷平面有一定的夹角而造成透照厚度差减小的影响等。要提高此类缺陷的检出率,就必须很好考虑透照方向及其他有助于提高缺陷检出灵敏度的工艺措施。

射线照相灵敏度是射线照相对比度、不清晰度和颗粒度三大要素综合作用的结果,而此三大要素又分别受到不同工艺因素的影响。射线照相三大要素的概念示意图如图 3.1 所示。

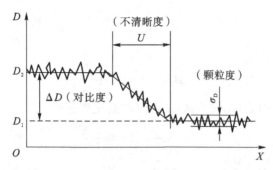

图 3.1　射线照相三大要素的概念示意图(以厚度差为 ΔT 的阶边影像为例)

影响射线照相灵敏度的因素可归纳见表 3.1。

表 3.1　影响射线照相灵敏度的因素

射线照相对比度 ΔD $\Delta D=0.434\mu G\Delta T/(1+n)$		射线照相不清晰度 U $U=\sqrt{U_g^2+U_i^2}$		射线照相颗粒度 σ_D $\sigma_D=\left[\displaystyle\sum_{i=1}^{N}\dfrac{(D_i-\overline{D})^2}{N-1}\right]^{1/2}$
主因对比度 $\Delta I/I=\dfrac{\mu\Delta T}{1+n}$	胶片对比度 $G=\dfrac{\Delta D}{\Delta \lg E}$	几何不清晰 $U_g=d_f L_2/L_1$	固有不清晰度 U_i $U_i=0.0013V^{0.79}$	
取决于: a)缺陷造成的透照厚度差 ΔT(缺陷高度、透照方向); b)射线的质 μ(或 λ,单位 kV、MeV); c)散射比 $n(=I_s/I_p)$	取决于: a)胶片类型(或梯度 G); b)显影条件(配方、时间、活度、温度、搅动); c)底片黑度 D	取决于: a)焦点尺寸 d_f; b)焦点至工件表面距离 L_1; c)工件表面至胶片距离 L_2	取决于: a)射线的质 μ(或 λ, 单位 kV、MeV); b)增感屏种类(Pb、Au、Sb 等); c)屏-片贴紧程度	取决于: a)胶片系统(胶片型号、增感屏、冲洗条件); b)射线的质 μ(或 λ,单位 kV、MeV); c)曝光量(It)和底片黑度 D

3.2　射线照相对比度

课前预习

射线照相对比度是缺陷影像与其周围背景的黑度差,又称为底片对比度或底片反差。底片对比度越大,影像就越容易被观察和识别。因此,为检出较小的缺陷,获得较高的灵敏度时,就必须设法提高底片对比度。但是,在提高对比度的同时,也会产生一些不利后果,例如,试件能被检出的厚度范围(厚度宽容度)减小,底片上有效评定区缩小,曝光时间延长,检测速度下降,检测效率降低,检测成本增大等。

3.2.1　射线照相对比度公式

胶片对比度公式即胶片的平均梯度 $G=\Delta D/\Delta \lg E$,令 $I_1=I,I_2=I+\Delta I$,则射线照相对比度为

$$\Delta D = G(\lg I_2 t - \lg I_1 t) = G\frac{\ln\left(1+\dfrac{\Delta I}{I}\right)}{\ln 10} \tag{3.2}$$

利用近似公式 $\ln(1+x)=x-\dfrac{x^2}{2}+\cdots+(-1)^{n-1}\dfrac{x^n}{n}$，将式(3.2)中分子展开并取第一项，则有

$$\Delta D = 0.434G\left(\frac{\Delta I}{I}\right) \tag{3.3}$$

将主因对比度公式(1.55)代入式(3.3)可得对比度公式

$$\Delta D = 0.434G\frac{\mu\Delta T}{1+n} \tag{3.4}$$

式(3.4)即为射线照相对比度。

3.2.2 射线照相对比度的影响因素

由式(3.4)可知，射线照相对比度 ΔD 是主因对比度 $\mu\Delta T/(1+n)$ 和胶片对比度 G 共同作用的结果，主因对比度是构成底片对比度的根本原因，而胶片对比度可看作主因对比度的放大系数，通常这个系数为 $3\sim 8$。

1. 影响主因对比度的因素

由主因对比度的表达式 $\mu\Delta T/(1+n)$ 可知，影响主因对比度的因素有厚度差 ΔT、衰减系数 μ 和散射比 n。

(1)厚度差 ΔT。ΔT 与缺陷尺寸有关，某些情况下还与透照方向有关。例如，为检出坡口未熔合，往往选择沿坡口的透照方向。为保证裂纹的检出率，就必须控制射线束的角度，使之与裂纹的夹角不得过大。

(2)衰减系数 μ。衰减系数 μ 与试件材质和射线能量有关。在试件材质给定的情况下，透照的射线能量越低，线质越软，μ 值越大。所以，通常在保证射线穿透力的前提下，选择能量较低的射线进行照相，是增大对比度的常用方法。

(3)散射比 n。减小散射比 n 可以提高对比度，因此，透照时就必须采取有效措施控制和屏蔽散射线。

2. 影响胶片对比度的因素

由胶片对比度的表达式 $G=\Delta D/\Delta\lg E$ 可知，影响胶片对比度的因素有胶片种类、底片黑度和显影条件。

(1)胶片种类。不同类型的胶片具有不同的梯度。通常，非增感胶片的梯度比增感型胶片的梯度大。非增感型胶片中，不同种类的胶片有时梯度也不一样。所以说，要想提高对比度，可以选择梯度较大的胶片。

(2)底片黑度。梯度随黑度的增加而增大，为保证对比度，通常对底片的黑度提出限制(NB/T 47013—2015 规定 AB 级为 $2.0\sim 4.5$)，为增大对比度，射线照相底片往往取较大的黑度值。

(3)显影条件。显影条件的变化可以显著改变胶片特性曲线的形状，显影配方、显影时间、温度以及显影液活度都会影响胶片的梯度。

此外，对小缺陷来说，射线照相几何条件也会影响其影像对比度。小缺陷是指缺陷的横向尺寸(垂直于射线束方向的尺寸)远小于射线源尺寸的缺陷，包括小的点状缺陷和细的线状

缺陷。影响对比度的照相几何条件主要有射线源尺寸 d_f，源到缺陷的距离 L_1，缺陷到胶片的距离 L_2，如图 3.2 所示。

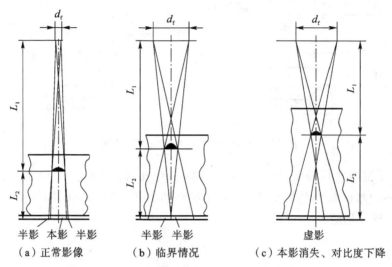

图 3.2 射线照相几何条件对小缺陷对比度的影响

正常情况下，底片上缺陷影像由本影和半影组成，如图 3.2(a)所示；但随着 d_f 的增大或 L_2 的增大，或 L_1 的减小，缺陷影像的本影区将减小，半影将扩大，图 3.2(b)表示一种临界状态，即本影缩小为一个点；如果进一步增大 d_f、L_2 或缩小 L_1，则情况如图 3.2(c)所示，缺陷的本影将消失，其影像只由半影构成，对比度将显著下降。

3.3 射线照相不清晰度

课前预习

射线照相清晰度是指射线底片上影像轮廓的鲜明程度。用一束垂直于试件表面的射线透照一个金属台阶试块如图3.3(a)所示，理论上，理想的射线底片上的影像由两部分黑度区域构成，一部分是试件 AO 部分形成的高黑度均匀区，另一部分是试件 OB 部分形成的低黑度均匀区，两部分交界处的黑度是突变的，不连续的，如图 3.3(b)所示，但实际上底片上的黑度变化并不是突变的。试件的"阶边"影像是模糊的，影像的黑度变化如图 3.3(c)所示，存在着一个黑度过渡区。图 3.3(d)为图 3.3(c)的放大图。由图 3.3(d)可见，黑度过渡区不是单纯直线，存在一个趾部和肩部。把黑度在该区域的变化绘成曲线，称之为"黑度分布曲线"或"不清晰度曲线"。很明显，黑度变化区域的宽度越大，影像的轮廓就越模糊，所以该黑度变化区域的宽度就定义为射线照相不清晰度 U。

在实际工业射线照相中，造成底片影像不清晰有多种原因，如果排除试件或射源移动、屏和胶片接触不良等偶然因素，不考虑使用增感屏荧光散射引起的屏不清晰度，那么构成射线照相不清晰度主要是两方面因素，即由于射源有一定尺寸而引起的几何不清晰度 U_g 以及由于电子在胶片乳剂中散射而引起的固有不清晰度 U_i。

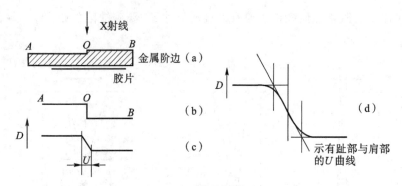

图 3.3 阶边影像的射线照相不清晰度

底片上总不清晰度 U 是 U_g 和 U_i 的综合结果,其中几何不清晰度 U_g 构成黑度过渡区直线部分,而固有不清晰度 U_i 则使黑度过渡区产生趾部和肩部,如图 3.3(d)所示。目前描述 U 、U_g 和 U_i 比较广泛采用的关系式为

$$U = \sqrt{U_g^2 + U_i^2} \tag{3.5}$$

3.3.1 几何不清晰度 U_g

由于 X 射线管焦点或 γ 射线源都具有一定尺寸,所以透照工件时,工件表面轮廓或工件中的缺陷在底片上的影像边缘会产生一定宽度的半影。此半影宽度就是几何不清晰度 U_g,如图 3.4 所示。

几何不清晰度
的计算方法

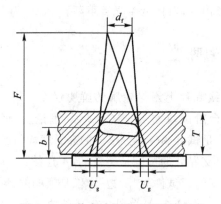

图 3.4 工件中缺陷的几何不清晰度

U_g 的计算公式为

$$U_g = \frac{d_f b}{F - b} \tag{3.6}$$

式中,d_f 是焦点尺寸;F 是焦点至胶片距离;b 是缺陷至胶片距离。

通常技术标准中所规定的射线照相必须满足的几何不清晰度,是指工件中可能产生的最大几何不清晰度 $U_{g\,max}$,相当于射源侧表面缺陷或射源侧放置像质计金属丝所产生的几何不清晰度,如图3.5所示,其计算公式为

$$U_{g\,max} = \frac{d_f L_2}{F - L_2} = \frac{d_f L_2}{L_1} \tag{3.7}$$

式中，L_1是焦点至工件表面的距离；L_2是工件表面至胶片的距离。

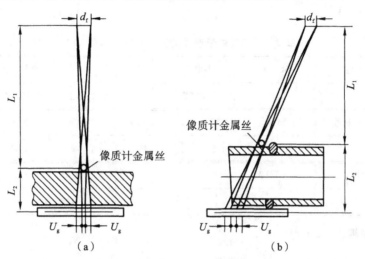

图 3.5　以像质计金属丝 U_g值作为被检焊缝的 $U_{g\,max}$值

由式(3.7)可知，几何不清晰度与焦点尺寸和工件厚度成正比，而与焦点至工件表面的距离成反比。在焦点尺寸和工件厚度给定的情况下，为获得较小的 U_g值，透照时就需要取较大的焦距 F，但由于射线强度与距离平方成反比，如果保证底片黑度不变，在增大焦距的同时就必须延长曝光时间或提高管电压，所以对此要综合权衡考虑。

例题 3.1　用焦点尺寸 d_f为 3 mm×3 mm 的 X 射线机，透照厚度 T 为 36 mm 的平板双面焊对接焊缝，焦距 F 为 600 mm，焊缝余高 Δt 为 2 mm，求几何不清晰度 U_g。

解　已知 $d_f=3$ mm，$T=36$ mm，$F=600$ mm，则

$$L_2 = T + 2\Delta t = 36 + 2 \times 2 = 40 \text{ mm}$$

代入式(3.7)，可得

$$U_g = \frac{d_f L_2}{F - L_2} = \frac{3 \times 40}{600 - 40} \approx 0.21 \text{ mm}$$

答：几何不清晰度为 0.21 mm。

3.3.2　固有不清晰度 U_i

固有不清晰度是由照射到胶片上的射线在乳剂层中激发出的电子的散射所产生的。当光子穿过乳剂层时，通过光电效应、康普顿效应以及电子对效应，在乳剂中激发出二次电子。这些电子向各个方向散射，使乳剂中的卤化银晶粒感光，形成潜影。胶片显影后，使影像轮廓模糊。固有不清晰度大小就是散射电子在胶片乳剂层中作用的平均距离。

固有不清晰度主要取决于射线的能量，在 100～400 kV，表达固有不清晰度的经验公式可写为

$$U_i = 0.0013\,(V)^{0.79} \tag{3.8}$$

式(3.8)中，V 为管电压千伏值。

表 3.2 所示为不同能量射线的固有不清晰度值，由表 3.2 对应的曲线如图 3.6 所示。由

图可以看出，U_i随射线能量的提高而连续递增。在低能区，U_i增大速率较慢；但在高能区，U_i增大速率较快。

表 3.2　不同能量射线的固有不清晰度值 U_i

经滤波的 X 射线	50 kV	100 kV	200 kV	300 kV	400 kV
U_i/mm	0.03	0.05	0.09	0.12	0.15
经滤波的高能 X 射线	1 MV	2 MV	5.5 MV	8 MV	18 MV	31 MV
U_i/mm	0.24	0.32	0.46	0.60	0.80	0.97
经滤波的 γ 射线	Ir192	Cs137	Co60	Tm170
U_i/mm	0.17	0.28	0.35	0.07～0.1ᵃ

注 a：表示数值取决于滤板厚度。

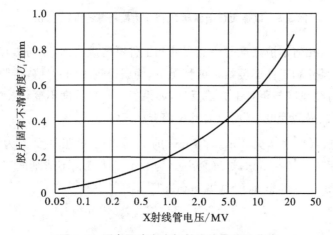

图 3.6　固有不清晰度与射线能量关系曲线

增感屏能吸收射线能量，发射出电子，作用于胶片的卤化银，增加感光。同时，由增感屏发射出的电子，因在乳剂层中也有一定射程，同样会产生固有不清晰度。增感屏的材料种类、厚度，以及使用情况都会影响固有不清晰度。低能量射线照相中，使用铅增感屏的胶片比不使用铅增感屏的胶片固有不清晰度有所增大；随着铅增感屏厚度的变化，固有不清晰度也将有所改变。在 γ 射线和高能 X 射线照相中，使用铜、钽、钨制作的增感屏比铅增感屏的固有不清晰度小。

在使用增感屏时，如果增感屏与胶片贴合不紧，留有间隙，也会使得固有不清晰度明显增大。增感屏与胶片间的间隙越大，固有不清晰度越大。由增感屏发射出的电子脱离增感屏表面后，如未立即进入胶片乳剂层，而是在空气中经一段距离后再进入乳剂层，则由于电子通过空气时的动能损失较小，其总的作用距离将大于那些完全在乳剂层中穿行的电子的作用距离。因此，导致固有不清晰度增大。

射线照相固有不清晰度可采用铂-钨双丝像质计测定。

例题 3.2　透照板厚为 36 mm 的双面焊对接焊缝,射源尺寸 d_f 为 2 mm×2 mm,焦距 F 为 600 mm,透照管电压 300 kV,焊缝余高 Δt 为 2 mm,当

(1)像质计放射源侧;

(2)像质计放胶片侧,且像质计至胶片距离 L_2 为 1 mm。

试计算上述两种情况下影像的固有不清晰度 U_i、几何不清晰度 U_g 和总不清晰度 U。

解　(1)像质计放射源侧,由式(3.8)可得

$$U_i = 0.0013\,(V)^{0.79} = 0.0013 \times (300)^{0.79} = 0.118 \text{ mm} \tag{1}$$

由式(3.7)可得

$$U_g = \frac{d_f L_2}{F - L_2} = \frac{2 \times (36+4)}{600 - (36+4)} = 0.143 \text{ mm} \tag{2}$$

由式(3.5)可得

$$U = \sqrt{U_g^2 + U_i^2} = 0.185 \text{ mm} \tag{3}$$

(2)像质计放胶片侧,由式(3.7)可得

$$U_g = \frac{d_f L_2}{F - L_2} = \frac{2 \times 1}{600 - 1} = 0.003 \text{ mm} \tag{4}$$

由式(1)可知 U_i 为 0.118 mm,再由式(3.5)可得

$$U = \sqrt{U_g^2 + U_i^2} = 0.118 \text{ mm} \tag{5}$$

答:(1)像质计放射源侧影像固有不清晰度 U_i 为 0.118 mm、几何不清晰度 U_g 为 0.143 mm 和总不清晰度 U 为 0.185 mm。

(2)像质计放胶片侧时,影像固有不清晰度 U_i 为 0.118 mm、几何不清晰度 U_g 为 0.003 mm 和总不清晰度 U 为 0.118 mm。

3.4　射线照相颗粒度

课前预习

射线底片颗粒性是指均匀曝光的射线底片上影像黑度分布不均匀的视觉印象。射线照相颗粒度则是根据测微光密度计测出的数据和按一定方法求出的所谓底片黑度涨落的客观量值。观察受到高能量射线照射的快速胶片,不用放大镜,颗粒性就很明显;而对受低能量射线照射的慢速胶片来说,要经中度放大才能观察到颗粒性。

颗粒性视觉印象不是由单个显影的感光颗粒引起的,而是由许多银粒交互重叠组成的颗粒团产生的,而颗粒团的黑度则是由这些单个银粒的随机分布造成的。

颗粒的随机性是多种因素造成的,例如胶片乳剂层中感光银盐颗粒大小的分布是随机的;射线源发出的光量子到达胶片的空间分布是随机的;胶片乳剂吸收光量子使乳剂中的一个或多个溴化银晶粒感光也是随机的。

颗粒性产生的原因可归纳为两个方面:一是胶片噪声,取决于银盐粒度和感光速度;二是量子噪声,即光子随机分布的统计涨落,取决于射线能量、曝光量和底片黑度。一般来说,颗粒性随胶片粒度和感光速度的增大而增大,随射线能量的增大而增大,随曝光量和底片黑度的增大而减小。

胶片乳剂层中感光银盐颗粒大小对颗粒性有直接影响。大颗粒银盐阻光性好,在底片上引起的黑度起伏显然更大一些。产生一定黑度所需要的光子数越多,射线照相影像的颗粒性就越不明显,所以胶片感光速度会影响底片影像的颗粒性。一般情况下,慢速胶片中的溴化银晶粒比快速胶片中的晶粒小,因此,胶片粒度和感光速度对颗粒性的影响往往是加和性的。

同样,射线照相的颗粒性随能量的提高而增大。在低能量下,吸收一个光子只能使一个或几个溴化银颗粒感光,而在高能量下,一个光子能使许多个颗粒感光,这样就使随机分布的黑度起伏变化变大,从而显示出颗粒增大的倾向。而曝光量增大和底片黑度增大都使得更多的光子到达胶片,大量光子的叠加作用将使黑度的随机性起伏降低,所以减小了颗粒性。

颗粒度限制了影像能够记录细节的最小尺寸。一个尺寸很小的细节,在颗粒度较大的影像中,或者不能形成自己的影像,或者影像被黑度的起伏所掩盖,无法识别出来。

课程思政

习 题 3

一、判断题

1.增大曝光量可提高主因对比度。 （　　）

2.用增大射源到胶片的距离的办法可降低射线照相固有不清晰度。 （　　）

3.胶片成像的颗粒性会随着射线能量的提高而变差。 （　　）

4.对比度、清晰度、颗粒度是决定射线照相灵敏度的三个主要因素。 （　　）

5.射线的能量同时影响照相的对比度、清晰度和颗粒度。 （　　）

6.底片能够记录的影像细节的最小尺寸取决于颗粒度。 （　　）

7.射线照相固有不清晰度与增感屏种类无关。 （　　）

8.一般情况下,胶片感光速度越高,射线照相影像的颗粒性就越不明显。 （　　）

9.衰减系数 μ 只与射线能量有关,与试件材质无关。 （　　）

10.颗粒性是指均匀曝光的射线底片上影像黑度分布不均匀的视觉印象。 （　　）

二、选择题

1.从可检出最小缺陷的意义上说,射线照相灵敏度取决于（　　）。

　　A.底片成像颗粒度 　　　　　　　B.底片上缺陷图像不清晰度

　　C.底片上缺陷图像对比度 　　　　D.以上都是

2.影响主因对比度的是（　　）。

　　A.射线的波长 　　　　　　　　　B.散射线

　　C.工作的厚度差 　　　　　　　　D.以上都是

3. 射线底片上缺陷轮廓鲜明的程度叫作（　　　）。

    A. 主因对比度　　　　B. 颗粒度　　　　　　C. 清晰度　　　　　　D. 胶片对比度

4. 射线照相底片的颗粒性是由什么因素造成的？（　　　）

    A. 影像颗粒或颗粒团块的不均匀分布　　　　B. 底片单位面积上颗粒数的统计变化

    C. 颗粒团块的重重叠叠　　　　　　　　　　D. 以上都是

5. 固有不清晰度与下列哪一因素有关？（　　　）

    A. 源尺寸　　　　　　B. 胶片感光度　　　　C. 胶片粒度　　　　　D. 射线能量。

6. 下列哪一种情况对胶片梯度和底片颗粒度同时产生影响？（　　　）

    A. 改变"kV"挡值　　B. 改变焦距　　　　　C. 改变"mA"挡值　　D. 改变底片的黑度

7. 用单壁外透法透照同一筒体时，如不考虑焦点投影尺寸的变化，纵缝 U_g 与环缝 U_g 的区别是：在一张底片的不同部位（　　　）。

    A. 纵缝 U_g 值各处都一样，而环缝 U_g 随部位而变化

    B. 环缝 U_g 值各处都一样，而纵缝 U_g 随部位而变化

    C. 无论纵缝、环缝，U_g 值在任何部位都相同，不发生变化

    D. 以上都不是

8. 决定缺陷在射线透照方向上可检出最小厚度差的因数是（　　　）。

    A. 对比度　　　　　　B. 不清晰度　　　　　C. 颗粒度　　　　　　D. 以上都是

9. 胶片与增感屏贴合不紧，会明显影响射线照相的（　　　）。

    A. 对比度　　　　　　B. 不清晰度　　　　　C. 颗粒度　　　　　　D. 以上都是

10. 计算的不清晰度最常用的计算公式是（　　　）。

    A. $U = U_g + U_i$　　　　　　　　　　　　B. $U = \sqrt{U_g^2 + U_i^2}$

    C. $U = \sqrt[3]{U_g^3 + U_i^3}$　　　　　　　　D. $U = U_g + \dfrac{U_i^2}{3U_g}$

三、简答题

1. 什么是射线照相灵敏度？绝对灵敏度和相对灵敏度的概念是什么？

2. 什么是影响射线照相影像质量的三要素？

3. 什么叫主因对比度？什么叫胶片对比度？它们与射线照相对比度的关系如何？

四、计算题

1. 透照板厚为 40 mm 的双面焊对接焊缝，焦距为 600 mm，X 射线机焦点尺寸为 2 mm × 2 mm，照相几何不清晰度 U_g 为多少？如透照管电压为 300 kV，又已知固有不清晰度 U_i 与管电压千伏值 V 的关系式为 $U_i = 0.0013 (V)^{0.79}$，试计算固有不清晰度 U_i 值及总不清晰度 U 值。

2. 透照板厚为 34 mm 的双面焊对接焊接接头，射源尺寸为 2 mm × 2 mm，焦距为 600 mm，透照管电压为 280 kV，试计算：

（1）透度计放射源侧时的影像几何不清晰度和总不清晰度。

（2）透度计放胶片侧时的影像几何不清晰度和总不清晰度（设固有不清晰度 U_i 与管电压千伏值 V 的关系为 $U_i = 0.0013 (V)^{0.79}$；透度计放胶片侧时，设透度计至胶片距离 $L_2 = 1$ mm）。

3.透照厚工件时,散射比为 1.4,在底片 Ⅰ 上可识别直径为 0.25 mm 的最细金属丝,减小散射比至 0.5 后再透照,仍获得相同黑度的底片 Ⅱ。假设焦点尺寸可忽略,并设 X 射线机、管电压、管电流、焦距、胶片、增感屏等条件均不变,问:

(1)底片 Ⅱ 的曝光时间为底片 Ⅰ 的多少倍?

(2)同一直径的金属丝在这两张底片上的对比度之比为多少?

参考答案

第4章

射线透照工艺

检测技术与工艺是指采用的检测技术等级、透照技术（单或双胶片）、透照方式（源－工件－胶片相对位置）、射线源、胶片、曝光参数、像质计的类型、摆放位置和数量、标记符号类型和位置、布片原则等。本章主要介绍透照工艺条件的选择、透照布置、曝光曲线的制作及应用、散射线屏蔽、检测工艺和射线透照技术和工艺研究等。

4.1 透照工艺条件的选择

课前预习

射线透照工艺是指为达到一定要求而对射线透照过程规定的方法、程序、技术参数和技术措施等，也泛指详细说明上述方法、程序、参数和措施的书面文件。严格按照透照工艺进行各项操作，即能得到质量合格的底片（与工件质量是否合格无关）。工艺条件是指透照过程中的有关变量及其组合。透照工艺条件包括设备器材条件、透照几何条件、工艺参数条件和工艺措施条件等。

射线基本透照参数有射线能量、焦距、曝光量，这里讨论一些主要的工艺条件对射线照相质量的影响及应用选择原则。

4.1.1 射线源和能量的选择

1.射线源的选择

射线装置

射线检测可以使用两种射线源，一种是由 X 射线机和加速器产生的 X 射线，另一种是由 Co60、Ir192、Se75、Yb169 和 Tm170 射线源产生的 γ 射线。经合同双方商定，也允许采用其他新型射线源。采用其他射线源时，有关检测技术要求仍应参照 NB/T 47013.2—2015 的规定执行。

选择射线源的首要因素是射线源所发出的射线对被检试件具有足够的穿透力。对 X 射线来说，穿透力取决于管电压；对于 γ 射线来说，穿透力取决于放射源种类。

在保证穿透力的前提下，X 射线检测应选用较低的管电压。在采用较高管电压时，应保证适当的曝光量。图 4.1 所示为不同材料、不同透照厚度允许采用的最高 X 射线管电压。对截面厚度变化大的承压设备，在保证灵敏度要求的前提下，允许采用超过图 4.1 规定的 X 射线管电压。但对钢、铜及铜合金、镍及镍合金材料，管电压增量不应超过 50 kV；对钛及钛合金材料，管电压增量不应超过 40 kV；对铝及铝合金材料，管电压增量不应超过 30 kV。

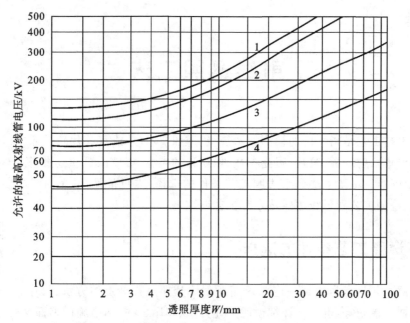

1—铜及铜合金,镍及镍合金;2—钢;3—钛及钛合金;4—铝及铝合金。

图4.1　不同透照厚度允许的X射线最高透照管电压

对于γ射线来说,穿透力取决于放射源种类,γ射线源和高能X射线适用的透照厚度范围应符合表4.1规定。表4.1给出了常用γ射线源和能量1 MeV以上X射线设备的透照厚度范围。由于放射性同位素发出的射线能量不可改变,而用高能量射线透照薄工件时会出现灵敏度下降的情况,表4.1中的透照厚度不仅规定了上限,而且规定了下限。

表4.1　常用γ射线源和能量1 MeV以上X射线设备的透照厚度范围(钢、铜、镍合金等)

射线源	透照厚度 W/mm	
	A级、AB级	B级
Tm170	≤5	≤5
Yb169[a]	≥1～15	≥2～12
Se75[b]	≥10～40	≥14～40
Ir192	≥20～100	≥20～90
Co60	≥40～200	≥60～150
X射线(1 MeV～4 MeV)	≥30～200	≥50～180
X射线(>4 MeV～12 MeV)	≥50	≥80

注:a. 对于铝和钛,A级和AB级透照厚度为10 mm<W<70 mm;B级透照厚度为25 mm<W<55 mm。

　b. 对于铝和钛,A级和AB级透照厚度为35 mm<W<120 mm。

选择射线源时,还必须注意 X 射线和 γ 射线的照相灵敏度差异。由前文可知,对比度 ΔD,不清晰度 U 和颗粒度 σ_D 是影响射线照相影像质量的三大基本参数。实验表明,在40 mm 以下的钢厚度,用 Ir192 透照所得射线底片的对比度不如 X 射线底片。以 25 mm 钢厚度为例,前者的对比度大约比后者要低 40%。对比度自然影响到像质计灵敏度,因此,40 mm 以下钢厚度用 Ir192 γ 射线透照所得的像质计灵敏度不如 X 射线所得的像质计灵敏度。但对 40 mm 以上钢厚度,则两者的像质计灵敏度值大致相同。

另一方面,Ir192 的固有不清晰度 U_i 值(0.17 mm)比 400 kV 的 X 射线还大,在100 kV、200 kV、300 kV、350 kV 时,分别是 X 射线 U_i 值的 3.4 倍、1.8 倍、1.4 倍、1.3 倍。此外,Ir192 还有颗粒性,即噪声问题。由于 Ir192 有效能量较高,由此引起的底片噪声也会明显增大,从而干扰射线照相底片上小缺陷,尤其小裂纹的影像显示。因此,如果从小缺陷检出灵敏度来比较 γ 射线与 X 射线,则两者的差距更明显。

对轻质合金和低密度材料,国内使用 Yb169、Tm170 γ 射线源很少,最常用的射线源实际上是 X 射线。同样,要透照厚度小于 5 mm 的钢(铁素体钢或高合金钢),除非允许较低的探伤灵敏度,也要选用 X 射线。如要对大批量的工件实施射线照相,还是用 X 射线为好,因为曝光时间较短。对厚度大于 150 mm 的钢,即使用最大的 γ 射源,曝光时间也是很长的,如工件批量大,宜用兆伏级高能 X 射线;对厚度为 50～150 mm 的钢,如果使用正确的方法,用 X 射线和 γ 射线可得到几乎相同的像质计灵敏度,但裂纹检出率还是有差异的;对厚度为 5～50 mm 的钢,用 X 射线可获得较高的灵敏度。γ 射线源的选用则应根据具体厚度和所要求的探伤灵敏度,选择 Ir192 或 Se75,并应考虑配合适当的胶片类别。对某些条件困难的现场透照工作,体积庞大的 X 射线机使用不方便可能成为主要问题。只要与容器直径有关的焦距能满足几何不清晰度要求,环形焊缝的透照尽量选用锥靶周向 X 射线机作内透中心法垂直全周向曝光,就可提高工作效率和影像质量。对直径较小的锅炉联箱管或其他管道焊缝,也可选用小焦点(0.5 mm)的棒阳极 X 射线管或小焦点 (0.5～1 mm) γ 射线源作360°周向曝光。选用平面靶周向 X 射线机对环焊缝作内透中心法倾斜全周向曝光时,必须考虑射线倾斜角度对焊缝中纵向面状缺陷的检出影响。

X 射线机的特点是体积较大,以便携式、移动式、固定式体积依次增大。X 射线机的基本费用和维修费用均较大,能检查 40 mm 以上钢厚度的大型 X 射线机成本更高,其发展倾向于移动式而非便携式。X 射线能量可改变,因此,对各种厚度的试件均可使用最适宜的能量。X 射线机可用开关切断,故较易实施射线防护,曝光时间一般为几分钟。所有 X 射线机均需电源,有些还需水源。

γ 射线源的特点是射源曝光头尺寸小,可用于 X 射线机管头无法接近的现场,不需电源或水源,运行费用低。γ 射线源曝光时间长,通常需几十分钟,甚至几小时。对薄钢试件(如 5 mm 以下),只有选择合适的放射性同位素(如 Yb169,Tm170)才能获得较高的探伤灵敏度。表 4.2 为目前工业 X 射线设备可透照的钢的最大厚度,表 4.3 为常用 γ 射线源可透照的钢厚度范围。

表 4.2　工业 X 射线设备可透照的钢的最大厚度

射线能量	可穿透的最大厚度/mm	
	高灵敏度法	低灵敏度法
100 kV X 射线	10	16
150 kV X 射线	15	24
200 kV X 射线	25	35
300 kV X 射线	40	60
400 kV X 射线	75	100
1 MV X 射线	125	150
2 MV X 射线	200	250
8 MV X 射线	300	350
30 MV X 射线	325	450

表 4.3　常用 γ 射线源可透照的钢厚度范围

源种类	可透照的钢厚度范围/mm	
	高灵敏度法	低灵敏度法
Se75	14～40	5～50
Ir192	20～90	10～100
Cs137	30～100	20～120
Co60	60～150	30～200

注:表中"高灵敏度法"一栏表示用"微粒胶片"+"金属箔增感屏",大致相当于 NB/T 47013 标准 B 级和 AB
　　级;"低灵敏度法"一栏表示用"粗粒胶片"+"金属箔增感屏",大致相当于 NB/T 47013 标准 A 级。

2.X 射线能量的选择

射线能量

　　X 射线机的管电压可以根据需要调节,因此,用 X 射线对试件透照,射线能量有多种选择。

　　选择 X 射线能量的首要条件是应具有足够的穿透力。随着管电压的升高,X 射线的平均波长变短,有效能量增大,线质变硬,物质的衰减系数变小,穿透能力增强。如果选择的射线能量过低,穿透力不够,结果使到达胶片的透射射线强度过小,造成底片黑度不足,灰雾增大,曝光时间过分延长,以至无法操作等一系列现象。

　　但是,过高的射线能量对射线照相灵敏度有不利影响。随着管电压的升高,衰减系数 μ 减小,对比度 ΔD 降低,固有不清晰度 U_i 增大,底片颗粒度也将增大,其结果是射线照相灵敏度下降。因此,从灵敏度角度考虑 X 射线能量的选择的原则是:在保证穿透力的前提下,选择能量较低的 X 射线。

选择能量较低的射线可以获得较高的对比度,但较高的对比度却意味着较小的透照厚度宽容度,很小的透照厚度差将产生很大的底片黑度差,使得底片黑度值超出允许范围;或是厚度大的部位底片黑度太小,或是厚度小的部位底片黑度太大。因此,在有透照厚度差的情况下,选择射线能量还必须考虑能够得到合适的透照厚度宽容度。

在底片黑度不变的前提下,提高管电压便可以缩短曝光时间,从而可以提高工作效率,但其代价是灵敏度降低。为保证透照质量,标准对透照不同厚度允许使用的最高管电压都有一定限制,并要求有适当的曝光量,如图 4.1 所示。

4.1.2　焦距的选择

焦距对射线照相灵敏度的影响主要表现在几何不清晰度上。由第 3 章 U_g 定义可知,焦距 F 越大,U_g 值越小,底片上的影像越清晰。在减小 U_g 值这一点上,选择较小的射线源尺寸 d_f,可得到与增大焦距 F 相同的效果。

为保证射线照相的清晰度,在我国现行 NB/T 47013 标准中,规定所选用的射线源至工件表面的透照距离 f(即 L_1)、焦点尺寸 d_f 和透照厚度 b 应满足的关系如表 4.4 所示。

表 4.4　透照距离 f、焦点尺寸 d_f 和透照厚度 b 的关系

射线检测技术等级	透照距离 $f(L_1)$	U_g 值
A 级	$f \geqslant 7.5 d_f \cdot b^{2/3}$	$U_g \leqslant (2/15) b^{1/3}$
AB 级	$f \geqslant 10 d_f \cdot b^{2/3}$	$U_g \leqslant (1/10) b^{1/3}$
B 级	$f \geqslant 15 d_f \cdot b^{2/3}$	$U_g \leqslant (1/15) b^{1/3}$

由于焦距 $F = f + b$,所以表 4.4 中的关系式也就限制了 F 的最小值。

在实际工作中,焦距的最小值通常由诺模图查出,根据现行 NB/T 47013 的标准,A 级和 B 级射线检测技术确定焦点至工件表面距离的诺模图如图 4.2所示,AB 级射线检测技术确定焦点至工件表面距离的诺模图如图 4.3 所示,图中 d 即焦点尺寸 d_f。

射线源至工件
表面的最小距离

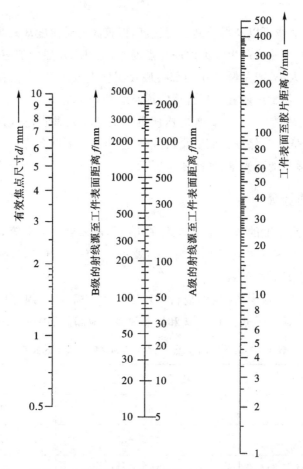

图 4.2　A 级和 B 级射线检测技术确定焦点至工件表面距离的诺模图

诺模图使用方法是在 d 线和 b 线上分别找到焦点尺寸和透照厚度对应的点,用直线连接这两个点,直线与 f 的交点即为透照距离 f 的最小值,而焦距最小值即为

$$F_{min} = f + b \tag{4.1}$$

例题 4.1　已知焦点尺寸 d_f 为 2 mm,透照厚度 b 为 30 mm,求采用 A 级、B 级和 AB 级技术照相时,焦距最小值 F_{min} 分别为多少。

解　由图 4.2 中可查得 A 级技术照相时,f 为 140 mm,故有

$$F_{min} = f + b = 140 + 30 = 170 \text{ mm} \tag{1}$$

由图 4.2 中可查得 B 级技术照相时,f 为 193 mm,故有

$$F_{min} = f + b = 193 + 30 = 223 \text{ mm} \tag{2}$$

由图 4.3 中可查得 AB 级技术照相时,f 为 180 mm,故有

$$F_{min} = f + b = 180 + 30 = 210 \text{ mm} \tag{3}$$

答:采用 A 级、B 级和 AB 级技术照相时,焦距最小值 F_{min} 分别为 170 mm、223 mm、210 mm。

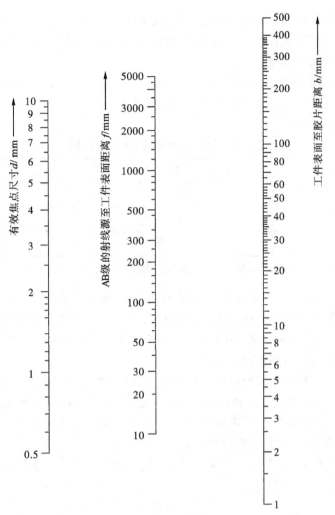

图 4.3 AB 级射线检测技术确定焦点至工件表面距离的诺模图

  实际透照时一般并不采用最小焦距,所用的焦距比最小焦距要大得多。这是因为焦距与透照场的大小相关。焦距增大后匀强透照场范围增大,这样可以得到较大的有效透照长度,同时影像清晰度也进一步提高。

  焦距的选择有时还与试件的几何形状以及透照方式有关。例如,为得到较大的一次透照长度和较小的横向裂纹检出角,在采用双壁单影法透照环缝时,往往选择较小的焦距;而当采用中心内照法时,焦距就是简体的外半径。

4.1.3 曝光量的选择与修正

  曝光量可定义为射线源发出的射线强度与照射时间的乘积。对于 X 射线来说,曝光量是指管电流 i 与照射时间 t 的乘积,即

$$E = it \tag{4.2}$$

对于 γ 射线来说,曝光量是指放射源活度 A 与照射时间 t 的乘积,即

$$E = At \tag{4.3}$$

曝光量是射线透照工艺中的一项重要参数,射线照相影像的黑度取决于胶片感光乳剂吸

收的射线量。在透照时,如果固定各项透照条件(试件尺寸、源、试件、胶片的相对位置、胶片和增感屏、给定的放射源或管电压),则底片黑度与曝光量有很好的对应关系。因此,可以通过改变曝光量来控制底片黑度。

曝光量不仅影响影像的黑度,也影响影像的对比度、颗粒度以及信噪比,从而影响底片上可记录的最小细节尺寸。为保证射线照相质量,曝光量应不低于某一最小值,X 射线照相推荐使用的曝光量见表 4.5。

表 4.5 X 射线照相推荐使用的曝光量

技术等级	使用射线胶片种类	曝光量/(mA·min)
B 级	C3	20
AB 级	C4	15
A 级	C5	15

注:推荐值指焦距为 700 mm 时的曝光量。当焦距改变时可按平方反比定律对曝光量的推荐值进行换算。

互易律是光化学反应的一条基本定律,它指出:决定光化学反应产物质量的条件,只与总的曝光量相关,即取决于辐射强度和时间的乘积,而与这两个因素的单独作用无关。如果不考虑光解银对感光乳剂显影的引发作用的差异,互易律可引申为底片黑度只与总的曝光量相关,而与辐射强度和时间分别作用无关。

在射线照相中,当采用铅箔增感或无增感的条件时,遵守互易定律。设产生一定显影黑度的曝光量 $E=It$,当射线强度 I 和时间 t 相应变化时,只要两者乘积 E 值不变,底片黑度不变。而当采用荧光增感条件时,不遵守互易定律,如果 I 和 t 发生变化,尽管 I 与 t 的乘积不变,底片的黑度仍会改变,这种现象称为互易律失效。

平方反比定律是物理光学的一条基本定律。它指出从一点源发出的辐射,强度 I 与距离 F 的平方成反比,即存在以下关系:

$$\frac{I_1}{I_2} = \left(\frac{F_2}{F_1}\right)^2 \tag{4.4}$$

其原理是在点源的照射方向上任意立体角内取任意垂直截面,单位时间内通过的光量子总数是不变的,但由于截面积与到点源的距离平方成正比,所以单位面积的光量子密度,即辐射强度与距离平方成反比,如图 4.4 所示。

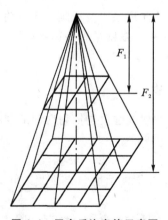

图 4.4 平方反比定律示意图

互易律给出了在底片黑度不变的前提下,射线强度与曝光时间相互变化的关系;平方反比定律给出了射线强度与距离之间的变化关系。将以上两个定律结合起来,可以得到曝光因子的表达式。

已知 X 射线管的辐射强度为

$$I_T = KZiV^2 \tag{4.5}$$

在给定 X 射线管,给定管电压的条件下,K、Z 和 V 成为常数,令 $\varepsilon = KZV^2$,上式可改写为

$$I_T = \varepsilon i \tag{4.6}$$

即辐射强度 I_T 仅与管电流 i 成正比。引入平方反比定律,则辐射场中任意一点处的强度为

$$I_T = \frac{\varepsilon i}{F^2} \tag{4.7}$$

由互易律可知,欲保持底片黑度不变,只需满足:

$$E = It = I_1 t_1 = \cdots = I_n t_n \tag{4.8}$$

将式(4.7)代入式(4.8),得

$$E = \frac{\varepsilon i t}{F^2} = \frac{\varepsilon i_1 t_1}{F_1^2} = \cdots = \frac{\varepsilon i_n t_n}{F_n^2} \tag{4.9}$$

令

$$\Psi = \frac{E}{\varepsilon} = \frac{it}{F^2} = \frac{i_1 t_1}{F_1^2} = \cdots = \frac{i_n t_n}{F_n^2} \tag{4.10}$$

同理,可推导出 γ 射线照相的曝光因子

$$\Psi = \frac{At}{F^2} = \frac{A_1 t_1}{F_1^2} = \cdots = \frac{A_n t_n}{F_n^2} \tag{4.11}$$

曝光因子清楚地表达了射线强度、曝光时间和焦距之间的关系,通过式(4.10)和式(4.11)可以方便地确定上述三个参量中的一个或两个发生改变时,如何修正其他参量。

下面利用曝光因子对射线强度、曝光时间或焦距进行修正计算。

例题 4.2　用某一 X 射线机透照某一试件,原透照管电压为 200 kV,管电流为 4 mA,曝光时间为 5 min,焦距为 400 mm。现透照时管电压不变,而将焦距变为 600 mm,如欲保持底片黑度不变,如何选择管电流和时间?

解　已知 $i_1 = 4$ mA,$t_1 = 5$ min,$F_1 = 400$ mm,$F_2 = 600$ mm,由式(4.10)得

$$\frac{i_1 t_1}{F_1^2} = \frac{i_2 t_2}{F_2^2} \tag{1}$$

则有

$$i_2 t_2 = \frac{i_1 t_1 F_2^2}{F_1^2} = \frac{4 \times 5 \times 600^2}{400^2} = 45 \text{ mA} \cdot \text{min} \tag{2}$$

答:第二次透照的曝光量应为 45 mA·min,可选择管电流 5 mA,曝光时间 9 min。

例题 4.3 已知射线源 Ir192 的半衰期为 75 天,使用 Ir192 γ 射线源透照,焦距为 800 mm,曝光 20 min,底片黑度 2.5。50 天后对同一工件透照,选用焦距 1000 mm,欲使底片达到同样黑度,需曝光多少时间?

解 已知 $t_1 = 20$ min,$F_1 = 800$ mm,$F_2 = 1000$ mm,$T_{1/2} = 75$ 天,则 50 天前后,则有

$$n = \frac{50}{75} = 0.7 \tag{1}$$

放射源活度之比为

$$\frac{A_2}{A_1} = \left(\frac{1}{2}\right)^{0.7} = 0.616 \tag{2}$$

由式(4.11)可得

$$t_2 = \frac{A_1}{A_2} \times \frac{F_2^2}{F_1^2} t_1 = \frac{1}{0.616} \times \left(\frac{1000}{800}\right)^2 \times 20 = 50.7 \text{ min} \tag{3}$$

答:曝光时间应为 50.7 min。

利用胶片特性曲线也可进行曝光量的计算,如果改变底片黑度,可根据胶片特性曲线上黑度的变化与曝光量的对应关系,对曝光量进行计算。

例题 4.4 原用焦距 500 mm,管电压 200 kV,管电流 5 mA,曝光 4 min 透照某工件,所得底片黑度为 1.0,现改用焦距 750 mm,管电压不变,管电流改用 15 mA 进行透照,为使底片黑度为1.5,曝光时间为多少?(由胶片的特性曲线得知 $\lg E_{1.0} = 1.8$,$\lg E_{1.5} = 2.1$)

解 设 $D_1 = 1.0$ 时,$F_1 = 500$ mm 和 $F_2 = 750$ mm 相应的曝光量分别为 E_1 和 E_2,管电流分别为 i_1 和 i_2,曝光时间分别为 t_1 和 t_2.$D_2 = 1.5$,$F_2 = 750$ mm 时的曝光量为 $E_2{'}$,曝光时间为 $t_2{'}$,则由式(4.10)得

$$\frac{i_1 t_1}{F_1^2} = \frac{i_2 t_2}{F_2^2} \tag{1}$$

则有

$$E_2 = i_1 t_1 \frac{F_2^2}{F_1^2} = 5 \times 4 \times \left(\frac{750}{500}\right)^2 = 45 \text{ mA} \cdot \text{min} \tag{2}$$

所以

$$E_2{'} = E_2 \times 10^{2.1-1.8} \approx 45 \times 2 = 90 \text{ mA} \cdot \text{min} \tag{3}$$

则 $D_2 = 1.5$、$F_2 = 750$ mm 时的曝光时间 $t_2{'}$ 为

$$t_2{'} = \frac{E_2{'}}{i_2} = \frac{90}{15} = 6 \text{ min} \tag{4}$$

答:黑度为 1.5 时,焦距为 750 mm 所需的曝光时间为 6 min。

4.2 透照布置

透照布置包括了胶片透照技术、透照方式、透照方向、一次透照长度、有效

课前预习

评定区搭接和小径管透照等。

4.2.1　胶片透照技术

胶片透照技术按照 NB/T 47013.2—2015 规定,允许采用单胶片透照技术和双胶片透照技术两种胶片透照技术。使用单胶片透照技术时,要求 X 射线能量小于等于 100 kV,Tm170 射线源只允许采用单胶片透照技术。使用双胶片透照技术时,要求两张胶片分类等级相同或者近似。

4.2.2　透照方式及透照方向

透照时应根据工件特点和技术条件的要求选择适宜的透照方式。在可以实施的情况下应优先选用单壁透照方式,在单壁透照不能实施时才允许采用双壁透照方式。接焊接头的型式包括板及管的对接接头对接焊缝,简称对接焊缝。对接焊缝典型透照方式主要有 10 种,如图 4.5 所示。

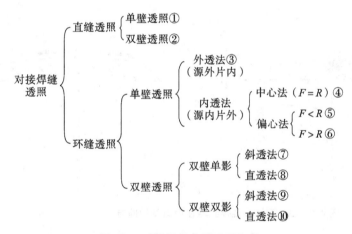

透照布置

图 4.5　对接焊缝典型透照方式

对接焊缝典型透照方式有纵、环向焊接接头源在外单壁透照方式,如图 4.6 所示。

纵、环向焊接接头源在内单壁透照方式,如图 4.7 所示。

环向焊接接头源在中心周向透照方式如图 4.8 所示。

环向焊接接头源在外双壁单影透照方式(1)如图 4.9 所示。环向焊接接头源在外双壁单影透照方式(2)如图 4.10 所示。

纵向焊接接头源在外双壁单影透照方式如图 4.11 所示。

小径管环向焊接接头倾斜透照方式如图 4.12 所示。

小径管环向焊接接头垂直透照方式如图 4.13 所示。

图 4.6~4.13 中,d 表示射线源有效焦点尺寸,D_0 表示管子外径,F 表示焦距,b 表示工件至胶片距离,f 表示射线源至工件距离,T 表示公称厚度。

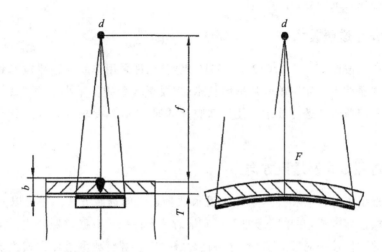

图 4.6　纵、环向焊接接头源在外单壁透照方式

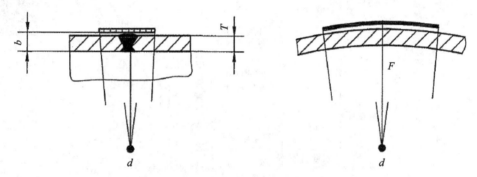

图 4.7　纵、环向焊接接头源在内单壁透照方式

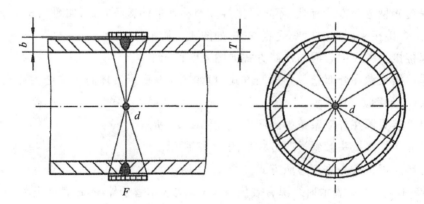

图 4.8　环向焊接接头源在中心周向透照方式

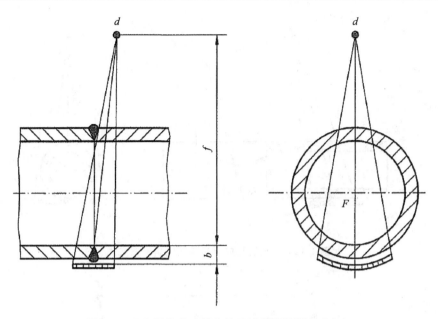

图 4.9　环向焊接接头源在外双壁单影透照方式(1)

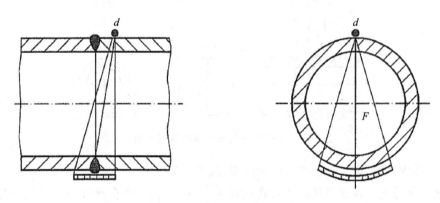

图 4.10　环向焊接接头源在外双壁单影透照方式(2)

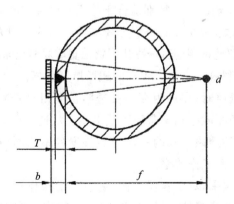

图 4.11　纵向焊接接头源在外双壁单影透照方式

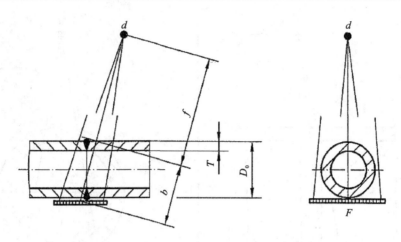

图 4.12 小径管环向焊接接头倾斜透照方式

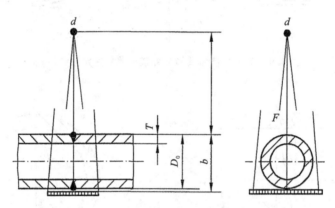

图 4.13 小径管环向焊接接头垂直透照方式

选择透照方式时,应综合考虑下面的因素,权衡择优。

(1)透照灵敏度。在透照灵敏度存在明显差异的情况下,应选择有利于提高灵敏度的透照方式。例如,单壁透照的灵敏度明显高于双壁透照,在两种方式都能使用的情况下无疑应选择前者。

(2)缺陷检出特点。有些透照方式特别适合于检出某些种类的缺陷,具体可根据检出缺陷的要求的实际情况选择。例如,源在外的透照方式与源在内的透照方式相比,前者对容器内壁表面裂纹有更高的检出率;双壁透照的直透法比斜透法更容易检出未焊透或根部未熔合缺陷。

(3)透照厚度差和横向裂纹检出角。较小的透照厚度和横向裂纹检出角有利于提高底片质量和裂纹检出率。环缝透照时,在焦距和一次透照长度相同的情况下,源在内透照法比源在外透照法具有更小的透照厚度差和横向裂纹检出角。从这一点看,前者比后者优越。

(4)一次透照长度。各种透照方式的一次透照长度各不相同,选择一次透照长度较大的透照方式可以提高检测速度和工作效率。

(5)操作方便性。一般说来,对于容器透照,源在外的操作更方便一些,而对于球罐的 X 射线透照,上半球位置源在外透照较方便,下半球位置源在内透照较方便。

(6)试件及探伤设备的具体情况。透照方式的选择还与试件及探伤设备情况有关。例如,当试件直径过小时,源在内透照可能不能满足几何不清晰度的要求,因而不得不采用源在外的透照方式。使用移动式 X 射线机只能采用源在外的透照方式。使用 γ 射线源或周向 X 射线机时,选择源在内中心透照法对环焊缝周向曝光,更能发挥设备的优点。

透照时射线束中心一般应垂直指向透照区中心,并应与工件表面法线重合,需要时也可选用有利于发现缺陷的方向透照。

4.2.3　一次透照长度的计算

射线照射方向上材料的公称厚度称为透照厚度 W,多层透照时,透照厚度为通过的各层材料公称厚度之和。透照厚度比 K 是指一次透照长度范围内射线束穿过母材的最大厚度和最小厚度之比。一次透照长度(一般指源侧的长度)是符合标准规定的单次曝光有效检测长度。焊缝透照厚度比示意图如图 4.14 所示,下面计算不同透照方式下的一次透照长度 L_3,即焊缝射线照相一次透照的有效检验长度,对照相质量和工作效率同时产生影响。

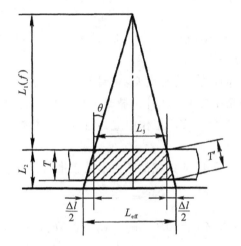

图 4.14　焊缝透照厚度比示意图

实际工作中一次透照长度选取受两个方面因素的限制,一个是射线源的有效照射场的范围,一次透照长度不可能大于有效照射场的尺寸;另一个是射线照相标准的有关透照厚度比 K 值的规定间接限制了一次透照长度的大小。一次透照长度对照相质量和工作效率同时产生影响。

一次透照长度应以透照厚度比 K 进行控制。不同级别射线检测技术和不同类型焊接接头的 K 值应符合表 4.6 的规定。

表 4.6　允许的透照厚度比 K

射线检测技术级别	A 级、AB 级	B 级
纵向焊接接头	$K \leqslant 1.03$	$K \leqslant 1.01$
环向焊接接头	$K \leqslant 1.1$[a]	$K \leqslant 1.06$

注:a. 对 100 mm<D_0≤400 mm 的环向焊接接头(包括曲率相同的曲面焊接接头),A 级、AB 级允许采用K≤1.2。

K 值与横向裂纹检出角 θ 有关。

透照厚度 K 由图 4.14 可知：

$$\theta = \arccos\left(\frac{1}{K}\right) \tag{4.12}$$

式(4.12)中，θ 又与一次透照长度 L_3 有关，所以 L_3 的大小要按标准的规定通过计算求出。

透照方式不同，L_3 的计算公式也不同。如图 4.5 所列的各种透照方式中，双壁双影法的一次透照有效检出范围，主要由其他因素决定，一般无需计算 L_3。除此以外的各种透照方式的一次透照长度 L_3，以及相关参量如搭接长度 ΔL，有效评定长度 L_{eff}，最少曝光次数 N 等均需计算得出，有关计算方法介绍如下。

1. 直缝一次透照长度的计算

直缝即平板对接焊缝或筒体纵缝。透照厚度由图 4.14 可知：

$$K = \frac{T'}{T} = \frac{1}{\cos\theta}, \quad \text{即} \ \theta = \arccos\frac{1}{K} \tag{4.13}$$

$$L_3 = 2L_1 \tan\theta \tag{4.14}$$

由表 4.6 可得，对于 A 级、AB 级，$K \leqslant 1.03$，则 $\theta \leqslant 13.86°$，$L_3 \leqslant 0.5L_1$；对于 B 级，$K \leqslant 1.01$，则 $\theta \leqslant 8.07°$，$L_3 \leqslant 0.3L_1$。

下面介绍搭接长度 ΔL 和有效评定长度 L_{eff} 的计算。

搭接长度 ΔL 是指一张底片与相邻底片重叠部分的长度。有效评定长度 L_{eff} 是指一次透照检验长度在底片上的投影长度。实际工作中应知道这两项数据，以此确定所使用胶片的长度和底片的有效评定范围。

搭接长度 ΔL 的计算可由图 4.14 的相似三角形关系推出：

$$\Delta L = \frac{L_2 L_3}{L_1} \tag{4.15}$$

当 $L_3 = 0.5L_1$ 时，$\Delta L = 0.5L_2$；当 $L_3 = 0.3L_1$ 时，$\Delta L = 0.3L_2$。

底片的有效评定长度 L_{eff} 为

$$L_{eff} = L_3 + \Delta L \tag{4.16}$$

实际透照时，如果搭接标记放在射源侧，则底片上搭接标记之间的长度即为有效评定长度。如搭接标记放在胶片侧，则底片上搭接标记以外还附加搭接长度 ΔL 才是有效评定范围，如纵缝双壁透照时上述说法不包括环缝偏心 $F > R$。

2. 查图表确定环缝透一次透照长度

通过查图表只能确定环向对接焊接接头 100％检测所需的最少透照次数 N、环缝一次透照长度 L_3、其他相关参量以及其他相关参数，搭接长度 ΔL 和有效评定长度 L_{eff} 仍需计算求出。

1)透照次数曲线图

对外径 $D_0 > 100$ mm 的环向焊接接头进行 100％检测，所需的最少透照次数 N 与透照方式和透照厚度比 K 有关，这一数值可从相应曲线图中直接查出。然后根据 N 值计算出一次透照长度 L_3 及其他相关参数。这是一种简单易行的方法。

由于内透中心法($F = R$)和双壁双影法一次透照长度不需计算，所以不同透照方式和透照厚度比 K 组合，只需要制作 6 张透照次数曲线图，通过 K 值确定的整条环向焊接接头所需的透照次数可参照曲线图确定。

图 4.15 为源在外单壁透照环向焊接接头,透照厚度比 $K=1.06$ 时的透照次数曲线图。

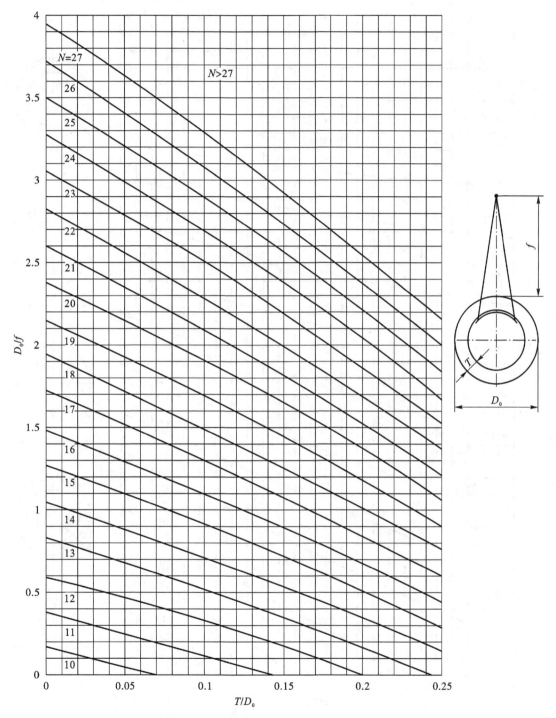

图 4.15　源在外单壁透照环向焊接接头,透照厚度比 $K=1.06$ 时的透照次数曲线图

图 4.16 为其他方式（偏心内透法和双壁单影法）透照环向焊接接头，透照厚度比 $K=$ 1.06时的透照次数曲线图。

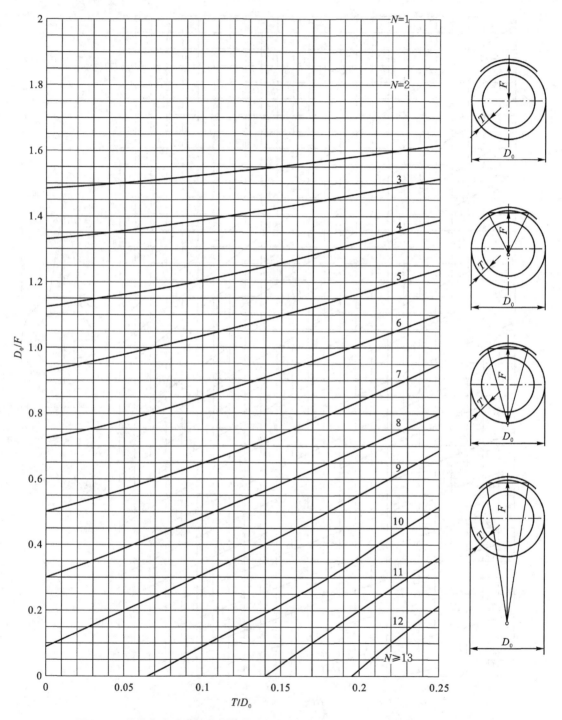

图 4.16　其他方式透照环向焊接接头,透照厚度比 $K=1.06$ 时的透照次数曲线图

图 4.17 为源在外单壁透照环向焊接接头,透照厚度比 $K=1.1$ 时的透照次数曲线图。

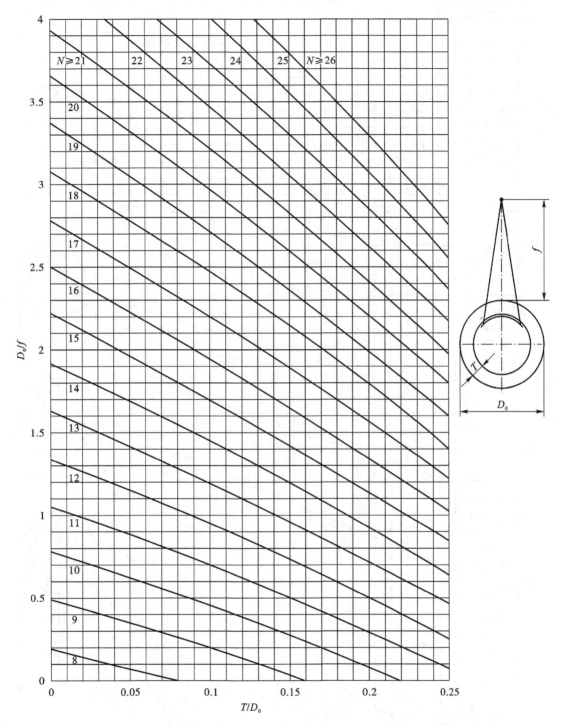

图 4.17　源在外单壁透照环向焊接接头,透照厚度比 $K=1.1$ 时的透照次数曲线图

图 4.18 为其他方式(偏心内透法和双壁单影法)透照环向焊接接头,透照厚度比 $K=1.1$ 时的透照次数曲线图。

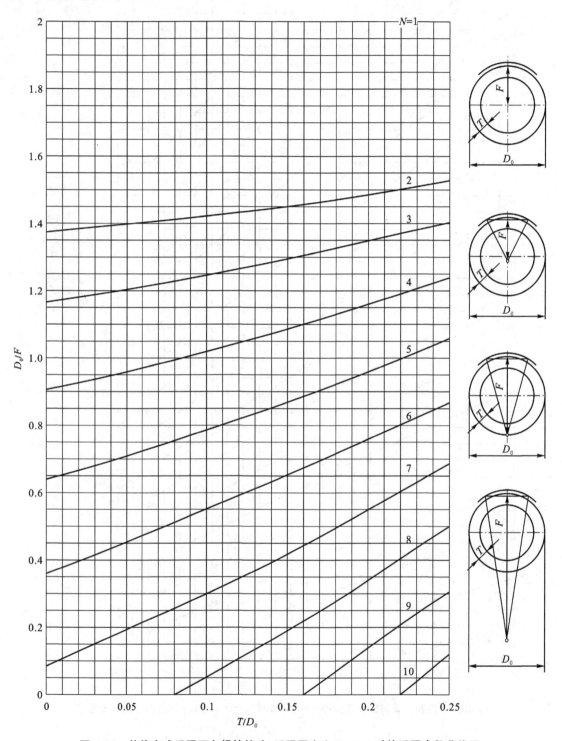

图 4.18　其他方式透照环向焊接接头,透照厚度比 $K=1.1$ 时的透照次数曲线图

图 4.19 为源在外单壁透照环向焊接接头,透照厚度比 $K=1.2$ 时的透照次数曲线图。

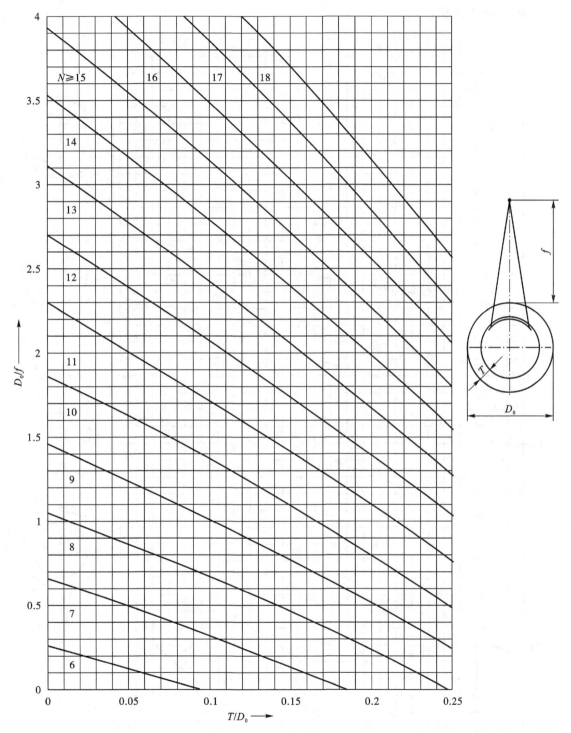

图 4.19　源在外单壁透照环向焊接接头,透照厚度比 $K=1.2$ 时的透照次数曲线图

图 4.20 为其他方式（偏心内透法和双壁单影法）透照环向焊接接头，透照厚度比 $K=1.2$ 时的透照次数曲线图。

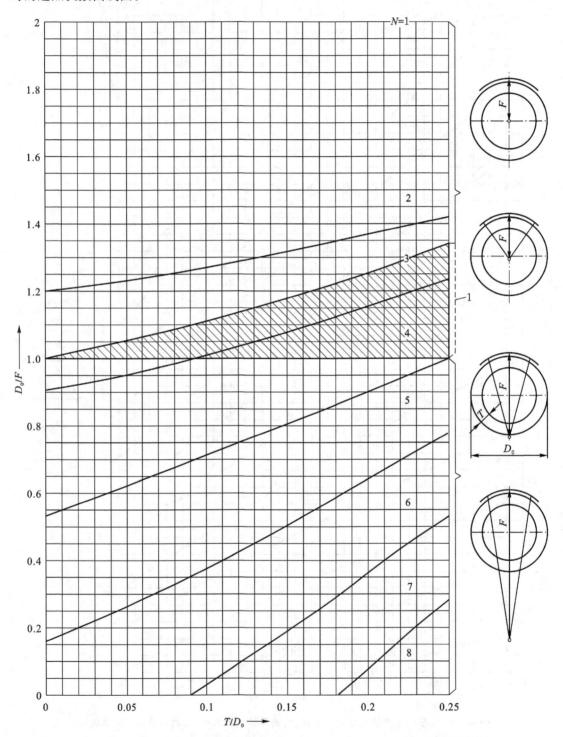

图 4.20　其他方式透照环向焊接接头，透照厚度比 $K=1.2$ 时的透照次数曲线图

从以上的透照次数曲线图中确定透照次数的步骤是先计算出 T/D_0、D_0/f、D_0/F，再在横坐标上找到 T/D_0 值对应的点，过此点画一垂直于横坐标的直线；在纵坐标上找到 D_0/f、D_0/F 对应的点，过此点画一垂直于纵坐标的直线；从两直线交点所在的区域确定所需的透照次数；当交点在两区域的分界线上时，应取较大数值作为所需的最少透照次数。

例题 4.5　用 X 射线机透照，焦距为 600 mm，按 $K\leqslant1.1$ 的要求，用双壁单影透照外径 300 mm，壁厚 20 mm 的管子环焊缝，需要曝光几次？

解　由题意可知，$F=600$ mm，$K\leqslant1.1$，$D_0=300$ mm，$T=20$ mm，所以有 $T/D_0=0.07$，$D_0/F=0.5$，由图 4.18 可得：T/D_0、D_0/F 两条直线的交点在 $N=6$ 和 $N=7$ 两区域的分界线上，这时应取较大数值 $N=7$ 作为所需的最少透照次数。

答：需要曝光 7 次。

2）一次透照长度的计算

由透照次数 N 可求得一次透照长度 L_3：

$$L_3 = \frac{\pi D}{N} \tag{4.17}$$

其中，外等分长度 L_3 为

$$L_3 = \frac{\pi D_0}{N} \tag{4.18}$$

内等分长度 L_3 为

$$L_3' = \frac{\pi D_i}{N} \tag{4.19}$$

源在内有效评定长度 L_{eff} 为

$$L_{\text{eff}} = L_3 + \Delta L \tag{4.20}$$

源在外有效评定长度 L_{eff} 为

$$L_{\text{eff}} = L_3' + \Delta L \tag{4.21}$$

搭接长度 ΔL 以源在外透照的数值最大；源在内透照 $F\geqslant R$ 时，不需考虑搭接长度；源在内透照 $F\leqslant R$ 时，可通过计算求得准确值，也可近似取源在外透照的数值。

源在外透照时，搭接长度 ΔL 和 θ 的计算分别为

$$\Delta L = 2T\tan\theta, \quad \theta = \arccos\left(\frac{1}{K}\right) \tag{4.22}$$

式（4.22）中，$K=1.06$；$\theta=19.37°$；$\Delta L=0.703T$，为简化计算，搭接长度 ΔL 可近似取 $0.7T$；

$K=1.1$，$\theta=24.62°$，$\Delta L=0.916T$，为简化计算，搭接长度 ΔL 可近似取 $1T$；

$K=1.2$，$\theta=33.56°$，$\Delta L=1.326T$，为简化计算，搭接长度 ΔL 可近似取 $1.4T$。

例题 4.6　采用源在外单壁透照方式对内径 2000 mm，壁厚 20 mm 的筒体环焊缝照相，检测比例 100%，要求透照厚度比 $K\leqslant1.1$，透照焦距 $F=700$ mm。求：满足要求的最少透照次数 N、一次透照长度 L_3、搭接长度 ΔL 和有效评定长度 L_{eff}，并确定使用胶片的长度。

解 源在外单壁透照,所以 $K=1.1$。透照次数可查阅图 4.17。其他参数如下:

$$D_0 = 2000 + 20 \times 2 = 2040 \text{ mm} \tag{1}$$

$$\frac{T}{D_0} = \frac{20}{2040} = 0.010 \tag{2}$$

$$f = 700 - 20 = 680 \text{ mm} \tag{3}$$

$$\frac{D_0}{f} = \frac{2040}{680} = 3 \tag{4}$$

从横坐标上找到 T/D_0 为 0.010 的点,过此点画一垂直于横坐标的直线;在纵坐标上找到 D_0/f 为 3 的点,过此点画一垂直于纵坐标的直线;从两直线交点所在的区域确定所需的透照次数 N 为 18 次,则一次透照长度为

$$L_3 = \frac{\pi D_0}{N} = \frac{\pi \times 2040}{18} = 356 \text{ mm} \tag{5}$$

搭接长度为

$$\Delta L = 1T = 1 \times 20 = 20 \text{ mm} \tag{6}$$

内等分长度为

$$L_3' = \frac{\pi D_i}{N} = \frac{\pi \times 2000}{18} = 349 \text{ mm} \tag{7}$$

有效评定长度为

$$L_{\text{eff}} = L_3' + \Delta L = 349 + 20 = 369 \text{ mm} \tag{8}$$

使用胶片的长度应大于有效评定长度 L_{eff},考虑贴片位置误差,以选用长度 390 mm 的胶片为宜。

3. 环缝单壁外透法的一次透照长度

采用外透法 100% 透照环焊缝时,满足一定厚度比的最少曝光次数 N 可由下式确定,参数如图 4.21 所示。

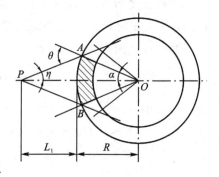

$$\left.\begin{aligned}
N &= \frac{180^\circ}{\alpha} \\
\alpha &= \theta - \eta \\
\theta &= \arccos\left[\frac{1 + \frac{(K^2-1)T}{D_0}}{K}\right] \\
\eta &= \arcsin\left(\frac{D_0}{D_0 + 2L_1}\sin\theta\right)
\end{aligned}\right\} \tag{4.23}$$

图 4.21 环缝单壁外透法

当 $D_0 \gg T$ 时,$\theta \approx \arccos K^{-1}$。式(4.23)中,$\alpha$ 是与弧 $\overparen{AB}/2$ 对应的圆心角,θ 是影像最大失真角,η 是有效半辐射角,K 是厚度比,T 是工件厚度,D_0 是容器外直径。

由式(4.23)可导出不同 K 值时的 θ 角计算式:

$$\left.\begin{array}{l}\theta_{K=1.1} = \arccos\left(\dfrac{0.21T + D_0}{1.1D_0}\right) \\[2mm] \theta_{K=1.06} = \arccos\left(\dfrac{0.12T + D_0}{1.06D_0}\right)\end{array}\right\} \tag{4.24}$$

当 $T = D_0$ 时,有

$$\left.\begin{array}{l}\theta^{\infty}_{K=1.1} = \arccos\dfrac{1}{1.1} = 24.62° \\[2mm] \theta^{\infty}_{K=1.06} = \arccos\dfrac{1}{1.06} = 19.37°\end{array}\right\} \tag{4.25}$$

求出了满足 K 值要求的环焊缝最少曝光次数,就可进一步求出射源侧焊缝的一次透照长度即外等分长度 L_3、胶片侧焊缝的等分长度 $L_3{}'$、底片上相邻两片的搭接长度 ΔL 和有效评定长度 L_{eff}:

$$L_3 = \frac{\pi D_0}{N} \tag{4.26}$$

$$L_3{}' = \frac{\pi D_i}{N} \tag{4.27}$$

$$\Delta L = 2T\tan\theta \tag{4.28}$$

$$L_{eff} = L_3{}' + \Delta L \tag{4.29}$$

实际透照时,如搭接标记放在射源侧焊缝透检区两端,则底片上搭接标记之间的长度范围即为有效评定长度 L_{eff},不需计算。

从图 4.21 可见环缝外透法中的几何参数变化特点:当透照距离 L_1 减小时,若透照长度 L_3 不变,则 K 值、θ 角增大;若 K 值、θ 角不变,则一次透照长度 L_3 缩短。而当透照距离 L_1 增大时,情况相反,当 L_1 趋向无穷大时,透照弧长所对应的圆心角即与壁厚无关,其极限值等于影像最大失真角 θ 的 2 倍。若 θ 取 15° 或 18°,则此环缝至少应摄片 12 张或 10 张,用数学式表示即 $L_1 \to \infty$,$\alpha \to \theta$,因为 $N = 180°/\alpha$,而 $\theta = 15°$ 或 $\theta = 180°$,所以 $N_{min} = 12$ 或 $N_{min} = 10$。

例题 4.7　采用外透法透照内径 800 mm,壁厚 20 mm 的筒体环焊缝,若焦距选择 500 mm,要求透照 $K \leqslant 1.1$,至少需要透照几次才能完成 100% 检查?若要求透照 10 次完成 100% 检查($K \leqslant 1.1$ 不变),则焦距 f 至少应选择多少?

解　由题可知,$D_0 \gg T$,所以有

$$\theta = \arccos\left(\frac{1}{K}\right) = 24.6° \tag{1}$$

由式(4.24)可计算出相关参数

$$\eta = \arcsin\left(\frac{D_0}{D_0 + 2L_1}\sin\theta\right) = \arcsin\left(\frac{840}{840 + 2 \times (500-20)}\sin 24.6°\right) = 11.2° \tag{2}$$

由式(1)和式(2)可得

$$\alpha = \theta - \eta = 24.6° - 11.2° = 13.4° \tag{3}$$

$$N = \frac{180°}{\alpha} = \frac{180°}{13.4°} \approx 14 \text{ 次} \tag{4}$$

如要求 10 次透照完成 100% 检验,则有

$$\alpha = \frac{180°}{N} = \frac{180°}{10} = 18° \tag{5}$$

$$\eta = \theta - \alpha = 24.6° - 18° = 6.6° \tag{6}$$

$$L_1 = \frac{D_0}{2}\left(\frac{\sin\theta}{\sin\eta} - 1\right) = \frac{840}{2}\left(\frac{\sin24.6°}{\sin6.6°} - 1\right) = 1101 \text{ mm} \tag{7}$$

则焦距为

$$F = 1101 + 20 = 1121 \text{ mm} \tag{8}$$

答:焦距 500 mm 时要透照 14 次,如要求 10 次完成透照,则焦距应增大到 1121 mm。

4. 内透中心法($F=R$)一次透照长度

采用此法时,射源或焦点位于容器或圆筒或管道中心,胶片或整条或逐张连接覆盖在整圈环缝外壁上,射线对焊缝做一次性的周向曝光,如图 4.22 所示。这种透照布置,透照厚度 $K=1$,横向裂纹检出角 $\theta=0°$,一次透照长度为整条环缝长度。

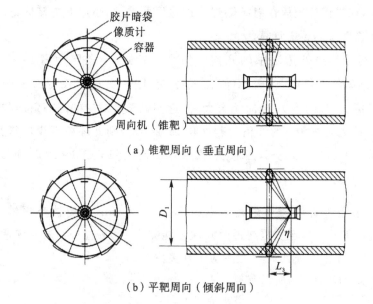

(a)锥靶周向(垂直周向)

(b)平靶周向(倾斜周向)

图 4.22　内透中心法($F=R$)

5. 内透偏心法($F<R$)一次透照长度的计算

如图 4.23 所示,用 $F<R$ 的偏心法 100% 透照的最少曝光次数 N 和一次透照长度 L_3 由

下式确定：

$$N = \frac{180°}{\alpha}$$

$$\alpha = \eta - \theta$$

$$\eta = \arcsin\left(\frac{D_i}{D_i - 2L_1}\sin\theta\right)$$

$$\theta = \arccos\left[\frac{1 - (K^2 - 1)T/D_i}{K}\right]$$

$$(4.30)$$

当 $D \gg T$ 时，$\theta \approx \arccos K^{-1}$，有

$$L_3{}' = \frac{\pi D_0}{N} \qquad (4.31)$$

$$L_3 = \frac{\pi D_i}{N} \qquad (4.32)$$

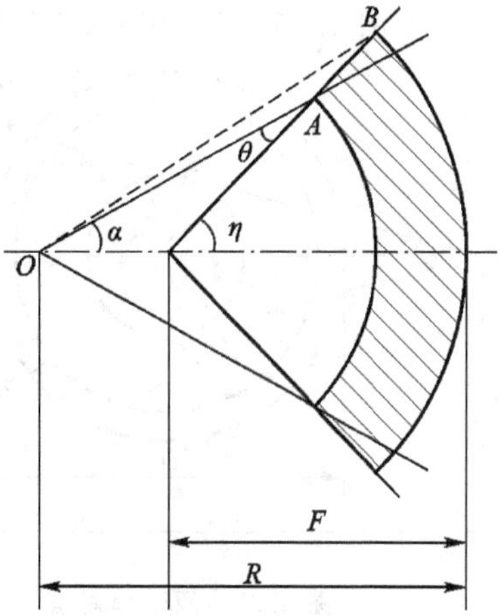

当 $F < R$ 时，随着焦点偏离圆心距离的增大或焦距 F 的缩短，若分段曝光的一次透照长度 L_3 一定，则透照厚度比 K 值增大，影像失真角 θ 也增大；反之，若 K 值、θ 要求一定，则一次透照长度 L_3 缩短。

6. 内透偏心法($F > R$)一次透照长度的计算

如图 4.24 所示，用 $F > R$ 的偏心法透照的最少曝光次数 N 和一次透照长度 L_3 由下式确定：

$$N = \frac{180°}{\alpha}$$

$$\alpha = \theta + \eta$$

$$\theta = \arccos\left[\frac{1 - (K^2 - 1)T/D_i}{K}\right]$$

$$\eta = \arcsin\left(\frac{D_i}{2L_1 - D_i}\sin\theta\right)$$

$$(4.33)$$

当 $D_0 \gg T$ 时，$\theta \approx \arccos K^{-1}$，有

$$\left.\begin{array}{l} L_3{}' = \dfrac{\pi D_0}{N} \\[2mm] L_3 = \dfrac{\pi D_i}{N} \end{array}\right\} \qquad (4.34)$$

当 $F > R$ 时，焦点位置引起的有关几何参数变化也以圆心为准。当 F 增大，若 L_3 不变，则 K 增大、θ 增大；当 F 减小，若 K、θ 不变，则有 L_3 增大。

图 4.23 内透偏心法($F < R$)

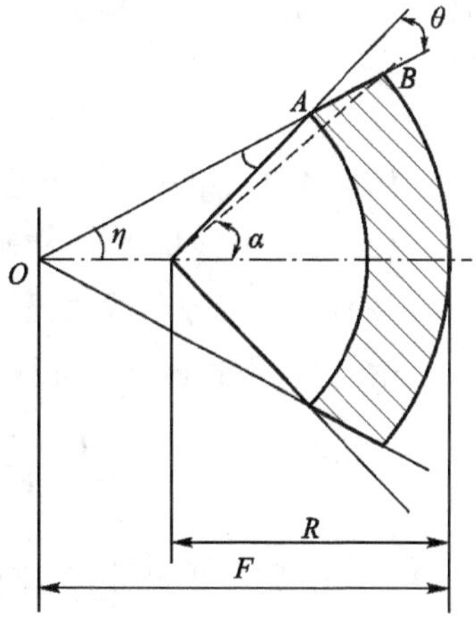

图 4.24 内透偏心法($F > R$)

用内透偏心法时，在满足 U_g 的前提下，焦点靠近圆心位置能增加有效透照长度。但不管是 $F < R$ 还是 $F > R$ 的偏心法，如果使用普通的定向机照射，一次可检范围往往都取决于 X 射线机的有效照射场范围。换言之，偏心法中由计算求出的 η 角，式(4.30)或式(4.33)必须服从实际最大可用半辐射角的限制。

7.双壁单影法一次透照长度的计算

如图 4.25 所示,100％透照环焊缝时的最少曝光次数 N 和一次透照长度 L_3 由下式求出:

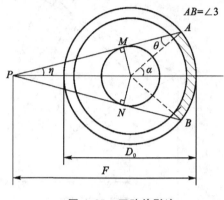

图 4.25 双壁单影法

$$
\left.
\begin{aligned}
N &= \frac{180°}{\alpha} \\
\alpha &= \theta + \eta \\
\theta &= \arccos\left[\frac{1 + (K^2 - 1)T/D_0}{K}\right] \\
\eta &= \arcsin\left(\frac{D_0}{2F - D_0}\sin\theta\right)
\end{aligned}
\right\}
\quad (4.35)
$$

当 $D_0 \gg T$ 时,$\theta \approx \arccos K^{-1}$,有

$$
L_3 = \frac{\pi D_0}{N} \quad (4.36)
$$

对双壁单影法中的拍片张数可作如下讨论:若想透照有效范围最大,可使焦距等于管子外径,在 T/D_0 很小的情况下,最大透照有效长度 L_3 所对应的圆心角 2α 与壁厚无关,等于影像失真角 θ 的 4 倍,即 $2\alpha_{\max} = 4\theta$,因 $N = 180°/\alpha$,若 θ 取 15° 或 18°,则最少拍片张数为 6 张或 5 张。另一方面,当焦距无限大时,最小透照有效长度 L_3 所对应的圆心角 2α 就与管子形状无关,等于失真角 θ 的 2 倍,即 $2\alpha_{\max} = 2\theta$,因 $N = 180°/\alpha$,若 θ 取 15° 或 18°,则最多拍片张数也不必超过 12 张或 10 张。上述情况用数式表示,即:$F \rightarrow D$ 时,$\alpha \rightarrow 2\theta$。因 $N = 180°/\alpha$,若 θ 取 15° 或 18°,所以 $N_{\min} = 6$ 或 5;$F \rightarrow \infty$ 时,$\alpha \rightarrow \theta$。因 $N = 180°/\alpha$,若 θ 取 15° 或 18°,所以 $N_{\min} = 12$ 或 10。

例题 4.8 用双壁单影透照外径 325 mm,壁厚 20 mm 的管子环焊缝,问:

(1)用 X 射线机透照,焦距 600 mm,按 $K \leqslant 1.1$ 的要求,需要曝光几次?

(2)用 Ir192 γ 射线透照,焦距 330 mm,按 $K \leqslant 1.1$ 的要求,需要曝光几次?

解 (1)由式(4.35)可得

$$
\theta = \arccos\left[\frac{1 + (K^2 - 1)T/D_0}{K}\right] = \arccos\left[\frac{1 + (1.1^2 - 1) \times 20/325}{1.1}\right] = 22.95° \quad (1)
$$

$$
\eta = \arcsin\left(\frac{D_0}{2F - D_0}\sin\theta\right) = \arcsin\left(\frac{325}{2 \times 600 - 325}\sin 22.95°\right) = 8.33° \quad (2)
$$

$$
\alpha = \theta + \eta = 22.95° + 8.33° = 31.28° \quad (3)
$$

$$
N = \frac{180°}{\alpha} = \frac{180°}{31.28°} \approx 6 \text{ 次} \quad (4)
$$

(2)用相同的方法可计算相关参数:

$$
\theta = \arccos\left[\frac{1 + (K^2 - 1)T/D_0}{K}\right] = \arccos\left[\frac{1 + (1.1^2 - 1) \times 20/325}{1.1}\right] = 22.95° \quad (5)
$$

$$
\eta = \arcsin\left(\frac{D_0}{2F - D_0}\sin\theta\right) = \arcsin\left(\frac{325}{2 \times 330 - 325}\sin 22.95°\right) = 22.23° \quad (6)
$$

$$\alpha = \theta + \eta = 22.95° + 22.23° = 45.18° \tag{7}$$

$$N = \frac{180°}{\alpha} = \frac{180°}{45.18°} \approx 4 \text{ 次} \tag{8}$$

答：(1)焦距 600 mm,需曝光 6 次；(2)焦距 330 mm,需曝光 4 次。

4.3 曝光曲线的制作及应用

课前预习

曝光曲线是在一定条件下绘制的透照参数,如射线能量、焦距、曝光量与透照厚度之间的关系曲线。这些条件主要是透照工件材料、射线源、胶片、暗室处理技术、增感屏、射线透照质量要求等。实际进行射线照相时,确定透照参数经常采用曝光曲线,从曝光曲线给出的关系可方便地确定某种材料、某个厚度的工件满足规定的质量要求应选用的射线能量、焦距、曝光量等。但通常只选择工件厚度、管电压和曝光量作为可变参数,其他条件必须相对固定。

曝光曲线必须通过实验制作,且每台 X 射线机的曝光曲线各不相同,不能通用。

4.3.1 曝光曲线

为了更好地使用每台 X 射线机的曝光曲线,首先要掌握曝光曲线的构成和使用条件。下面就分别介绍曝光曲线的构成和使用条件。

1.曝光曲线的构成

对于 X 射线检测,常用的曝光曲线有两种类型,第一种类型的曝光曲线是在一定焦距下,以管电压为参数,绘出的曝光量对数与透照厚度之间的关系,这类曲线称为曝光量-厚度(E-T)曝光曲线,图 4.26(a)所示为一般形式的 X 射线曝光量-厚度(E-T)曝光曲线。该曝光曲线中,纵坐标是曝光量,单位是毫安·分(mA·min),采用对数刻度尺；横坐标是透照厚度,此图为钢的厚度,常用毫米(mm)为单位,采用算术刻度尺。图 4.26(a)中的曲线是在相同的焦距下对不同的管电压作出的。从图 4.26(a)中的曲线可以看出,采用某管电压但透照不同厚度时,曝光量相差很大。由于曝光量既不能很大,也不能很小,所以某个管电压实际上只适于透照较小的厚度范围。

第二种类型曝光曲线是在一定焦距下,以曝光量为参数,绘出的管电压与透照厚度之间的关系。这类曲线则称为管电压-厚度(V-T)曝光曲线,图 4.26(b)所示为 X 射线管电压(V-T)曝光曲线。该曝光曲线中,纵坐标是管电压,单位是千伏(kV),采用算术刻度尺；横坐标是透照厚度此处为钢的厚度,常用毫米(mm)为单位,采用算术刻度尺。图 4.26(b)中的曲线是在相同的焦距下对不同曝光量作出的,很显然它不是直线。

γ 射线曝光曲线的一般形式如图 4.27(a)所示,它是以黑度为参数,对于一个 γ 射线源作出的曝光量与透照厚度的关系曲线,是一种实用的 γ 射线 E-T 曝光曲线图；另一种曝光曲线是以焦距为参数的曝光量与透照厚度的关系曲线,如图 4.27(b)所示。图 4.27 中纵坐标是曝光量,单位是居里·分(Ci·min),采用对数刻度尺;横坐标是透照厚度,单位是毫米(mm),采用算术刻度尺。

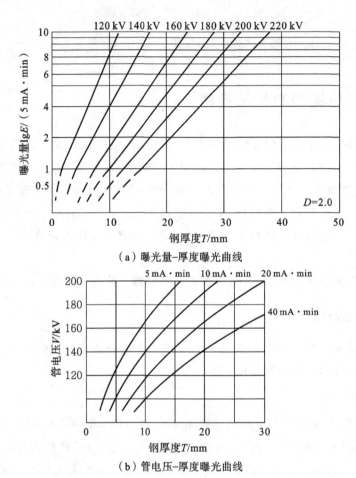

(a)曝光量–厚度曝光曲线

(b)管电压–厚度曝光曲线

图 4.26 X 射线曝光曲线图

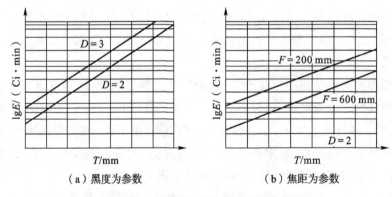

(a)黑度为参数

(b)焦距为参数

图 4.27 γ 射线曝光量–厚度曝光曲线图

2. 曝光曲线的使用条件

任何曝光曲线都只适用于一组特定的条件,这些条件包括:所使用的 X 射线机,高压发生线路及施加波形,射源焦点尺寸及固有滤波,焦距常取 600～800 mm,胶片类型通常 C4 或 C5 胶片,增感方式为增感屏类型,前后屏厚度,所使用的冲洗条件,显影配方、温度、时间、基准黑度,通常取 3.0 等。

这类曝光曲线一般只适用于透照厚度均匀的平板工件,而对厚度变化较大的工件(如形状复杂的铸件等),只能作为参考。

4.3.2 曝光曲线的制作

曝光曲线是在机型、胶片、增感屏、焦距等条件一定的前提下,通过改变曝光参数,如固定管电压、改变曝光量或固定曝光量、改变管电压,透照由不同厚度组成的钢阶梯试块,并根据给定冲洗条件洗出的底片所达到的某一基准黑度,如 3.0 或 2.0,来求得管电压、曝光量、厚度三者之间关系的曲线。

透照所使用的阶梯块面积不可太小,其最小尺寸应为阶梯厚度的 5 倍,否则散射线将明显不同于均匀厚度平板中的情况。另外,阶梯块的尺寸应明显大于胶片尺寸,否则要做适当遮边。制作曝光曲线的阶梯试块如图 4.28 所示。

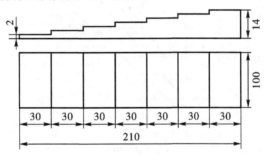

图 4.28 阶梯试块

根据透照结果绘制 $E-T$ 曝光曲线的过程如下。

1. 绘制 $D-T$ 曲线

先采用较小曝光量、不同管电压透照阶梯试块,获得第一组底片;再采用较大曝光量、不同管电压透照阶梯试块,获得第二组底片,用黑度计测定获得透照厚度与对应黑度的两组数据,绘制出 $D-T$ 曲线图,如图 4.29(a)为小曝光量 $D-T$ 曲线,图 4.29(b)为大曝光量 $D-T$ 曲线。

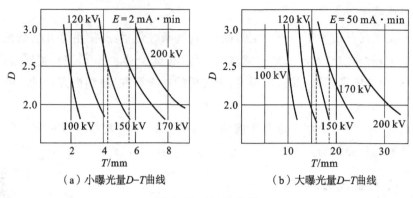

（a）小曝光量 D-T 曲线   （b）大曝光量 D-T 曲线

图 4.29 D-T 曲线

2. 绘制 E-T 曲线

选定一基准黑度值，从两张 D-T 曲线图中分别查出某一管电压下对应该黑度的透照厚度值。在 E-T 图上标出这两点，并以直线连接即得该管电压的曝光曲线，如图 4.30 所示。

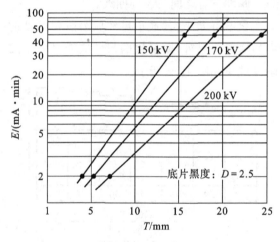

图 4.30 E-T 曲线

4.3.3   曝光曲线的使用方法

从 E-T 曝光曲线上求给定厚度所需要的曝光量，一般都采用"一点法"，即按射线束中心穿透厚度确定与某一管电压相对应的曝光量。但需注意，对有

曝光曲线

余高的焊接接头照相，例如母材的厚度为 12 mm，焊缝余高为 2 mm，射线穿透厚度有 12 mm 和 16 mm 两个值，这时需要注意标准允许黑度范围与曝光曲线基准黑度的关系。NB/T 47013.2—2015 标准规定的关于单胶片透照技术，AB 级允许黑度为 2.0～4.5。如果曝光曲线基准黑度为 3.0 或更高，则以母材厚度 12 mm 为透照厚度，这样就能保证焊缝部位黑度不至太低；如果曝光曲线基准黑度为 2.5 或更低，则以焊缝部位 16 mm 为透照厚度，这样能保证母材部位黑度不至太高。

以 12 mm 为透照厚度查图 4.30 所示的曝光曲线，可得到 3 组曝光参数，分别为

150 kV,18 mA·min;170 kV,10 mA·min;200 kV,5 mA·min;

具体选择哪一组参数,则应根据工件厚度是否均匀、宽容度是否满足,以及照相灵敏度、工作时间、效率等因素,选择高能量小曝光量的组合,或低能量大曝光量的组合。

4.4　散射线屏蔽

课前预习

在射线检测中,主要利用的是射线透过物质的能量,实际上射线的能量除了透过的,还有一部分是以散射的形式损耗掉的。为了增加透射线而减少散射线,就要分析散射线的来源,根据散射线的来源采取相应的屏蔽措施。

4.4.1　散射线

射线在穿透物质过程中与物质相互作用会产生吸收和散射,其中散射主要是由康普顿效应造成的。产生散射线的物体称作散射源。在射线透照时,凡是被射线照射到的物体,例如试件、暗盒、桌面、墙壁、地面,甚至连空气都会成为散射源,其中最大的散射源是试件本身。散射线产生示意图如图 4.31 所示。

按散射线的方向对散射线进行分类,有前散射线、背散射线和边蚀散射线。将来自暗盒正面的散射称为前散射,将来自暗盒背面的散射称为背散射。前散射、背散射示意图如图 4.32所示。边蚀散射是指试件周围的射线向试件背后的胶片散射,或试件中的较薄部位的射线向较厚部位散射,这种散射会导致影像边界模糊,产生低黑度区域的周边被侵蚀,产生面积缩小的"边蚀"现象。

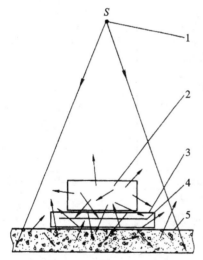

1—射线源;2—工件;3—暗盒;4—胶片;5—地面。

图 4.31　散射线产生示意图

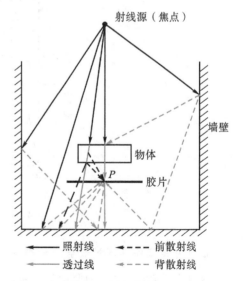

图 4.32　前散射、背散射示意图

4.4.2　散射比的影响因素

散射比 n 定义为散射线强度 I_s 与一次透射线强度 I_p 之比,即 $n=I_s/I_p$。散射比的影响因素有焦距、照射场大小、线质、试件厚度、焊缝余高和有效能量等。

1.焦距对散射比的影响

图 4.33 给出了两种固定条件下焦距对散射比的影响。由图可知,在实际使用的焦距范围内,焦距的变化对散射比几乎没有影响。

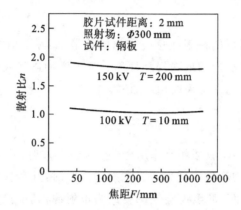

图 4.33 焦距对散射比的影响

2.照射场对散射比的影响

图 4.34 为照射场大小对散射比的影响。如图所示当照射场较小时,散射比随照射场直径的增大而增大;当照射场直径超过 50 mm 后,即使照射场直径再增大,散射比也基本保持不变。因此,除非是用极小的照射场透照,否则对散射比几乎没有影响。

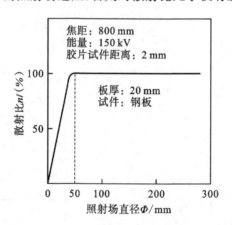

图 4.34 照射场对散射比影响

3.线质和试件厚度对散射比的影响

散射比与射线能量、钢厚度的关系如图 4.35 所示。由图可知,在工业射线照相应用范围内,散射比随射线能量增大而变小,而在相同射线能量下,散射比随钢厚度增大而增大。

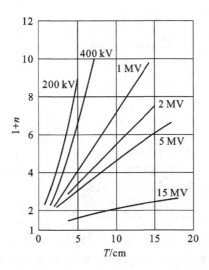

图 4.35　散射比与射线能量、钢厚度的关系

4. 焊缝余高和有效能量对散射比的影响

对有余高的焊缝试板透照时,焊缝中心散射比高于同厚度平板中的散射比,图 4.36 中用虚线表示,但随着有效能量的增大,两者数值逐渐接近,如图 4.36 所示。

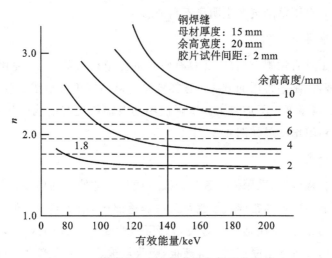

图 4.36　焊缝余高和有效能量与散射比的关系

4.4.3　散射线屏蔽

散射线会使射线底片的灰雾度增大、黑度增大、对比度降低,对射线照相质量是不利的。屏蔽散射线的措施有许多种,其中有些措施对照相质量产生多方面的影响,因此对这些措施要综合考虑,权衡选择。

控制散射线采取的措施主要有:选择合适的射线能量、使用铅箔增感屏、背防护铅板、铅罩和铅光阑、厚度补偿物、滤板、遮蔽物和修磨试件等。散射线屏蔽措施如图 4.37 所示。

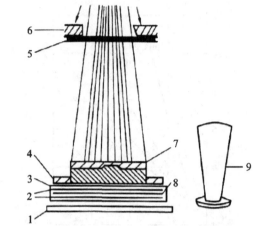

1—底部铅板;2—铅箔增感屏;3—暗盒;4—遮蔽物;5—滤板;
6—铅光阑;7—补偿物;8—胶片;9—铅屏蔽屏。

图 4.37　散射线屏蔽

1.选择合适的射线能量

对厚度差较大的工件,例如余高较高的焊缝或小径管透照时,散射比随射线能量的增大而减小,因此可以通过提高射线能量的方法来减少散射线。但射线能量值只能适当提高,以免对主因对比度和固有不清晰度产生明显不利的影响。

2.使用铅箔增感屏

铅箔增感屏除了具有增感作用外,还具有吸收低能散射线的作用,使用增感屏是减少散射线最方便、最经济,也是最常用的方法。选择较厚的铅箔减少散射线的效果较好,但会使增感效率降低,因此铅箔厚度也不能过大。实际使用的铅箔厚度与射线能量有关,且后屏的厚度一般大于前屏。铅箔增感屏如图 4.37 中 2 所示。

3.使用背防护铅板

在实际射线照相检验中,采用铅屏蔽防护散射线是经常使用的措施。其主要的防护方法是用适当厚度的铅屏蔽板遮盖工件非透照区,用适当厚度的铅屏蔽板遮盖工件以外的胶片,采用适当的金属增感屏吸收来自工件的散射线,或者在工件与胶片之间放置适当厚度的铅屏蔽板,吸收从被透照工件产生的散射线。使用背防护铅板的同时仍需使用铅箔增感后屏,否则背防护铅板被射线照射时激发的二次射线有可能到达胶片,对照相质量产生不利影响。当暗盒背后近距离内没有导致强烈散射的物体时,可以不使用背防护铅板。在暗盒背后近距离内如有金属或非金属材料物体,会产生较强的背散射,此时可在暗盒后面加一块铅板以屏蔽背散射射线,如图 4.37 中 1 所示。

无用射线和
散射线屏蔽

4.使用铅罩和铅光阑

除了采用铅屏蔽板遮盖外,常用的方法是用铅罩和光阑与准直器限制射线束的大小和透照的区域,即减小照射场范围,从而在一定程度上减少散射线。光阑采用对射线具有强烈吸收性能的材料制作,例如采用铅板制作,其厚度应能有效地吸收入射的射线。光阑的孔径和孔的形状可按照透照区的大小和形状设计,光阑通常放在靠近射线源的位置,如图 4.37 中 6 所示。减少散射线的另一个主要方法是尽量减少物体被检验区以外受到射线照射的范围大小。

5.使用厚度补偿物

在对厚度差较大的工件透照时,可采用厚度补偿措施来减少散射线。焊缝照相可使用厚度补偿块,形状不规则的小零件照相时可使用流质吸收剂(醋酸铅加硝酸铅溶液),或金属粉末(铅粉、铁粉)作为厚度补偿物。厚度补偿物如图 4.37 中 7 所示。

6.使用滤板

滤板有两种使用方法:一种是在 X 射线机窗口处加滤板,另一种是在工件和胶片暗盒之间加滤板。在 X 射线照相中使用的连续谱 X 射线,其长波低能量部分的 X 射线对射线照相检验不起主要作用。但当它们直接照射胶片或穿过薄的物体到达射线胶片时,可以被强烈吸收并产生散射线。为了减少射线中的这部分成分,常采用滤波的方法。如图 4.37 中 5 所示。

在 X 射线管窗口附近放置滤板,射线从窗口出射之后首先要穿过滤板,使长波部分的 X 射线被大量吸收。滤板是适当厚度的某种金属材料平板,它的厚度应按射线能量选取。例如,透照钢时,采用铜滤板的厚度应不超过透照厚度的 20%,采用铅滤板的厚度应不超过透照厚度的 3%;透照铝时,采用铜滤板的厚度应不超过透照厚度的 4%,采用钢滤板的厚度应小于吸收曲线上"均匀点"对应的厚度。所谓均匀点,是指吸收曲线由曲线开始变为直的那一点。吸收曲线变为直线即意味着射线束的波长已经"均匀化",吸收系数不再随穿透厚度而变化。

在工件和胶片暗盒之间加滤板通常用于 Ir192 和 Co60 γ 射线照相或高能 X 射线照相,作用是过滤工件中产生的低能散射线,尤其当存在边蚀散射时,作用更明显。按透照厚度的不同,可选择 0.5~2 mm 厚的铅箔作为滤板。当然,滤板也会产生散射线,但由于散射线的方向多偏离一次射线方向,且滤板与胶片之间具有较大的距离。因此,除了有部分散射线偏离有效透照区外,按照平方反比定律,到达胶片的散射线强度也将大大降低。

推荐在 γ 射线检测时使用滤光板。滤光板由一层铅板组成,放置于被检工件和装有胶片和增感屏的暗盒之间。滤光板的厚度分别为 0.5 mm、1 mm、1.5 mm 和 2 mm。建议在滤光板上的 1 个角钻孔作为标识,以便在其后产生疑问时从底片进行核查。检查时,可在 0.5 mm 厚的滤光板上钻 1 个直径

滤光板

为 2 mm 的孔,1 mm 厚的滤光板上钻 2 个直径为 2 mm 的孔,1.5 mm 厚的滤光板上钻 1 个直径为 3 mm 的孔,2 mm 厚的滤光板钻 2 个直径为 3 mm 的孔。滤光板材料的厚度与透照厚度之间的关系见表 4.7。

表 4.7　滤光板材料的厚度与透照厚度之间的关系

透照厚度/mm	滤光板厚度(铅)/mm
$T \leqslant 40$	0.5
$40 < T \leqslant 60$	1
$60 < T \leqslant 80$	1.5 或 2(用于碳素钢或低合金钢)、2(其他钢)
$T > 80$	2

注:X 射线检测使用滤光板时,可参考表中的厚度或通过实验进行确定。

7.使用遮蔽物

当被透照的试件小于胶片时,应使用遮蔽物对直接处于射线照射的那部分胶片进行遮蔽,以减少边蚀散射。遮蔽物一般用铅制作,其形状和大小视被透照试件的情况确定,也可使用钢铁和一些特殊材料,例如用钡泥制作遮蔽物。

8.使用修磨试件

通过修整打磨的方法减小工件厚度差也可以视为减少散射线的一项措施。例如,当检查重要的焊缝时,将焊缝余高磨平后透照,可明显减小散射比,获得更佳的照相质量。

4.5　检测工艺

课前预习

射线照相应用最多的对象是焊接接头的缺陷检测,所以本节主要讨论对接焊缝检测的射线照相常规工艺。"常规"工艺是指适用于一般的钢制承压设备对接焊缝检测的射线照相工艺,被检试件的材质、形状、结构、尺寸不具有特殊性,不需要在工艺中考虑特殊的针对性措施。

介绍透照工艺的分类,大家需要了解射线检测的基本要求。

4.5.1　射线检测要求

检测工艺及
其选择

(1)检测时机。检测时机应满足相关法规、规范、标准和设计技术文件的要求,同时还应满足合同双方商定的其他技术要求。除非另有规定,射线检测应在焊接接头制造完工后进行,对有延迟裂纹倾向的材料,至少应在焊接完成 24 小时后进行。

(2)检测区。检测区宽度应满足相关法规、规范、标准和设计技术文件的要求,同时还应满足合同双方商定的其他技术要求。对于非电渣焊焊接接头,对接焊缝检测区包括焊缝金属及相对于焊缝边缘至少为 5 mm 的相邻母材区域;对于电渣焊焊接接头,其检测区宽度可通过实际测量热影响区确定,或由合同双方商定。

(3)表面要求。在射线检测之前,焊接接头的表面应经目视检测并合格。表面的不规则状态在底片上的影像不得掩盖或干扰缺陷影像,否则应对表面做适当修整。

(4)胶片选择。A 级和 AB 级射线检测技术应采用 C5 类或更高类别的胶片,B 级射线检测技术应采用 C4 类或更高类别的胶片。采用 γ 射线和高能 X 射线进行射线检测,以及对标

准抗拉强度下限值 $R_m \geqslant 540$ MPa 高强度材料射线检测时,应采用 C4 类或更高类别的胶片。

4.5.2　透照工艺的分类

射线透照工艺分通用工艺规程和专用工艺卡两种,两者都是必须遵循规定性书面文件。透照工艺的内容应符合有关法规、标准及有关设计文件和管理制度的要求,工艺条件和参数的选择首先当然是考虑检测工作质量,即缺陷检出率、照相灵敏度和底片质量,但检测速度、工作效率和检测成本也是必须考虑的重要因素。

1.通用工艺规程

无损检测通用工艺规程应根据无损检测单位(机构)自身特点、设备技术条件和人员条件编制,应覆盖本单位(制造、安装或检测单位)产品或检测对象的范围,其规定应明确,具有可操作性,其内容应全面和详细,具有可选择性。无损检测通用工艺规程应符合相关法规、规范标准和本单位的技术质量管理规定。本单位无损检测工作和所实施的技术工艺均应符合通用工艺规程要求。

2.专用工艺卡

射线照相专用工艺卡是指以表卡形式出现的,针对射线透照工序提出具体参数和技术措施的规定性工艺文件。射线照相专用工艺卡一般依据通用工艺规程和设计文件的要求制定,有关参数包括以下三方面。

(1)必须交代的内容。

①工件情况:包括产品名称、图号、材质、壁厚、外径、焊接种类、坡口型式、检查比例以及技术法规、制造安装标准和评定标准、技术方法等级、质量合格等级等。

②透照条件参数:包括设备种类型号、焦点尺寸 d_f、透照方式、焦距 F、平靶机周向曝光偏心距和小径管双壁单影偏心距、一次透照长度 L_3、焊缝类别编号、环缝分段透照次数 N;管电压,管电流,曝光时间,胶片种类,规格,增感屏种类、厚度,像质要求,黑度范围,像质计型号,应显示最小丝径 Φ_{min},像质计位置等。

③注意事项和辅助措施,如散射屏蔽、厚度补偿、使用滤板、双片技术等。

(2)必须绘出的示意图:包括布片定位图,平靶机偏心透照示意图,小径管椭圆成像偏心透照示意图,特殊的透照布置、透照方向示意图,如 T 形接头、椭圆封头拼缝等。

检测工艺文件

(3)必须签署的人员:包括专用工艺卡编制人名及资格、审核人名及资格、日期。

操作人员遵循专用工艺卡规定的条件、参数进行透照,通常可获得满意的透照质量。但也要注意实际透照过程中的某些变量,如距离、厚度的局部变化产生的影响,必要时应对有关参数做适当调整。

4.5.3　焊缝透照专用工艺卡

射线检测焊缝透照工艺卡有多种形式,下面举例说明射线检测焊缝透照专用工艺卡的形式。

例题 4.9 某制造厂为某炼油厂焦化装置预制的焦炭塔(二类压力容器),塔底渣油入口部件由拱形盖、拱形封头接口及弯管组合件组焊而成,产品编号为 F07-06-01,结构如图4.38所示。拱形盖材质为 15CrMoR,拱形封头接口、弯头及法兰材质为 15CrMoⅢ级锻件。设计规定对 B1 对接焊接接头进行 100%射线检测,按 NB/T 47013—2015 标准 AB 级检测技术等级、单胶片透照技术要求,验收等级为Ⅱ级。

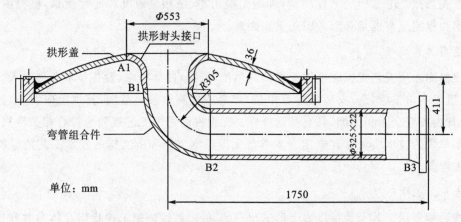

图 4.38 焦炭塔底渣油入口部件结构示意图

拱形封头接口与弯管组合件对接焊接接头 B1 环向对接焊接接头采用氩弧焊打底手工电弧焊盖面,焊缝余高 2 mm,请制定 B1 环向对接焊接接头的射线检测专用工艺卡。

可提供的检测设备有 RF200EG-S2 型定向 X 射线机,焦点尺寸为 2 mm×2 mm、Ir192 γ射线机,现有活度 60 Ci 和 Se75 γ射线机,现有活度 45 Ci 胶片的天津Ⅲ型、Ⅴ型胶片,胶片规格分别为 360 mm×80 mm、120 mm×80 mm。RF200EG-S2 型定向 X 射线机曝光曲线如图 4.39 所示,Ir192 γ射线机曝光曲线如图 4.40 所示,Se75 γ射线机曝光曲线如图 4.41所示。

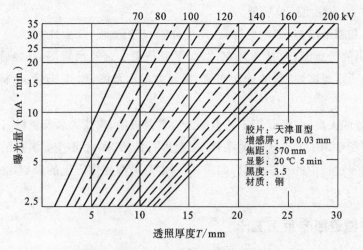

图 4.39 RF200EG-S2 型 X 射线机曝光曲线图

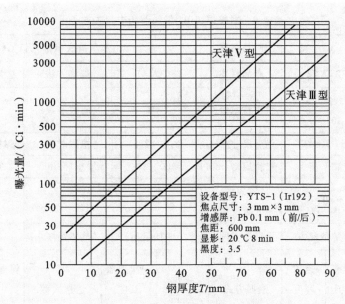

图 4.40　Ir192 γ 射线机曝光曲线图

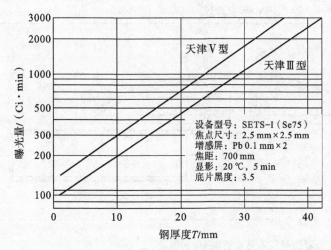

图 4.41　Se75 γ 射线机曝光曲线图

其射线检测工艺参数填写在表 4.8 所示的专用工艺卡中,其中射源放置、散射线屏蔽和像质计使用、标记摆放等技术要求应填写在专用工艺卡说明栏中。

表 4.8 对接焊缝 B1 射线照相专用工艺卡

产品编号	F07－06－01	产品名称		焦炭塔底渣油入口部件	
产品规格	Φ325×22	产品材质	15CrMoⅢ	焊接方法	氩弧焊＋手工电弧焊
执行标准	NB/T 47013—2015	照相技术级别	AB	验收等级	Ⅱ
射线机型号	SETS－Ⅰ(Se75)	焦点尺寸/mm	2.5×2.5	检测时机	焊接完成 24 小时后
胶片牌号	天津Ⅴ型	胶片规格/mm	360×80	增感屏/mm	Pb 0.1(前/后)
像质计型号	FeⅡ	像质计灵敏度值	11 号丝	底片黑度	Pb 0.1 mm×2 2.0～4.5
显影液配方	天津Ⅴ型配方	显影时间	5～10 min	显影温度	20±2℃

焊缝编号	焊缝长度/mm	检测比例/%	透照厚度/mm	透照方式	焦距/mm	一次透照长度/mm	透照次数	管电压/kV 或 源活度/Ci	曝光时间/min
B1	1020	100	22	中心周向透照	164.5	1020	1	45	17.8

透照布置示意图：   单位:mm

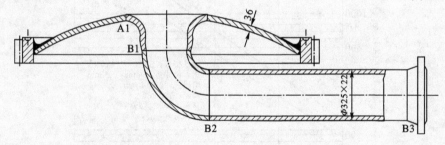

技术要求及说明	1.采用中心定位器使射线源焦点对准 B1 的圆心。 2.像质计沿圆周每隔 120°均匀分布放置在源侧工件表面,金属丝横跨 B1 焊缝。 3.标记摆放:按通用工艺规程的规定。 4.沿 B1 外壁搭接贴放三张胶片(搭接长度 20 mm),胶片暗盒应与工件表面贴紧,暗盒背面衬铅板屏蔽背散射。

编制/资格:×××/RTⅡ	审核/资格:×××/RTⅡ RTⅢ
×××× 年 × 月 × 日	×××× 年 × 月 × 日

　　例题 4.10　有 B 级蒸汽锅炉,产品编号为 BGY0012017,锅筒纵缝,焊缝编号为 A1、材质重 20 g、规格为 Φ2100 mm×1050 mm×16 mm,焊接方法为焊条电弧焊和埋弧自动焊,X 型坡口,双面焊,焊缝余高单面高度为 2 mm。现有 XXG2505 型 X 射线机,X 射线机的焦点尺寸为 2 mm×2 mm,仪器编号为 10147,X 射线机的曝光曲线如图 4.42 所示。拟采用 600 mm 的焦距,按 NB/T 47013—2015 标准 AB 级检测技术等级、单胶片透照技术要求,进行 100% X 射线检测,Ⅱ级合格。请完成专用工艺卡编制。

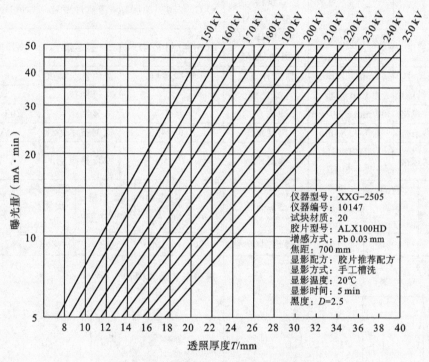

图 4.42　XXG2505 型 X 射线机曝光曲线

　　按 NB/T 47013—2015 标准完成的射线检测专用工艺卡如表 4.9 所示。

表 4.9 BGY0012017 射线检测专用工艺卡

工件	设备名称	蒸汽锅炉		设备编号		BGY0012017	
	检件名称	锅筒纵缝		检件类型		纵向对接焊接接头	
	材质	20g		规格		Φ2100 mm×1050 mm×16 mm	
	坡口型式	X		焊接方法		电弧焊+埋弧自动焊	
	检测部位	/		检测时机		焊后 24 h	
检测器材	源种类	X 射线	仪器型号/编号	XXG-2505/10147		像质计型号	10FeJB(Fe10/16)
	增感屏	Pb 0.03/0.03 mm	胶片类别/型号	C5/AIX100HD		显影液	胶片推荐配方
检测工艺参数	源尺寸	2 mm×2 mm	像质计放置	射线源则		像质计灵敏度	11
	背散射屏蔽	2 mm 铅板	滤光板	/		透照技术	单胶片
	胶片规格	300 mm×80 mm	冲洗方式	手工		显影条件	20℃/5 min
	定影条件	20℃/15 min	黑度范围	2.0~4.5		检测技术等级	AB 级
技术要求	检测标准	NB/T 470 13—2015	检测比例	100%		合格级别	Ⅱ级

焊缝(检测部位)编号	检测长度/mm	透照厚度/mm	透照方式	焦距/mm	能量/kV	曝光量/(mA·min)	(实际)一次透照长度/mm	透照次数	备注
A1	1050	16	纵缝透照(单壁)	600	190	11	263	4	

透照方式示意图:

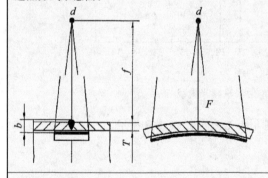

透照布置示意图:

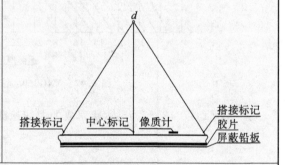

技术要求及说明:

1.像质计放置:像质计放置在源侧工件表面,每个透照区段长度的1/4位置,金属丝横跨焊缝,细丝置于外侧。

2.标记摆放要求:按照工艺规程规定放置定位标记、识别标记、透照日期铅字,识别标记:产品编号—焊缝编号—底片编号);使用单箭头或数字作为搭接标记时,放置中心标记,焊缝端部可不放置搭接标记;所有标记边缘距离焊缝熔合线不小于 5 mm。

3.暗盒背面加铅板屏蔽背散射,在暗盒背面放置"B"铅字。

4.首次使用时应按工艺中规定的参数进行工艺验证,以第一批底片作为验证依据。

5.透照次数:4次,焊缝 4 等分(K=1.03),胶片应与工件紧贴。

6.现场检测过程中,如果现场条件不满足工艺要求,应该对工艺条件进行修正,并在检测记录中注明。

编制/资格:×××/RTⅡ	审核/资格:×××/RTⅡ RTⅢ
××××　年　×　月　×　日	××××　年　×　月　×　日

例题 4.11 现有 $\Phi273 \text{ mm}\times16 \text{ mm}$ 压力管道对接环焊缝,焊缝编号为 B1,材质为 Q345R,坡口形式为 V 形,焊接方法为氩弧焊加手工焊,焊缝余高取 2 mm。按 NB/T 47013.2—2015 标准 AB 级,进行 100% X 射线检测,Ⅱ级合格。已知检测仪器为 XXG-3005 X 射线机,仪器编号为 0841,仪器方形手把边长 340 mm,焦点尺寸为 3 mm×3 mm,焦点位于仪器机体圆筒中心轴线上。X 射线机曝光曲线如图 4.43 所示,其中胶片是天津Ⅱ,类别为 C5,规格为 180 mm×80 mm,240 mm×80 mm。像质计为 10FeNB,6FeNB。请根据已知条件制作 X 射线检测操专用工艺卡。

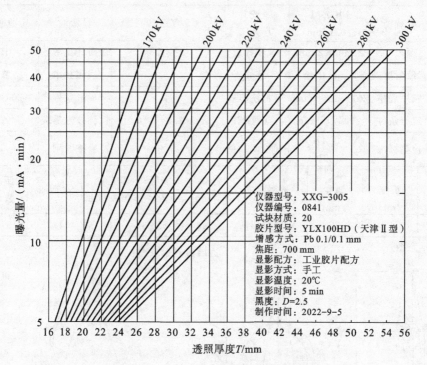

图 4.43 XXG-3005 X 射线机曝光曲线图

制作 X 射线检测专用工艺卡前首先要解决两个问题:第一个问题就是要确定透照厚度比 K 值。根据 NB/T 47013—2015 规定,对 $100 \text{ mm}<D_0\leqslant400 \text{ mm}$ 的环向对接接头,包括曲率相同的曲面焊接接头,A 级、AB 级允许采用 $K\leqslant1.2$。

第二个问题就是如果要求透照厚度比 $K\leqslant1.2$,并采用 700 mm 焦距透照,最少透照次数 N 为多少。根据 NB/T 47013—2015 中透照次数计算图 4.20,计算透照次数 N。

$$\frac{D_0}{F} = \frac{273}{700} = 0.39 \tag{1}$$

$$\frac{T}{D_0} = \frac{16}{273} = 0.0586 \tag{2}$$

查图 4.20 可得最少透照次数为 5 次。根据已知条件制作的 X 射线检测专用工艺卡如表 4.10 所示。

表 4.10 射线检测专用工艺卡

工件	设备名称	压力管道		设备编号		/
	检件名称	管道焊缝		检件类型		环向对接焊接接头
	材质	Q345R		规格		Φ273 mm×16 mm
	坡口形式	V		焊接方法		氩弧焊＋手工焊
	检测部位	/		检测时机		焊后 24 h
检测器材	源种类	X 射线	仪器型号/编号	XXG－3005/0841	像质计型号	6FeNB(Fe6/12)
	增感屏	Pb 0.01/0.1 mm	胶片类别/型号	C5/YIX100HD	显影液	工业胶片配方
检测工艺参数	源尺寸	2 mm×2 mm	像质计放置	胶片侧	像质计灵敏度	10(F)
	背散射屏蔽	2 mm 铅板	滤光板	/	透照技术	单胶片
	胶片规格	240 mm×80 mm	冲洗方式	手工	显影条件	20℃/5 min
	定影条件	20℃/15 min	黑度范围	2.0～4.5	检测技术等级	AB级
技术要求	检测标准	NB/T 47013－2015	检测比例	100%	合格级别	Ⅱ级

焊缝(检测部位)编号	检测长度/mm	透照厚度/mm	透照方式	焦距/mm	能量/kV	曝光量、/(mA·min)	(实际)一次透照长度/mm	透照次数	备注
B1	858	32	双壁单影法	443	265	6	172	5	

透照方式示意图：

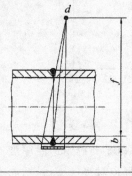 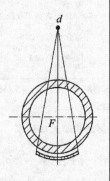

透照布置示意图：

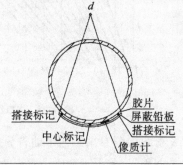

技术要求及说明：

1. 像质计放置：像质计放置在胶片侧工件表面，每个透照区段长度的 1/4 位置，金属丝横跨焊缝，细丝置于外侧，附近应附加"F"标记。

2. 标记摆放要求：按照工艺规程规定放置定位标记、识别标记、透照日期铅字，识别标记(管线编号－焊缝编号－底片编号－规格标识－透照日期－焊工编号)使用单箭头或数字作为搭接标记，放置中心标记；所有标记边缘距离焊缝熔合线不小于 5 mm，距焊缝边缘不小于 5 mm 处放置Ⅱ型对比试块。

3. 暗盒背面加铅板屏蔽背散射，在暗盒背面放置"B"铅字。

4. 首次使用时应按工艺中规定的参数进行工艺验证，以第一批底片作为验证依据。

5. 透照次数：5 次，环焊缝 5 等分划线(K＝1.2)，胶片应与工件紧贴。

编制/资格：×××/RTⅡ	审核/资格：×××/RTⅡ RTⅢ
××××年 × 月 × 日	××××年 × 月 × 日

4.5.4　焊缝透照的基本操作

透照操作应严格遵守工艺规定,操作程序、内容及有关要求简述如下:

试件上如有妨碍射线穿透或妨碍贴片的附加物,如设备附件、保温材料等,应尽可能去除。

按照工艺文件规定的检查部位、比例、一次透照长度,在工件上划线。

按照标准和工艺的有关规定摆放像质计和各种铅字标记。线型像质计应放在射源线侧的工件表面上,位于被检焊缝区的一端(被检长度的 1/4 处),钢丝横跨焊缝并与焊缝方向垂直,细丝置于外侧。单壁透照无法在射源侧放置像质计时,可将其放在胶片侧,但必须进行对比试验,使实际能显示的像质计丝号达到规定要求。像质计放胶片侧时,应加放"F"标记,以示区别。当采用源在内($F=R$)的周向曝光技术时,只需在圆周上等间隔地放置 3 个像质计即可。各种铅字标记应齐全,至少应包括:中心标记、搭接标记、工件编号、焊缝编号和部位编号。

返修透照时,应加返修标记 R。对余高磨平的焊缝透照,应加指示焊缝位置的圆点或箭头标记。

各种标记的摆放位置应距焊缝边缘至少 5 mm。识别标记摆放示意图如图 4.44 所示。其中搭接标记的识别标记摆放在示意图位置:在双壁单影或源在内 $F>R$ 的透照方式时,应放在胶片侧,其余透照方式应放在射源侧。

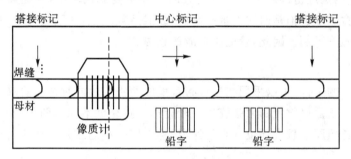

图 4.44　识别标记摆放示意图

采用可靠的方法及材料(如磁铁、绳带等)将胶片(暗盒)固定在被检位置上,胶片(暗盒)应与工件表面紧密贴合,尽量不留间隙。将射线源安放在适当位置,使射线束中心对准被检区中心,并使焦距符合工艺规定。按照工艺的有关规定执行散射线防护措施。

标记

以上各步骤完成后,确定现场人员放射防护安全符合要求,方可按照工艺规定的参数和仪器操作规则进行曝光。曝光完成即为整个透照过程结束,曝光后的胶片应及时进行暗室处理。

4.6　射线透照技术和工艺研究

课前预习

射线透照常规工艺允许试件有一定的厚度差异。在射线底片上所能显示的符合标准规定的黑度上下限值范围的厚度，就称为射线照相厚度宽容度。但若试件厚度差过大，就会使透照质量失效。要解决此问题，必须采用一些特殊工艺或技术措施。

试件厚度差异的大小可用试件厚度比来衡量。试件厚度比可定义为一次透照范围内试件的最大厚度与最小厚度之比，用 K_s 表示。当 $K_s > 1.4$ 时，可以认为属于大厚度比试件。

4.6.1　大厚度比试件的透照技术

大厚度比对射线照相质量的不利影响主要表现在两个方面：一是因试件厚度差较大导致底片黑度差较大，而底片黑度过低或过高都会影响射线照相灵敏度；二是因试件厚度变化导致散射比增大，产生边蚀效应。对大厚度比试件透照的特殊技术措施包括适当提高管电压技术、双胶片技术和补偿技术。

1.适当提高管电压技术

适当提高管电压是透照大厚度比试件常采用的技术措施。提高管电压的好处是可以减少厚度大的部位的散射比，降低边蚀效应。此外，随着管电压的提高，底片上不同部位的黑度差将减小，在规定的黑度范围内可以容许更大的试件厚度变化范围，即提高管电压可以获得更大的透照厚度宽容度。但是射线能量提高后，衰减系数减小，从而会导致对比度减小，这一点对射线照相灵敏度不利。因此，管电压不能任意提高。

2.双胶片技术

对厚度差较大的工件，可以采用在一只暗盒里放两张胶片同时透照的双胶片技术。

异速双片法。暗盒里放置的两张胶片一般应选用感光度不同的两种胶片，其中感光度较大的胶片适用于透照厚度较大部位的观察评定，感光度较小的胶片适用于透照厚度较小部位的观察评定。

同速双片法。在暗盒中放置感光速度相同的两张胶片，观片方法是对黑度较小部位，将双片重叠观察评定，对黑度较大部位，用单片观察评定。

3.补偿技术

补偿技术是指用补偿块、补偿粉、补偿泥、补偿液等填补工件的较薄部分，使透照厚度差减小的方法。

4.6.2　小径管的透照技术与工艺

外直径 D_0 小于或等于 100 mm 的管子称为小径管，小径管的透照按照被检焊缝在底片上的影像特征，分为倾斜透照方式椭圆成像和垂直透照方式重叠成像两种方法。小径管环向焊接接头采用双壁双影透照布置，当同时满足下列条件时应采用倾斜透照方式椭圆成像：

$$T（壁厚）\leqslant 8\ mm；\qquad b（焊缝宽度）\leqslant D_0/4$$

注意：椭圆成像时，应控制影像的开口宽度即上下焊缝投影最大间距在 1 倍焊缝宽度左右。

不满足上述条件、椭圆成像有困难,或为适应特殊需要如特意要检出焊缝根部的面状缺陷时,均可采用垂直透照方式重叠成像。

1.小径管透照布置

(1)倾斜透照方式椭圆成像法。将胶片暗袋平放,射源焦点偏离焊缝中心平面一定距离,该距离称为偏心距 L_0,以射线束的中心部分或边缘部分透照被检焊缝,布置示意图如图 4.45 所示。偏心距应适当,可由下式算出。

$$L_0 = \frac{L_1}{L_2}(b+q) = \frac{F-(D_0+\Delta h)}{D_0+\Delta h}(b+q) \tag{4.37}$$

式中:h 为焊缝余高;b 为焊缝宽度;q 为椭圆开口宽度即椭圆影像短轴方向间距。成像时,应控制椭圆影像的开口宽度即上下焊缝投影最大间距在 1 倍焊缝宽度左右。

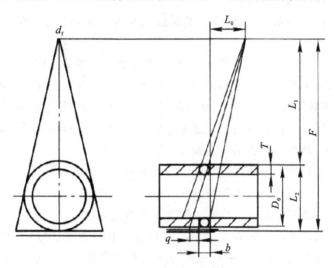

图 4.45　小径管椭圆透照布置

(2)垂直透照方式重叠成像法。对于直径小 $D_0 \leqslant 20$ mm,或壁厚大 $T>8$ mm,或焊缝宽 $b>D_0/4$ 的管子,或是为了重点检测根部裂纹和未焊透等特殊的情况时,可使射线垂直透照焊缝,此时胶片宜弯曲贴合焊缝表面,以尽量减小缺陷到胶片距离。当发现不合格缺陷后,由于不能分清缺陷是处于射源侧或胶片侧焊缝中,一般做整圈返修处理。

2.小径管透照次数

为了对小径管的整圈环焊缝进行有效检测,通常要根据成像方式和壁厚与外径之比 (T/D_0) 确定透照次数。小径管环向对接焊接接头 100% 检测的透照次数因透照角度不同而有差异:

①采用倾斜透照椭圆成像时,当 $T/D_0 \leqslant 0.12$ 时,相隔 90° 透照 2 次;当 $T/D_0>0.12$ 时,相隔 120° 或 60° 透照 3 次。

②垂直透照重叠成像时,一般应相隔 120° 或 60° 透照 3 次,主要是为了限制透照厚度比。

按照上述规定进行多次透照时,底片上被检测区满足底片黑度的区域为有效评定区,相邻底片的有效评定区的重叠应保证覆盖被检测区的整个体积范围,若最少曝光次数不能满足 100% 覆盖要求,则应增加曝光次数。

特殊情况下,由于结构原因不能按照上述的规定的间隔角度多次透照时,经合同双方商定,可不再强制限制上述规定的间隔角度,但应采取有效措施尽量扩大缺陷可检出范围,同时应保证底片评定范围内黑度和灵敏度满足要求,并在检测报告中对有关情况进行说明。

3. 像质要求

(1)影像质量。由于小径管透照截面厚度变化很大,又采用双壁双影透照,影像畸变较大,且源侧焊缝和片侧焊缝相对于胶片的距离变化较大,影像各处几何不清晰度和散射比不一,因此,影像质量和缺陷检出灵敏度与其他透照方式相比都要差些。即使底片黑度符合要求,基本问题仍然存在。

(2)像质计的型式及摆放。对小径管透照使用的像质计,不同的标准规定了不同的形式和摆放方法,主要有以下三种情况:

①等比丝像质计,可放在射源侧管子表面或置于胶片侧,丝的长度方向与焊缝走向相垂直;

②等径丝像质计,置于射源侧管子表面,丝的长度方向与焊缝走向相垂直;

③单丝像质计,置于管子环缝中心,金属丝绕管一圈,丝的长度方向与焊缝走向平行,以显示丝的长度作为有效评定范围。应用此法时,应防止丝的影像掩盖焊缝根部缺陷的显示。

(3)像质计灵敏度。小径管的椭圆透照工艺中,灵敏度与宽容度的矛盾尤为突出,为兼顾较大的厚度宽容度,灵敏度总要受到一定损失。

(4)黑度范围。小径管焊缝和热影响区的黑度范围可控制在 1.5~4.0。当有意提高局部区域的检出灵敏度时,可将该区域黑度控制在 2.5~3.5。

(5)椭圆开口度。通常椭圆开口度应大致为一个焊缝宽度。

(6)标记。小径管透照必须放置片号中心定位标记及透照顺序号(表明某一接头的透照次数)等识别标记。评片时,通常以中心标记短矢所指位置作为 12 点,以钟点定位法标定缺陷位置。

例题 4.12　采用双壁双影的形式,透照 $\Phi38\ \text{mm}\times3\ \text{mm}$ 管子焊缝,已知焊缝宽度 b 为 8 mm。选用焦点尺寸 d_f 为 3 mm×3 mm 的 X 射线机,要求 $U_\text{g}\leqslant$ 0.2 mm。试计算最小焦距 F_min 和偏心距 L_0。焊缝余高 Δh 取 2 mm,椭圆开口宽度 q 为 5 mm。

小径管透照

解　由式(3.7)可知,最小焦距 F_min 为

$$F_\text{min} = \frac{L_2 \cdot d_\text{f}}{U_\text{g}} + L_2 = \frac{(38 + 2\times2)\times3}{0.2} + (38 + 2\times2) = 672\ \text{mm} \tag{1}$$

由式(4.37)得透照偏心距 L_0 为

$$L_0 = \frac{L_1}{L_2}(b+q) = \frac{F - (D_0 + \Delta h)}{D_0 + \Delta h}(b+q) = \frac{672 - (38+2)}{38+2}\times(8+5) \approx 205\ \text{mm} \tag{2}$$

答:最小焦距 F 为 672 mm,透照偏心距 L_0 为 205 mm。

课程思政

习 题 4

一、判断题

1.选择较小的射线源尺寸 d_f,或者增大焦距 F,都可以使照相 U_g 值减小。　　（　　）

2.环焊缝的各种透照方式中,以源在内中心透照周向曝光法为最佳方式。　　（　　）

3.所谓最佳焦距,是指照相几何不清晰度 U_g 与固有不清晰度 U_i 相等时的焦距值。

（　　）

4.由于"互易定律失效",在采用荧光增感屏透照时,根据曝光因子公式选择透照参数可能会产生较大误差。　　（　　）

5.使用"滤板"可增大照相宽容度,但滤板最好是放在工件和胶片之间。　　（　　）

6.采用源在外单壁透照方式,如 K 值不变,则焦距越大,一次透照长度 L_3 越大。（　　）

7.对某一曝光曲线,应使用同一类型的胶片,但可更换不同的 X 射线机。　　（　　）

8.小径管射线照相采用垂直透照法比倾斜透照法更有利于检出根部未熔合。　　（　　）

9.材料的种类影响散射比,例如给定能量的射线在钢中的散射比要比在铝中大得多。

（　　）

10.平方反比定律表示辐射强度与距离平方成反比。　　（　　）

二、选择题

1.大约在（　　）厚度上,Ir192 射线配合微粒胶片照相的灵敏度与 X 射线配合中粒胶片照相的灵敏度大致相当。

　　A.10～20 mm　　　　B.20～30 mm　　　　C.40～50 mm　　　　D.80～90 mm

2.双壁双影直透法一般用于（　　）直径管子的环焊缝透照。

　　A.Φ89 mm 以下　　B.Φ76 mm 以下　　C.Φ20 mm 以下　　D.Φ10 mm 以下

3.以相同的条件透照一工件,若焦距缩短 20%,曝光时间可减少（　　）。

　　A.60%　　　　　　B.36%　　　　　　C.20%　　　　　　D.80%

4.若散射线忽略不计,当透照厚度的增加量相当于 1/2 半价层时,则胶片接受的照射量将减少（　　）。

　　A.25%　　　　　　B.70%　　　　　　C.41%　　　　　　D.30%

5.在同一个暗盒中对两张不同感光速度的胶片进行曝光,其主要目的是（　　）。

　　A.为了防止暗室处理不当而重新拍片

　　B.为了防止探伤工艺选择不当而重新拍片

　　C.为了防止胶片上的伪缺陷而重新拍片

　　D.用于厚度差较大工件射线探伤,这样在不同厚度部位都能得到黑度适当的底片

6.射线探伤时,在胶片暗盒和底部铅板之间放一个一定规格的"B"铅字号,如果经过处理的底片上出现"B"的亮图像,则认为（　　）。

　　A.这一张底片对比度高,像质好

　　B.这一张底片清晰度高,灵敏度高

C. 这一张底片受正向散射影响严重,像质不符合要求

D. 这一张底片受背散射影响严重,像质不符合要求

7. 曝光因子中的管电流,曝光时间和焦距三者的关系是( )。

    A. 管电流不变,时间与焦距的平方成反比

    B. 管电流不变,时间与焦距的平方成正比

    C. 焦距不变,管电流与曝光时间成正比

    D. 曝光时间不变,管电流与焦距成正比

8. 小径管环焊缝双壁双影透照时,适合的曝光参数是( )。

    A. 较高电压,较短时间   B. 较高电压,较长时间

    C. 较低电压,较短时间   D. 较低电压,较长时间

9. 曝光因子表达了哪几个参数的相互关系?( )

    A. 管电压,管电流,曝光时间   B. 管电压,曝光量,焦距

    C. 管电流,曝光时间,焦距   D. 底片黑度,曝光量,焦距

10. 下列不需要计算一次透照长度的透照方式是( )。

    A. 环焊单臂外透法   B. 小径管双壁双影法

    C. 纵缝双臂单影法   D. 环缝内透偏心法

三、简答题

1. 何谓曝光因子?何谓平方反比定律?

2. 何为曝光量?X 射线、γ 射线的曝光量分别指什么?

3. 试述散射线的来源和分类。

4. 增感型胶片和非增感型胶片的特性曲线有何区别?两种胶片的黑度 D 与 G 值的关系有何不同?

四、计算题

1. 使用 Ir192 拍片,焦距为 800 mm,曝光 20 min,底片黑度 2.5。50 天后对同一工件拍片,选用焦距 1000 mm,欲使底片达到同样黑度,需曝光多少时间?

2. 原用焦距 300 mm,管电压 200 kV,管电流 3 mA,曝光 4 min 透照某工件,所得底片黑度为 1.0。现改用焦距 600 mm,管电压不变,管电流改为 12 mA,为摄得黑度为 1.5 的底片,曝光时间为多少?所用胶片特性曲线如右图所示。

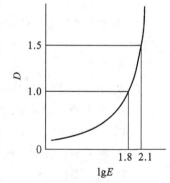

计算题 2 图

3. 采用双壁双影的形式透照 $\Phi38$ mm×3 mm 管子焊缝,已知焊缝宽度为 8 mm,选用焦点尺寸为 $d_f = 3$ mm×3 mm 的 X 射线机,要求 $U_g \leq 0.2$ mm,试计算最小焦距和偏心距。焊缝余高取 2 mm、椭圆开口宽度为 5 mm。

4. 采用源在外单壁透照方式对内径 1800 mm,壁厚 30 mm 的筒体环焊缝照相,检测比例 100%,要求透照厚度比 $K \leq 1.1$,透照焦距 $F = 600$ mm。求:满足要求的最少透照次数 N 和一次透照长度 L_3,搭接长度 ΔL,有效评定长度 L_{eff},并确定使用胶片的长度。透照次数图如下图所示。

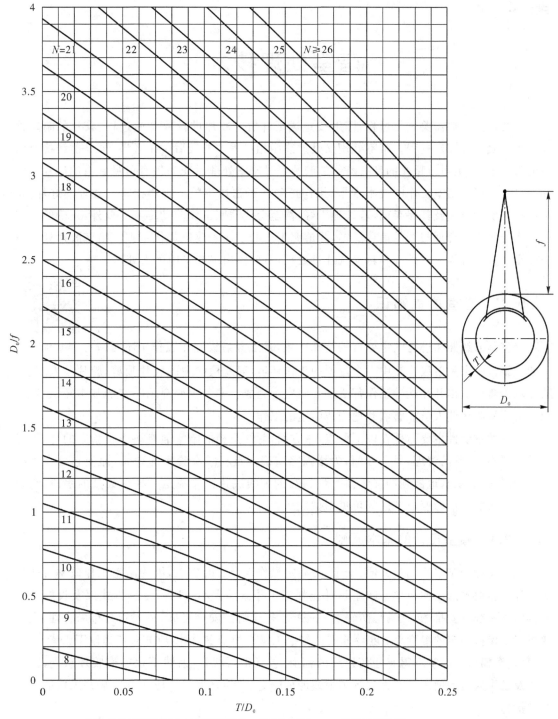

源在外单壁透照环向对接焊接接头，透照厚度比K=1.1时得透照次数

计算题 4 图

参考答案

第 5 章

暗室处理技术

　　射线检测一般需要三个过程,即射线穿透工件后对胶片进行曝光的过程、胶片的暗室处理过程和底片的评定过程。暗室处理又是射线照相过程中的最后一个环节,也是射线检测的一道重要工序,被射线曝光的带有潜影的胶片经过暗室处理后变为带有可见影像的底片。底片质量的好坏与暗室工作的技术水平、操作正确与否密切相关。胶片在暗室处理的好坏,直接影响到底片质量及其保存期,若处理不好,甚至会使透照工作前功尽弃。此外,正确的暗室处理是透照工艺合理与否的信息反馈,为透照工艺的进一步改进提供依据。暗室胶片处理方法按操作方式分为手工处理和自动洗片机处理,目前国内多数采用手工处理。

5.1　暗室基本知识

课前预习

　　暗室是射线照相进行暗室处理的特殊房屋,是工业射线照相工作中不可缺少的设施。暗室是射线检测中一个重要的工作环境,射线检测中的胶片裁剪、胶片装入暗盒、胶片从暗盒中取出并冲洗等工作都必须在暗室中完成。本节主要介绍暗室的基本知识,这有利于射线检测从业人员能够顺利地完成暗室的工作。

　　暗室的重要性主要体现在以下两点:一方面,射线照相的暗室兼有科学实验室的特点,必须进行严格、规范的管理;另一方面,为增强暗室确实是科学实验室的观念,即使它处在黑暗之中,我们也要认真地做到冲洗出清晰度很高的射线底片。冲洗是一种很细微的手段,它要求将曝光形成的潜影变成有用的可见影像。

5.1.1　暗室设计的基本原则

　　暗室设计的基本原则是方便、安全、使暗室操作人员省时省工,因为暗室工作效率直接影响射线照相检测的工作效率。暗室设计应根据工作量的大小、显影、定影方式以及设施水平等具体条件统筹安排,必须满足防辐射、不漏光、安全灯的安全可靠、室内器具布局合理、室内通风以及保持一定的温度、湿度等原则。对手工操作的暗室设计,应充分考虑以下因素。

　　(1)防辐射。暗室不得有任何射线的辐射(包括散射线)。射线不仅能使胶片感光,同时还危及工作人员的健康。在无法远离射线源的暗室(包括暗室门),应注意屏蔽并采取适当的防护措施。

　　(2)遮光性良好。胶片在显影及装片时,暗室是不允许任何室外光透入的,以免胶片感光,影响底片质量。要完全遮光,暗室一般不开窗户,进口处应设置过渡区或双重门,以保证出入不漏光。为减少人员出入次数,还应设置传递口,用于传送胶片和底片。此外,暗室的排风装置、空调机、供水管线穿墙等也是漏光点,应采取适当措施堵实,以防漏光。

（3）应有适当空间，器具布局合理。暗室应有足够的空间，不宜过小、过窄。各种设备器材摆放位置应适当，以利于工作。例如，冲洗胶片设备的摆放次序应与操作次序一致。

暗室主要用来装片和处理已曝光胶片，若有条件宜分室进行。共用一室的平面布置应分成干区和湿区两部分：干区用来布置存放胶片、暗袋、增感屏存放胶片的橱柜及工作台，并用来进行切片、装片等工作；湿区进行显影、定影、水洗、干燥等操作。干区和湿区应尽可能相距远一些，手工冲洗的暗室如图 5.1 所示。

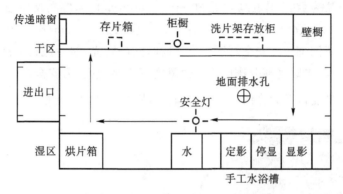

图 5.1　手工冲洗的暗室

（4）要有通风设施。暗室不仅潮湿，而且常有醋酸气体，影响工作人员健康，容易引起设备漏电，同时影响材料器具使用寿命，故应有通风换气设备和排水系统，一般可以通过装空调、排风扇或自然排风管解决。

（5）保持一定的温度、湿度。暗室应有控制温度和湿度的设施，特别在采用手工处理时，要求室温能控制在 15～20℃，同时也应控制湿度在适当范围，一般要求的相对湿度为 30％～60％，从而保证显影、定影工作质量和胶片的有效期。

（6）注意用电安全。暗室潮湿容易使电器漏电，且一般暗室操作人员又少，能见度低，所以应在总线路上加装触电保护器，保障人身安全。

（7）室内应保持清洁。暗室地面及工作台应保持干燥、清洁，墙壁、工作台应有防水和防化学腐蚀的能力，暗室地面应是水磨石或水泥。此外，应有方便的水源、排水设施和足够的面积。墙壁有足够的防射线能力，厚度不小于 250 mm。墙面为绿色或褐色，以防止反射光过强。天花板和墙壁上部为白色或浅黄色，可以反射安全光线，起到间接照明的作用。此外，墙壁还应做防腐蚀处理。

5.1.2　暗室常用器材

暗室常用器材包括安全灯（三色灯）、温度计、天平、洗片槽、烘片箱，有的还配有自动洗片机等，自动洗片机的使用有专门的操作规程。

（1）安全灯。安全灯如图 5.2 所示，用于胶片冲洗过程中的照明。不同种类胶片具有不同的感光波长范围，工业射线胶片对可见光的蓝色部分最敏感，而对红色或橙色部分不敏感。因此，用于射线胶片处理的安全灯采用暗红色或暗橙色。安全度可因红灯光源的亮度、滤光片的色度、照射距离及照射时间的不同而不同。

安全灯的灯体是 25 W 以下的普通灯泡,配有红色滤光片,滤光片是有色玻璃。安全灯有室内照明灯、操作照明灯和标志照明灯三种:室内照明灯采用红灯面向上,顶板反射照明;操作照明灯为装卸及冲洗局部照明,光源面积大,亮度较低,一般以 15 W 为宜;标志照明灯可用于迷路指示及内外联系,一般在 25 W 以下。

为保证安全,对新购置的安全灯应进行测试,对长期使用的安全灯也应作定期测试。测试方法为:在工作位置放置 20 mm×100 mm 的未感光胶片,上盖黑纸,打开安全灯,每隔数分钟移动一下黑纸,分阶段照射 20 mm/次,1 min/次,共 5 次,使胶片不同部位在安全灯下经受不同时间的曝光,然后进行标准显影处理,将曝光部分与未曝光部分作比较,以"黑度不明显增大"为安全标准,据此可确定安全灯的性能以及允许的工作时间和工作距离。

暗室安全照射时间的确定

图 5.2　安全灯

图 5.3　温度计

(2)温度计。温度计如图 5.3 所示,用于配液和显影操作时测量药液温度。温度计可使用量程大于 50℃,刻度为 1℃ 或 0.5℃ 的酒精玻璃温度计,也可使用半导体温度计。

(3)天平。天平如图 5.4 所示,用于配液时称量药品。天平可采用称量精度为 0.1 g 的托盘天平。天平使用后应及时清洁,以防腐蚀造成称量失准。

图 5.4　物理天平

图 5.5　洗片槽

(4)洗片槽。胶片手工处理的洗片槽如图 5.5 所示,可分为盘式和槽式两种方式。其中盘式处理易产生伪缺陷,所以目前多采用槽式处理。洗片槽用不锈钢或塑料制成,其深度应超过底片长度 20% 以上,使用时应将药液装满槽,并随时用盖将槽盖好,以减少药液氧化。洗片槽应定期清洗,保持清洁。

(5)烘片箱。烘片箱如图 5.6 所示,主要用来烘干胶片。有的暗室还配有自动洗片机,如图 5.7 所示。

图 5.6 烘片箱 图 5.7 自动洗片机

5.2 胶片处理

暗室胶片处理方法按操作方式可分为自动处理和手工处理两类。自动处理采用自动洗片机完成暗室胶片处理过程,它需要使用专用显影液、定影液,在 课前预习
高温下进行处理,得到的射线照片质量好并且稳定。胶片手工处理的基本流程一般包括显影、停显(或中间水洗)、定影、水洗、干燥这五个基本过程。经过这些过程,使胶片的潜影成为可见的影像,各个步骤的标准条件和操作要点见表 5.1。

表 5.1 暗室胶片手工处理的标准条件和操作要点

步骤	温度/(℃)	时间/min	药液	操作要点
显影	20±2	4~6	显影液(标准配方)	预先水浸,过程中适当搅动
停显	16~24	约 0.5	停显液	充分搅动
定影	16~24	5~15	定影液	适当搅动
水洗	—	30~60	水	流动水漂洗
干燥	≤40	—	—	去除表面水滴后干燥

5.2.1 药液配方

工业射线胶片常用的米吐尔显影液配方见表 5.2,菲尼酮显影液配方见表 5.3。

表 5.2 米吐尔显影液配方

米吐尔显影液配方参数		天津	柯达 D19B	阿克发	富士
配方组分	温水(50℃)/mL	750	750	750	750
	米吐尔/g	4	2.2	3.5	4
	无水亚硫酸钠/g	65	72	60	60
	对苯二酚/g	10	8.8	9	10
	无水碳酸钠/g	45	48	40	53
	溴化钾/g	5	4	3.5	2.5
	加水量/mL	1000	1000	1000	1000
显影温度/(℃)		20	20	18	20
显影时间/min		4~8	5	5~7	5

表 5.3 菲尼酮显影液配方

菲尼酮显影液配方参数		普通槽用显影液	高活性显影液	自动洗片机用显影液
配方组分	温水(50℃)/mL	750	750	750
	无水亚硫酸钠/g	60	100	60
	对苯二酚/g	11	35	24
	菲尼酮/g	0.275	0.6	0.75
	无水碳酸钠/g	40	25	—
	偏硼酸钠/g	—	—	33
	氢氧化钠/g	4	21	19
	溴化钾/g	4	1	10
	6-硝基苯丙咪唑/g	—	—	0.5
	蒽醌-2-磺酸/g	—	—	0.2
	苯丙三唑/g	0.1	0.5	—
	E.D.T.A/g	2	2	3.5
	聚乙二醇 200/mL	—	—	0.2
	明胶坚膜剂(亚硫酸氢盐化合物)/g	—	—	17
	加水量/mL	1000	1000	1000
显影温度/℃		20	26.5	32~40
显影时间		4~5 min	1.5~2 min	约 35 s

常用停显液配方见表5.4。

表 5.4 常用停显液配方

常用停显液配方参数		停显配方	坚膜停显配方
配方组分	水/mL	750	750
	冰醋酸/mL	20	20
	无水硫酸钠/g	—	45
	加水量/mL	1000	1000
停显时间/s		10~20	20

常用定影液配方见表5.5。

表 5.5 常用定影液配方

常用定影液配方组分	天津	柯达 F5	柯达 ATF-6 快速定影配方
温水(65℃)/mL	600	600	600
硫代硫酸钠/g	240	240	—
硫代硫酸铵/g	—	—	200
无水亚硫酸钠/g	15	15	15
冰醋酸/mL	15	15	15.4
硼酸/g	7.5	7.5	7.5
硫酸铝钾/g	15	15	15
加水量/mL	1000	1000	1000

配液的容器应使用玻璃、搪瓷或塑料制品,也可用不锈钢制品,切忌使用铜、铁、铝制品,因为铜、铁等金属离子对显影剂的氧化有催化作用。

配液用水可使用蒸馏水、去离子水、煮沸后冷却水或自来水,对井水及河水应进行再制,以降低硬度,提高纯度。

配制显影液时水温一般在 30~50 ℃,水温太高会促使某些药品氧化,太低又会使某些药品不易溶解。配制定影液水温应为 60~70 ℃,因硫代硫酸钠溶解会吸收大量热量。

配液时应按配方的规定次序进行,待前一种药品溶解后方可投入下一种药品,切不可随意颠倒次序。显影药液在配制时,因米吐尔不能溶于亚硫酸钠溶液故最先加入,然后再加入亚硫酸钠,其他显影剂都应在亚硫酸钠后加入。在配制定影液时,亚硫酸钠必须在加酸之前溶解,以防止硫代硫酸钠分解;硫酸铝钾必须在加酸之后溶解,以防止水解产生氢氧化铝沉淀。

配液时应不停地搅拌,但显影液的搅拌不宜过于激烈,应朝着一个方向进行,以免发生显影剂氧化现象。配液时宜先取总体积的 3/4 的水量,待全部药品溶解后再加水至所要求体积,配制好的药液应静置 24 h 后使用。

胶片系统指胶片、增感屏和冲洗条件。胶片处理条件包括胶片处理的药液配方、处理程序、工艺参数、场地器材等条件。采用参考值方法控制胶片处理是目前国际国内一直规定的控制胶片处理条件。具体方法为:由胶片制造商提供一种"预先曝光胶片测试片",用户以本单位的处理设备、化学处理剂和方法冲洗测试片,测出灰雾限值 D_0、速度系数 S_x、对比度系数 C_x,与胶片制造商提供的胶片产品鉴定证书进行比较,据此检测胶片处理条件和方法是否符合要求,并实施控制。

5.2.2 显影

显影过程在本质上是一个还原作用,从感光乳剂中感光的卤化银还原为金属银,使不可见的潜影转化为可见的影像。显影在整个胶片处理过程中具有特别重要的意义。即使是同一种胶片,如果采用不同的显影配方和操作条件,所表现的感光性能也是不一样的。底片的主要质量指标,例如,黑度、对比度、颗粒度等都受到显影的影响。

1.显影液的组成及作用

一般显影液中含有四种主要成分:显影剂、保护剂、促进剂和抑制剂,此外有时还加入一些其他物质,例如坚膜剂和水质净化剂等。

1)显影剂

显影剂的作用是将已感光的卤化银还原为金属银。常用的显影剂有米吐尔、菲尼酮、对苯二酚,它们各有不同特点。显影时通过选择不同显影剂和不同的配方来调整显影性能。

(1)米吐尔为白色或灰白色针状结晶或粉末,易溶于水,不易溶于亚硫酸钠溶液,因此配制显影液时将米吐尔在亚硫酸钠之前加入溶解。米吐尔显影能力强、速度快、出影时间短,得到的影像较柔和,反差小,称为软性显影剂。米吐尔适用的溶液 pH 值范围很宽,在 6~10 均可使用,温度的变化对米吐尔的显影能力影响不大。

(2)菲尼酮是另一种软性显影剂,呈白色结晶粉末状,常温下不溶于水,但易溶于碱性水溶液。菲尼酮与对苯二酚配合使用时表现出极强的显影能力,且性能稳定。

(3)对苯二酚为白色或黄色针状结晶,易溶于水和亚硫酸钠溶液。对苯二酚显影速度慢,出影时间长,一旦出影,则影像密度急增。对苯二酚可使影像具有很高的反差,称为硬性显影剂。对苯二酚在 pH 值为 9~11 的碱性溶液中才有较好的显影能力。同时,它对温度敏感,在 10℃ 以下时几乎无显影能力,温度过高则易引起灰雾度过大。此外,它对溴化钾也很敏感,如显影液中溴化钾过量会大大抑制对苯二酚的显影作用。

2)保护剂

保护剂的作用是阻止显影剂与进入显影液的氧发生作用,使其不被氧化。最常用的保护剂是亚硫酸钠。

显影剂在水溶液中,特别是在碱性溶液中很容易氧化,一旦氧化便失去显影能力。而产生的氧化物又会使溶液变黄,污染乳剂。亚硫酸钠具有更强的与氧化合的能力,因而能够优先与氧化合,减少显影剂的氧化。同时,亚硫酸钠还能与显影剂的氧化产物作用,生成可溶的无色显影剂硫酸盐,从而延长显影液的使用寿命。

亚硫酸钠有无水亚硫酸钠(Na_2SO_3)和结晶亚硫酸钠($Na_2SO_3 \cdot 7H_2O$)两种。无水亚硫酸钠相对分子质量为 126.12,结晶亚硫酸钠相对分子质量为 252.14。一般配方中采用无水亚硫酸钠,如使用结晶亚硫酸钠应进行质量换算。

3)促进剂

促进剂的作用是增强显影剂的能力和速度。各种有机显影剂的显影能力都随着溶液的 pH 值增大而增强,因此,大多数显影液都是碱性溶液。另一方面,在显影过程中,每一个卤化银被还原成一个金属银原子时,就产生一个氢离子。为了不使 pH 值局部降低而减缓显影速度,就必须有足够的氢氧根离子来中和氢离子。因此,显影液不仅要呈碱性,而且还应具有保持碱性 pH 值的良好的缓冲性能。通常使用的促进剂是一些强碱弱酸盐,如碳酸钠、硼砂,有时也用一些强碱,如氢氧化钠。

显影液的 pH 值为 8~11,显影液配制时可通过改变促进剂的种类和数量来调节 pH 值。显影液中加入硼砂,pH 值为 8~9.2,加入碳酸钠,pH 值为 9~11,加入碳酸钠和氢氧化钠,pH 值为10.5~12。显影液的 pH 值越低,显影速度越慢,所得影像颗粒较细,反差较小;显影液的 pH 值越高,显影速度较快,所得影像颗粒较粗,反差较大,灰雾度也增大。根据性质和作用,称硼砂为软性促进剂,碳酸钠为中性促进剂,氢氧化钠为硬性促进剂。

碳酸钠有无水碳酸钠(Na_2CO_3,相对分子质量为 106)和结晶碳酸钠($Na_2CO_3 \cdot nH_2O$)两种。一般配方中采用无水碳酸钠,如使用结晶碳酸钠应进行质量换算。硼砂的分子式为 $Na_2B_4O_7 \cdot 10H_2O$,相对分子质量为 381。氢氧化钠分子式为 NaOH,相对分子质量为 40。氢氧化钠是强碱,使用时要注意安全。

4)抑制剂

抑制剂的主要作用是抑制灰雾度,常用的抑制剂有溴化钾、苯并三氮唑等。

不加抑制剂的显影液对已曝光和未曝光的溴化银颗粒区别能力很小,从而有形成灰雾度的倾向。在显影液中加入溴化钾后,离解出的溴离子会吸附在溴化银颗粒周围,从而阻滞显影作用,但这种阻滞程度有所不同,对未曝光的颗粒阻滞作用最大,而对已曝光的溴化银颗粒阻滞作用最小,从而使显影灰雾度降低。抑制剂在抑制灰雾度的同时也抑制了显影速度,这样有利于显影均匀。此外,抑制剂对影像层次和反差也起着调节和控制作用。

2.影响显影的因素

暗室操作的基本要求是保持清洁、操作有序、细心且熟练。暗室操作人员在进行暗室操作之前应洗手,去除手上的汗液和污物,以保证不因手接触胶片而对胶片产生污染,必要时应戴乳胶手套。胶片放入显影液之前应在清水中预浸一下,使胶片表面润湿,避免进入显影液后胶片表面附有气泡造成显影不均匀。除了显影液配方及以上注意事项外,显影时间、温度、搅动情况和显影液的活性,也都对显影有明显影响。

1)时间对显影的影响

合适的显影时间与配方有关,所以配方都附有推荐的显影时间,对于手工处理,大多数规定为 4~6 min。当显影时间进一步延长,虽然黑度和反差会增加,但影像颗粒度和灰雾度也将增大。而显影时间过短,将导致底片黑度和反差不足。显影时间对射线底片像质的影响如图5.8所示。

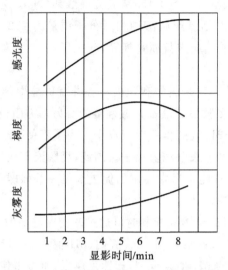

图 5.8　显影时间对射线底片像质的影响

2）温度对显影的影响

显影温度对底片质量影响很大，必须严格控制。显影温度也与配方有关，手工处理时显影液的显影温度一般为 18～20℃。温度高时显影速度快，温度低时显影速度慢。温度高时，对苯二酚的显影能力增强，其结果使影像反差增大，同时灰雾度也增大、影像颗粒变粗，此时药膜松软，容易划伤或脱落；温度低时，对苯二酚的显影能力大大减弱，此时显影主要靠米吐尔作用，因此反差降低。显影温度对射线底片像质的影响如图 5.9 所示。

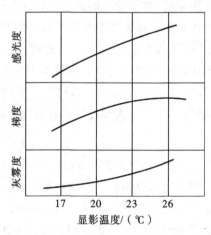

图 5.9　显影温度对射线底片像质的影响

3）搅动对显影的影响

在显影过程中进行搅动，可以使乳剂膜表面不断地与新鲜药液接触并发生作用，这样不仅使显影速度加快，还保证了显影作用均匀。此外，由于感光多的部分显影反应迅速，与之接触的药液容易疲乏，不感光的部分显影作用少，药液不宜疲乏，搅拌的结果加快了感光多的部分的显影速度，从而提高了反差。

如果胶片在显影液中静止不动,会使反应产生的溴化物无法扩散,造成显影不均匀的条纹。所以为保证显影均匀,应不断进行搅动操作,尤其是胶片进入显影液的最初一分钟的频繁搅动特别重要。显影时正确的搅动方法为:在最初 30 s 内不间断地搅动,以后每隔 30 s 搅动一次。

4)显影液的活性对显影的影响

显影液的活性取决于显影液的种类、浓度及 pH 值。显影液在使用过程中,显影剂浓度逐渐减小,显影剂氧化物逐渐增加,pH 值逐渐降低,溶液中卤化物离子逐渐增加,这些将导致显影作用减弱、活性降低,这种现象称为显影液的老化。使用老化的显影液,会使显影速度变慢、反差减小、灰雾度增大。

为了保证显影效果,可在活性减弱的显影液中加入补充液。补充液应具有比显影液更高的 pH 值、更高的显影剂和亚硫酸盐浓度。补充液通常不含溴化物,如原配方中的有机防灰雾剂就可以补充。每次添加的补充液最好不超过槽中显影液总体积的 2%或 3%,当加入的补充液达到原显影液体积的 2 倍时,药液必须废弃。

5.2.3 停显

从显影液中取出胶片后,显影作用并不立即停止,胶片乳剂层中残留的显影液还在继续着显影,此时若将胶片直接放入定影液,容易产生不均匀的条纹和两色性雾翳。两色性雾翳是极细的银粒沉淀,在反射光下呈蓝绿色,在透射光下呈粉红色。另一方面,胶片上残留的碱性显影液如果带进酸性定影液,会污染定影液,并使其 pH 值升高,将大大缩短定影液寿命。因此,显影之后必须进行停显处理,然后再进行定影。

停显液通常为 2%～3%的乙酸溶液,其他停显剂有酒石酸、柠檬酸、亚硫酸氢钠等。胶片放入停显液后,残留的碱性显影液被中和,pH 值迅速下降至显影停止点,明胶的膨胀也得到控制。

停显时由于酸碱中和,乳剂层中会产生 CO_2 气泡并从表面排出,停显阶段应不间断地充分搅动。停显温度最好与显影温度相近,停显温度过高,可能会产生"网纹""褶皱"等缺陷。在热天或药液温度较高时,药膜极易损伤,因此可在停显液中加入坚膜剂——无水硫酸钠,防止此情况发生。

5.2.4 定影

显影后的胶片,其乳剂层中大约有 70%的卤化银未被还原为金属银。这些卤化银必须从乳剂层中除去,才能将显影形成的影像固定下来,这一过程称为定影。在定影过程中定影剂与卤化银发生化学反应,生成溶于水的银的络合物,但对已还原的金属银不发生作用。

1. 定影液的组成及作用

定影液包含四种成分:定影剂、保护剂、坚膜剂和酸性剂。

(1)定影剂。它是定影液的主要成分,常用的定影剂为硫代硫酸钠,又称大苏打、海波,有时也使用硫代硫酸铵,后者有快速定影作用。硫代硫酸根离子可与银离子反应生成多种形式的络合物并溶于水中,同时卤离子也进入溶液,但并不参与反应。这样,卤化银就从乳剂层中被除去并溶解在定影液中。

(2)保护剂。定影剂硫代硫酸钠在酸性溶液中易发生分解析出硫而失效,需要使用保护剂来阻止这种现象发生。常用的保护剂为无水亚硫酸钠,其中的亚硫酸根离子与氢离子结合,从而抑制硫代硫酸钠的分解。

(3)坚膜剂。在定影过程中,胶片乳剂层吸水膨胀,易造成划伤和药膜脱落,因此需要在定影液中加入坚膜剂。使用坚膜剂的另一好处是降低胶片的吸水性,干燥起来更容易。

常用的坚膜剂有硫酸铝钾(钾明矾)、硫酸铬钾(钾铬矾),后者的坚膜能力优于前者。上述坚膜剂适用于酸性定影液,坚膜效果最佳的 pH 值在 4.3 左右。

(4)酸性剂。为中和停显阶段未除净的显影液碱性物质,通常将定影液配制成酸性溶液,加入的酸性物质通常是醋酸和硼酸。醋酸在常温下呈白色晶体,所以又称冰醋酸。硼酸为无色的结晶透明晶粒。

定影液的 pH 值一般控制在 4~6,若 pH 值低于 4,硫代硫酸钠易发生分解而析出硫;当 pH 值高于 6 时,坚膜剂会发生水解形成氢氧化铝沉淀。其中硫酸铝钾比硫酸铬钾更易水解,单纯硫酸铝钾溶液在 pH 值升至 4.2 时即开始水解。硼酸可抑制水解的发生,定影液中加入硼酸后,可将硫酸铝钾不发生水解的 pH 值升高至 6.5。

2.影响定影的因素

影响定影的因素主要有定影时间、定影温度、定影液的老化程度以及定影时的搅动。

1)定影时间对定影的影响

定影过程中,胶片乳剂膜的乳黄色消失,变为透明,此现象称为"通透",从胶片放入定影液开始到乳剂的乳白色消失为止的这段时间称为"通透时间"。通透现象意味着显影的卤化银已被定影剂溶解,但要使被溶解的银盐从乳剂中渗出进入定影液,还需要附加时间。因此,定影时间明显多于通透时间。为保险起见,定影总的时间为通透时间的 2 倍。射线照相底片在标准条件下,采用硫代硫酸钠配方的定影液,所需的定影时间一般不超过 15 min。如采用硫代硫酸铵作定影剂,定影时间将大大缩短。

2)定影温度对定影的影响

定影温度影响到定影速度,随着温度的升高,定影速度将加快。但如果温度过高,胶片乳剂层过度膨胀,容易造成划伤或药膜脱落,通常规定温度为 16~24℃。

3)定影液的老化对定影的影响

定影液在使用过程中定影剂不断被消耗,浓度变小,而银的络合物和卤化物不断积累,浓度增大,使得定影速度越来越慢,所需时间越来越长,此现象称为定影液的老化。

若使用老化的定影液,经过若干时间后,会分解出硫化银,使底片变黄。所以,对于使用的定影液,当其需要的定影时间已长到新液所需时间的两倍时,即认为已经失效,需要换新液。

4)定影时的搅动对定影的影响

搅动可以提高定影速度,并使定影均匀。在胶片刚放入定影液中时,应做多次搅动。在定影过程中,应适当搅动,一般每两分钟搅动一次。

5.2.5 水洗及干燥

定影后还需要进行水洗机干燥处理,下面介绍水洗和干燥处理过程及注意事项。

1.水洗

胶片在定影后,应在流动的清水中冲洗 20～30 min。冲洗的目的是将胶片表面和乳剂层内吸附的硫代硫酸钠以及银盐络合物清除掉(水洗不充分的底片长期保存后会发生变色现象),否则,银盐络合物会分解产生硫化银,硫代硫酸钠也会缓慢地与空气中的水分和二氧化碳作用,产生硫和硫化氢,最后与金属银作用生成硫化银。硫化银会使射线底片变黄,影像质量下降。为使射线底片具有稳定的质量并能够长期保存,必须进行充分的水洗。

水洗水温应适当控制。推荐使用冲洗底片的水温为 16～24℃。但由于冲洗用水大多使用自来水,水温往往不在该范围内,当水温较低时,应适当延长水洗时间;当水温较高时,水洗效率也高,但药膜高度膨胀易产生"划伤""药膜脱落"等缺陷,应适当缩短水洗时间,同时应注意保护乳剂层,避免损伤。

2.干燥

干燥的目的是去除膨胀的乳剂层中的水分。对底片进行干燥应选择没有灰尘的地方,因为湿底片极易吸附空气中的尘埃。

为防止干燥后的底片产生水迹,可在水洗后、干燥前进行润湿处理,即把水洗后的湿胶片放入润湿液(浓度为 0.3％ 的洗涤剂水溶液)中浸润约 1 min 后取出,使水从胶片表面流光后,再进行干燥。水洗后的底片表面附有许多水滴,如不除去会因干燥不均产生水迹。此时,可用湿海绵擦去水滴,或浸入脱水剂溶液,使水从底片表面快速流尽。

干燥的方法有自然干燥和烘箱干燥两种:自然干燥是将胶片悬挂起来,在清洁、通风的空间晾干;烘干箱干燥是把胶片悬挂在烘干箱内,用热风烘干,热风温度一般不应超过 40℃。热风干燥能缩短干燥时间,但如温度过高易使胶片产生干燥不均的条纹。

5.3　自动洗片机

课前预习

自动洗片机与手动处理胶片相比有以下优点:

速度快:自动洗片机能在 8～12 min 内提供干燥好的可供评定的射线照相底片;

效率高:每小时可处理胶片 100～200 张;

自动洗片机

质量好:只要拍片条件正确,通过自动洗片机处理的底片表面光洁、性能稳定、像质好;

劳动强度低:操作者只需将胶片逐张输入自动洗片机即可,对操作者的技术熟练度要求不高。

自动洗片机由送片机构、温度控制机构、干燥机构、补充机构和搅拌装置五大机构组成,如图 5.10 所示。

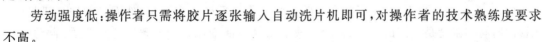
胶片处理和底片质量检测

(1)送片机构。送片机构是由 100 多个滚筒及其传动部件组成,它能使胶片从输入口进,按一定速率移动,依次完成显影、定影、水洗、干燥等各项胶片处理工作,最后将底片送入收片箱。送片滚筒分为几组,可以方便地从洗片机中取出,进行清洗、维修工作。

(2)温度控制机构。温度控制机构能保持自动洗片机温度达到恒定。自动洗片机对显影、定影、水洗、干燥的温度要求是严格的,温度控制机构通过电加热器及热交换器自动完成控制,使各项温度达到恒定。

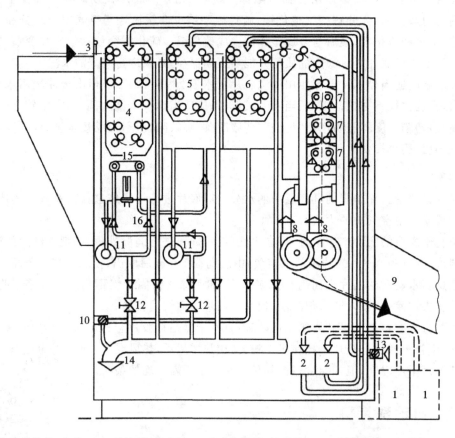

1—补充液供给箱(机外);2—补给泵(机内);3—进片扫描器(连补给);4—显影箱;5—定影箱;6—水洗箱;
7—红外回热器;8—风扇;9—收片斗;10—排水阀(外控);11—循环泵;12—排放口(显影液和定影液);
13—冷水供给(可调球阀);14—总排口;15—定影液热交换器;16—显影液加热器。

图 5.10　自动洗片机工作流程图

(3)干燥机构。干燥机构采用电热器和鼓风机,或采用红外干燥装置,使水洗后的底片迅速干燥。

(4)补充机构。显影液、定影液在与胶片多次作用后药力会下降,然而自动洗片机显影、定影的时间和温度是一定的,所以要求药液的浓度不能变化。为了解决这一矛盾,自动洗片机配置了胶片面积扫描装置和显影液、定影液补充装置。每次进片,自动洗片机都能给出一个进片信号,使溶液泵自动按输入胶片的面积向机内补充一定数量的显影液、定影液,与此同时,机内排出相应数量的溶液。每处理 $1\ m^2$ 的胶片约需补充 $1000\ mL$ 显影液和 $1000\ mL$ 定影液。

(5)搅拌装置。自动洗片机设有搅拌机构。搅拌装置是为了使机内药液温度、浓度均匀,并使胶片表面不断地与溶液充分接触。

3.自动洗片机的使用

自动洗片机正式投入使用前,除对主机做大量的调整实验外,由于自动洗片机显影的温度和时间是固定的,故对拍片条件较为苛刻,必须对所有射线机重新作曝光曲线,以适应自动洗片机的特点,否则底片的黑度不能达到预期效果。在透照时应严格按照采用自动洗片机制作的新曝光曲线控制拍片条件,才能得到满意的底片。

每次使用前要开机预热一段时间,使各项温度均满足自动处理条件时,先输入一张 35 cm×43 cm 的清洗片,等它输出后检查无异常时,才能连续输入需冲洗的胶片。

清洗片和胶片输入时必须注意与导向边一端成直角进入,并注意不要让暗盒等物沾污胶片,尤其要防止异物进入洗片机,以免划伤滚筒。

普通手工冲洗显影液不能用于自动洗片机。自动洗片机必须使用专门的配方配制的药液。为了适应自动洗片机高温、快速、运动冲洗的工作条件,自动洗片机专用药液具有活性高、防灰雾度性能好、坚膜能力强等特点。

课程思政

习 题 5

一、判断题

1.胶片在显影液中显影时,如果不进行任何搅动,则胶片上的每一部位都会影响紧靠在它们下方部位的显影。　　　　　　　　　　　　　　　　　　　　　　　　　　　　　(　　)

2.定影液有两个作用,溶解未曝光的 $AgBr$ 和起坚膜作用。　　　　　　　　　　(　　)

3.所谓通透时间,就是指胶片从放入定影液到乳剂层变为透明的这段时间。　　(　　)

4.使用被划伤的铅箔增感屏照相,底片上会出现与划伤相应的清晰的黑线。　　(　　)

5.射线底片上产生黑的月牙形痕迹的原因可能是曝光后使胶片弯曲。　　　　　(　　)

6.定影液的氢离子浓度越高,定影能力就越强。　　　　　　　　　　　　　　　(　　)

7.因为铁不耐腐蚀且容易生锈,所以不能用铁制容器盛放显影液。　　　　　　(　　)

8.所谓超加和性,是指米吐尔和菲尼酮配合使用时,显影速度大大提高的现象。(　　)

9.黑度、对比度、颗粒度是底片的主要质量指标。　　　　　　　　　　　　　　(　　)

10.在定影过程中,定影剂与卤化银和金属银都发生化学反应。　　　　　　　　(　　)

二、选择题

1.显影的目的是(　　　)。

　A.使曝光的金属银转变为溴化银　　　　B.使曝光的溴化银转变为金属银

　C.去除未曝光的溴化银　　　　　　　　D.去除已曝光的溴化银

2. 显影操作时,不断搅动底片的目的是(　　)。

    A. 使未曝光的溴化银粒子脱落

    B. 驱除附在底片表面的气泡,使显影均匀,加快显影

    C. 使曝过光的溴化银加速溶解

    D. 以上全是

3. 定影液使用一定的时间后失效,其原因是(　　)。

    A. 主要起作用的成分已挥发　　　　　B. 主要起作用的成分已沉淀

    C. 主要起作用的成分已变质　　　　　D. 定影液里可溶性的银盐浓度太高

4. 显影速度变慢,反差减小,灰雾度增大,引起上述现象的原因可能是(　　)。

    A. 显影温度过高　　　　　　　　　　B. 显影时间过短

    C. 显影时搅动不足　　　　　　　　　D. 显影液老化

5. 硼砂在显影液中的作用是(　　)。

    A. 还原剂　　　　　B. 促进剂　　　　　C. 保护剂　　　　　D. 酸性剂

6. 盛放显影液的显影槽不用时应用盖盖好,这主要是为了(　　)。

    A. 防止药液氧化　　　　　　　　　　B. 防止落进灰尘

    C. 防止水分蒸发　　　　　　　　　　D. 防止温度变化

7. 显影配方中哪一项改变会导致影像灰雾度增大,颗粒变粗?(　　)

    A. 米吐尔改为菲尼酮　　　　　　　　B. 增大亚硫酸钠用量

    C. 硫酸钠改为氢氧化钠　　　　　　　D. 增大溴化钾用量

8. 以下关于停显液的叙述,哪一条是错误的?(　　)

    A. 停显液为酸性溶液

    B. 使用停显液可防止两色性雾翳产生

    C. 使用停显影可防止定影液被污染

    D. 为防止药膜损伤,可在停显液中加入坚膜剂——无水亚硫酸钠

9. 自动洗片机在正式洗片前,先输入一张清洗片,其目的是(　　)。

    A. 检查有无异常情况

    B. 清除液桶上沾染的被空气氧化的显影液

    C. 清除液桶上沾染的被空气氧化的定影液

    D. 以上都是

10. 抑制剂的作用是(　　)。

    A. 抑制灰雾度

    B. 抑制显影速度,有利于显影均匀

    C. 对影像层次和反差起调节和控制作用

    D. 以上都是

三、简答题

1. 叙述显影液的成分及作用。

2. 叙述定影液的成分及作用。

3. 影响显影的因素有哪些?

参考答案

第6章

射线照相底片的评定

经过暗室处理后的胶片要进入射线检测中一个重要的环节——评片。射线照相底片的评定工作简称评片,由二级或二级以上探伤人员在评片室内利用观片灯、黑度计等仪器和工具进行该项工作。评片工作包括底片质量的评定、缺陷的定性和定量、焊缝质量的评级等内容。

6.1 评片工作的基本要求

缺陷是否能够通过射线照相而被检出,取决于若干环节。首先,必须使缺陷在底片上留下足以识别的影像,这涉及照相质量方面的问题。其次,底片上的影像应在适当条件下得以充分显示,以利于评片人员观察和识别,这与观片设备和环境条件有关。最后,评片人员对观察到的影像应能做出正确的分析与判断,这取决于评片人员的知识、经验、技术水平和责任心。

按以上所述,对评片工作的基本要求可归纳为三个方面,即底片质量要求、设备环境条件要求和人员条件要求。

课前预习

6.1.1 底片质量要求

通常对底片的质量要求包括灵敏度、黑度、标记、伪缺陷、背散射和搭接情况等六项内容。

底片质量要求

1.灵敏度检查

灵敏度是射线照相质量诸多影响因素的综合结果,底片灵敏度用像质计测定,即根据底片上像质计的影像的可识别程度来定量评价灵敏度高低。目前国内广泛使用的像质计是丝型像质计。评价底片灵敏度的指标是指底片上能识别的最细金属丝的编号。显然,透照一定厚度的工件时,底片上显示的金属丝直径越小,底片的灵敏度也就越高。

灵敏度是射线照相底片质量的最重要指标之一,对底片的灵敏度检查必须符合有关标准的要求。其内容包括底片上是否有像质计影像,像质计型号、规格、摆放位置是否正确,能够观察到的金属丝像质计丝号是多少,是否达到了标准规定的要求等。NB/T 47013—2015标准根据不同透照方式、不同像质计摆放位置、不同透照厚度和不同照相质量等级,规定了应识别的像质计的丝号和丝径。单壁透照、像质计置于射线源侧时像质计灵敏度值应符合表6.1的规定。

像质计的使用

表 6.1　像质计灵敏度值(单壁透照、像质计置于射线源侧)

应识别丝号丝径 /mm	公称厚度 T 范围/mm		
	A 级	AB 级	B 级
19(0.050)	—	—	≤1.5
18(0.063)	—	≤1.2	>1.5~2.5
17(0.080)	≤1.2	>1.2~2.0	>2.5~4.0
16(0.100)	≤1.2~2.0	>2.0~3.5	>4.0~6.0
15(0.125)	>2.0~3.5	>3.5~5.0	>6.0~8.0
14(0.160)	>3.5~5.0	>5.0~7.0	>8.0~12
13(0.20)	>5.0~7.0	>7.0~10	>12~20
12(0.25)	>7.0~10	>10~15	>20~30
11(0.32)	>10~15	>15~25	>30~35
10(0.40)	>15~25	>25~32	>35~45
9(0.50)	>25~32	>32~40	>45~65
8(0.63)	>32~40	>40~55	>65~120
7(0.80)	>40~55	>55~85	>120~200
6(1.00)	>55~85	>85~150	>200~350
5(1.25)	>85~150	>150~250	>350
4(1.60)	>150~250	>250~350	—
3(2.00)	>250~350	>350	—
2(2.50)	>350	—	—

注:管或支管外径≤120 mm 时,管座角焊缝的像质计灵敏度值可降低一个等级。

2.黑度检查

　　黑度是射线照相底片质量的又一重要指标,射线检测标准对底片的黑度范围都有规定。由胶片特性曲线可知,胶片梯度随黑度的增加而增大,为保证底片具有足够的对比度,黑度不能太小,所以标准规定了黑度的下限值。另一方面,受观片灯亮度的限制,底片黑度又不能过大,否则将造成透过光强不足,导致人眼观察识别能力下降,所以标准又规定了底片黑度的上限值。

　　底片黑度应采用黑度计(光学密度计)测量,测量时应注意,最大黑度一般在底片中部焊接接头热影响区位置,最小黑度一般在底片两端焊缝余高中心位置,只有当有效评定区内各点的黑度均在规定的范围内,才能认为该底片黑度符合要求。

　　不同胶片透照技术和底片观察技术对应的黑度范围不同。NB/T 47013—2015 标准对底片评定范围内的黑度 D 规定如下：

单胶片透照技术。在单底片观察评定时，底片评定范围内的黑度 D 应符合：A 级的黑度为 $1.5 \leqslant D \leqslant 4.5$，AB 级的黑度为 $2.0 \leqslant D \leqslant 4.5$，B 级的黑度为 $2.3 \leqslant D \leqslant 4.5$。

双胶片透照技术。在双底片叠加观察评定时，评定范围内的黑度 D 应符合 $2.7 < D \leqslant 4.5$ 的规定。在双底片叠加评定时，黑度范围超过 4.5 的局部区域，如果单底片，黑度符合单底片的规定时，可以对该区域进行单底片评定；采用同类胶片时，在有效评定区内每张底片上相同点测量的黑度差应不超过 0.5；用于双底片叠加评定的任何单底片的黑度应不低于 1.3；应同时观察、分析和保存每张底片。

用 X 射线透照小径管或其他截面厚度变化大的工件，在单底片观察评定时，AB 级最低黑度允许降至 1.5；B 级最低黑度可降至 2.0。

对检测区进行评定时，对应着不同的胶片透照技术或不同的底片观察技术区域的黑度范围应分别在检测报告中进行标识。评定区的最大黑度限值允许提高，但观片灯应经过校验，其亮度应保证在底片最高黑度评定范围内，能够满足评片对亮度的要求。

3. 标记检查

底片上标记的种类和数量应符合有关标准和工艺规定，常用的标记种类有工件编号、焊缝编号、部位编号、中心定位标记、搭接标记等。此外，有时还需使用返修标记、像质计放在胶片侧的区别标记、人员代号、透照日期等。标记应放在适当位置，距焊缝边缘应不少于 5 mm。底片上，定位和识别标记影像应显示完整、位置正确。

4. 伪缺陷检查

伪缺陷是指由于透照操作或暗室操作不当，或由于胶片、增感屏质量不好，在底片上留下非缺陷影像。常见的伪缺陷影像包括划痕、折痕、水迹、静电感光、指纹、霉点、药膜脱落、污染等。

伪缺陷容易与真缺陷影像混淆，影响评片的正确性，造成漏检和误判，所以底片上有效评定区域内不允许有伪缺陷影像。

底片评定范围内不应存在影响影像观察的灰雾度，干扰缺陷影像识别的水迹、划痕、显影条纹、静电斑纹、压痕以及增感屏缺陷带来的各种伪缺陷影像等。

在采用双胶片叠加观察评定时，如果其中一张底片存在轻微伪缺陷或划伤，在能够识别和不妨碍底片评定的情况下，可以接受该底片。

5. 背散射检查

背散射检查即"B"标记检查。照相时，在暗盒背面贴附一个"B"铅字标记，观片时若发现在较黑背景上出现"B"字较淡影像，说明背散射严重，应采取防护措施重新拍照；若不出现"B"字或在较淡背景上出现较黑"B"字，则说明底片未受背散射影响，符合要求。黑"B"字是由于铅字标记本身引起射线散射产生了附加增感，不能作为底片质量判废的依据。

6. 搭接情况检查

双壁单影透照纵焊缝的底片，其搭接标记以外应有附加长度 ΔL（$\Delta L = L_2 L_3 / L_1$），才能保证无漏检区。其他透照方式摄得的底片，如果搭接标记按规定摆放，则底片上只要有搭接标记影像即可保证无漏检区，但如果因某些原因搭接标记未按规定摆放，则底片上搭接标记以

外必须有附加长度 ΔL,才能保证完全搭接。

6.1.2 环境设备条件要求

环境设备条件应能提供底片的最大的细节对比度,使评片人员感到舒适且疲劳度最小,各种干扰应尽量避免,以保证评片人员能聚精会神地工作。

1. 环境

观片室应与其他工作岗位隔离,单独布置。室内光线应柔和偏暗,但不必全黑,一般等于或略低于透过底片光的亮度。室内照明应避免直射人眼或在底片上产生反光。观片灯两侧应有适当台面供放置底片及记录。黑度计、直尺等常用仪器和工具应靠近放置,以便取用方便。

2. 观片灯

观片灯应有足够的光强度,底片黑度 $D \leqslant 2.5$ 时,要求透过底片的光强不低于 30 cd/m²;底片黑度 $D > 2.5$ 时,要求透过底片的光亮度不低于 10 cd/m²。这样,为能观察黑度为 4.0 的底片,要求观片灯的最小亮度应大于 10⁵ cd/m²。

观片灯

3. 各种工具用品

评片需用的工具物品包括放大镜、遮光板、直尺、记号笔、手套和文件等。

放大镜是用于观察影像细节,放大倍数一般为 2～5 倍,最大不超过 10 倍。

遮光板是用于观察底片局部区域或细节时,遮挡周围区域的透射光,避免多余光线进入评片人眼中。

直尺最好是透明塑料尺。

记号笔是用于在底片上做标记。

手套是避免评片人手指与底片直接接触产生污痕。

文件是提供数据或用于记录的各种规范、标准、图表。

6.1.3 人员条件要求

评片人员的基本要求有:

检测人员

担任评片工作的人员应经过系统的专业培训,并通过法定部门考核确认其具有承担此项工作的能力与资格。

应具有一定的评片实际工作经历和经验。

除了系统地掌握射线检测理论知识外,还应具有焊接、材料等相关专业知识。

应熟悉射线检测标准以及被检测试件的设计制造规范和有关管理法规。

应充分了解被检测试件的状况,如材质、焊接和热处理工艺以及表面形态等。

应充分了解所评定的底片的射线照相工艺及工艺执行情况。

应具有良好的职业道德,高度的工作责任心。

应具有良好的视力。要求矫正视力不低于 1.0,近视力检查应能读出距离 400 mm,高 0.5 mm,间隔 0.5 mm 的一组字母。

6.1.4　评片相关知识

下面主要介绍与评片基本要求相关的人眼的视觉特性、表观对比度与观片条件。

1.人眼的视觉特性

电磁波谱中可见部分波长为 400～700 nm,其中波长较短部分呈紫色,而波长较长部分呈红色,此范围内所有波长的光都存在时则呈白色。

人眼对不同颜色的可见光敏感程度不同,在较亮环境中对黄光最敏感,在较暗环境中对绿光最敏感。无论在何种亮度条件下,人眼对红光(约 620～760 mm)和蓝紫光(约 400～500 mm)都不敏感,如图 6.1 所示。虽然片基对透射光的颜色有些影响,但影响光色的主要因素还是观片灯,所以要求观片灯的光色应为白色、橙色或黄绿色,而不宜使用偏红色或偏蓝色光。

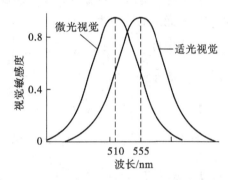

图 6.1　人眼的视觉灵敏度与波长之间的函数关系

人眼难以适应光强不断变化的环境,从亮环境到暗环境,适应时间至少需要 10 min,充分适应时间 30 min,人眼的暗环境适应曲线如图 6.2 所示。光强的不断变化,除了使视觉敏感度下降外,还容易引起眼疲劳,所以观片室不宜过暗。

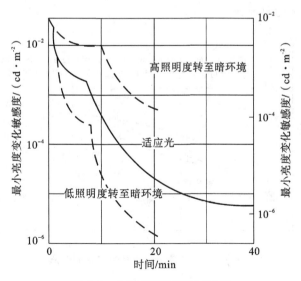

图 6.2　人眼的暗环境适应曲线

人眼能分辨物体的最小尺寸称作目视分辨率,它依赖于物体对眼的张角,而张角又受眼的聚焦能力的限制。此外,光强、颜色、反差等因素对目视分辨率也有影响,一般条件下正常眼睛大约能看清 0.25 mm 的点或 0.025 mm 的线,对更微小的细节,需要借助放大镜观察,合适的放大倍数应为 2~5 倍,高倍放大镜因易产生影像畸变而不宜采用。

在不同亮度条件下,人眼对黑度差识别的敏感程度不同,存在最小识别黑度差 ΔD_{min},ΔD_{min} 随观片灯亮度的变化而变化。在适宜的条件下,人眼最小可识别黑度差对于细长线型影像的识别黑度差约为 0.006,对于细小点状影像约为 0.008。

2. 表观对比度与观片条件

观片时,进入眼中的光线除了透过底片缺陷部位的光强 I 外,还要加上散射线的光强 I_s。I_s 包括室内环境光线和底片周围对显示缺陷不起作用的光线。由于 I_s 的影响,人眼辨别影像黑度差的能力下降,因此提出了表观对比度 ΔD_α 的概念。关于表观对比度 ΔD_α 的推导如下:

射线照相对比度 ΔD 与透过底片光强的关系为

$$\Delta D = D_1 - D_2 = \lg \frac{I_0}{I_1} - \lg \frac{I_0}{I_2} = \lg \frac{I_2}{I_1} \tag{6.1}$$

设 $I_1 = I$,$I_2 = I + \Delta I$,则式(6.1)可变为

$$\Delta D = \lg \frac{I + \Delta I}{I} \approx 0.434 \frac{\Delta I}{I} \tag{6.2}$$

考虑 I_s 的影响,应在 I_1 和 I_2 分别加上 I_s,令 $I_s/I = n'$,则表观对比度 ΔD_α 为

$$\Delta D_\alpha = \lg \frac{I + \Delta I + I_s}{I + I_s} = \lg \left(1 + \frac{\frac{\Delta I}{I}}{1 + n'} \right) \approx \frac{\Delta D}{1 + n'} \tag{6.3}$$

由式(6.3)可以看出,I_s 越大,n' 就越大,ΔD_α 越小,因此,应尽量避免那些对显示缺陷不起作用的光线进入眼中。

观片灯亮度和识别灵敏度的关系如图 6.3 所示。由图可看出,增大观片灯亮度能够增大可识别金属丝影像的黑度范围。

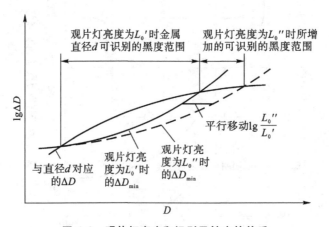

图 6.3 观片灯亮度和识别灵敏度的关系

环境亮度和识别灵敏度的关系如图 6.4 所示。由图可看出,周围光线使得人眼感觉到的底片对比度变小,从而使得可识别的黑度范围减小,识别灵敏度下降。

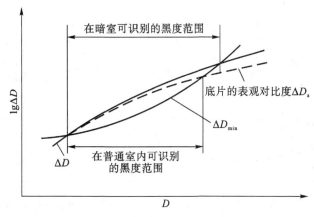

图 6.4　环境亮度和识别灵敏度的关系

6.2　评片基本知识

课前预习

下面主要介绍观片操作、投影概念、焊接知识、焊接缺陷分类等评片基本知识。

6.2.1　观片基本操作

观察底片操作可分为通览底片和影像细节观察两个过程。

通览底片的目的是获得焊接接头质量的总体印象,找出需要分析研究的可疑影像。通览底片时必须注意,评定区域不仅仅是焊缝,还包括焊缝两侧的热影响区,对这两部分区域都应仔细观察。由于余高的影响,焊缝和热影响区的黑度差异往往较大,有时需要调节观片灯亮度,在不同的光强下分别观察。

影像细节观察是为了做出正确的分析判断。因细节的尺寸和对比度极小,识别和分辨是比较困难的,为尽可能看清细节,常采用的方法有:调节观片灯亮度,寻找最适合观察的透过光强;用纸板等物体遮挡住细节部位邻近区域的透过光线,提高表观对比度;使用放大镜进行观察;移动底片,不断改变观察距离和角度。

6.2.2　投影概念

投影概念对于影像识别和评定具有重要意义。用一组光线将物体的形状投射到一个面上去,称为投影;在该面上得到的图像,也称为投影;这个面称为投影面,通常是平面;光线称为投射线;投射线从一点出发的称中心投影,如图 6.5(a)所示,投射线相互平行的称为平行投影,如图 6.5(b)所示。平行投影中,投射线与投影面垂直的称为正投影,倾斜的称为斜投影。

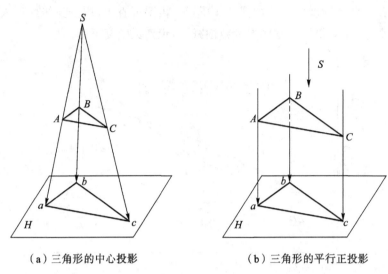

（a）三角形的中心投影　　　　　　　（b）三角形的平行正投影

图 6.5　投影示意图

射线照相就是通过投影把具有三维尺寸的试件（包括其中的缺陷）投射到底片上转化为只有二维尺寸的图像。由于射线源、物体（试件及缺陷）、胶片三者之间相对位置和角度的变化，会使底片上的影像与实际物体的尺寸、形状、位置有所不同。常见的情况有放大、畸变、重叠和相对位置改变等。

1. 放大

影像放大是指底片上的影像尺寸大于物体的实际尺寸。由于焦距比射源尺寸大得多，射源可视为点源，照相投影可视为中心投影，影像放大程度与 L_1、L_2 有关，如图 6.6 所示。放大率 M 的计算公式为

$$M = \frac{W_1}{W} = \frac{L_1 + L_2}{L_1} = 1 + \frac{L_2}{L_1} \tag{6.4}$$

一般情况下 $L_1 \gg L_2$，所以影像放大并不显著，底片评定时一般不考虑放大产生的影响。

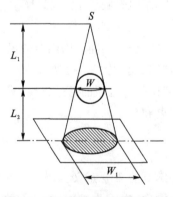

图 6.6　球形气孔透照的影像放大

2. 畸变

对于物体，其正投影和斜投影的影像形状不同，将正投影得到的像视为正常的话，则认为

斜投影的像发生了畸变。

　　实际照相中,影像畸变大部分是由投射线和投影面不垂直的斜投影造成的。此外,当投影面不是平面时(胶片弯曲),也会引起或加剧畸变。球形气孔在斜投影中畸变影像为椭圆形,如图 6.7 所示。裂纹影像有时会畸变为有一定宽度的、黑度不大的暗带。畸变会改变缺陷的影像特征,有时会给缺陷的识别和评定带来困难。

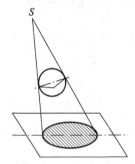

图 6.7　球形气孔透照的影像畸变

3.重叠

　　影像重叠是射线照相投影特有的情况,由于射线能够穿透物质,试件对于射线是"透明"的,试件上下表面的几何形状影像和内部缺陷影像都能在底片上出现,从而造成影像重叠。如图 6.8 所示,底片上 A 点的影像实际上是投射线经过 $A_1,A_2,A_3,\cdots$ 各点的影像的叠加。

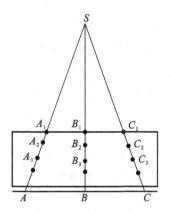

图 6.8　射线照相的影像重叠

　　射线照相底片上影像重叠的情况有以下几种:试件上下表面几何形状影像重叠;表面几何形状影像与内部缺陷影像重叠;两个或更多的缺陷影像重叠。在评片时应注意分析不同影像的层次关系。

4.相对位置改变

　　比较正投影方式照相的底片和斜投影方式照相的底片,可以发现底片上影像的相对位置发生变化。如图 6.9 所示,图中不同的投影角度使 a、b、c、d 点在底片上的相对位置改变。

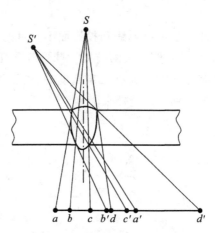

图 6.9　射线照相的影像相对位置改变

　　影像位置是判断和识别缺陷的重要依据之一,相对位置改变有时会给评片带来困难,需要通过观察,推测投影角度,作出正确判断。

6.2.3　焊接知识

射线照相的检测对象主要是焊接接头,这里介绍一些焊接知识。

1.焊接冶金特点

　　两个分离的物体(同种或异种材料)通过原子或分子之间的结合和扩散造成永久性连接的工艺过程叫作焊接,熔化焊是金属材料焊接的主要方法。熔化焊接时,被焊金属在热源作用下被加热,发生局部熔化,同时熔化了的金属、熔渣、气相之间进行着一系列影响焊缝金属的成分、组织和性能的化学冶金反应,随着热源的离开,熔化金属开始结晶,由液态转为固态,形成焊缝。

　　熔化焊接是一种特殊的冶金过程,它具有以下特点:

　　温度高。以手工电弧焊为例,电弧温度高达 $6000\sim8000$℃,熔滴温度约 $1800\sim2400$℃。在如此高温下,外界气体(如 N_2、O_2、H_2)会大量分解,溶入液态金属中,随后又在冷却过程中析出,所以焊缝易形成气孔缺陷。

　　温度梯度大。焊接是局部加热,熔池温度在 1700℃以上,而其周围是冷态金属,形成很陡的温度梯度,从而会导致较大的内应力,引起变形或产生裂纹缺陷。

　　熔池小,冷却速度快。关于熔池的体积,手工焊约 $2\sim10$ cm³,自动焊约 $9\sim30$ cm³,金属从熔化到凝固只有几秒钟,在这样短的时间里,冶金反应是不平衡的。因此,焊缝金属成分不均匀,偏析较大。

2.焊缝结晶特点

　　焊接熔池从高温冷却到常温,其间经历过两次组织变化过程:第一次是液体金属转变为固体金属的结晶过程,称为一次结晶;第二次是温度降低到相变温度时,发生组织转变,称为二次结晶。

　　一次结晶从熔合线上开始,晶体的生长方向指向熔池中心,形成柱状晶体。当柱状晶体生长至相互接触时,结晶过程即告结束。焊缝表面形态以及热裂纹、气孔等缺陷的成因、形态、位置均与一次结晶有关。熔池金属的结晶方向如图 6.10 所示。

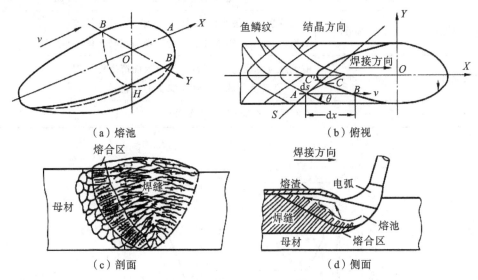

（a）熔池　　　　　　　　　　（b）俯视

（c）剖面　　　　　　　　　　（d）侧面

图 6.10　熔池金属的结晶方向

对低碳钢及低合金钢,一次结晶的组织为奥氏体,继续冷却到低于相变温度时,奥氏体分解为铁素体和珠光体,冷却速度影响着铁素体和珠光体的比率和大小,进而影响焊缝的强度、硬度、塑性和韧性。当冷却速度很大时,有可能产生淬硬组织马氏体。冷裂纹的形成与淬硬组织有关。

3. 焊接接头

焊接接头由焊缝和热影响区两部分组成。二次结晶不仅仅发生在焊缝,也发生在靠近焊缝的金属区域,该区域在焊接过程中受到不同程度加热,在不同温度下停留一段时间后又以不同速度冷却下来,最终获得各不相同的组织和机械性能,称为热影响区。根据组织特征可将热影响区划分为熔合区、过热区、相变重结晶区和不完全重结晶区四个区,其中熔合区和过热区组织晶粒粗大,塑性很低,是产生裂纹、局部脆性破坏的发源地,是焊接接头的薄弱环节。

低碳钢焊接接头热影响区的划分组织特征及性能见表 6.2。焊接热影响区不同温度范围与钢状态图的关系如图 6.11 所示。不同焊接方法热影响区的平均尺寸见表 6.3。

表 6.2　低碳钢焊接接头热影响区的划分组织特征及性能

部位	加热温度范围/(℃)	组织特征及性能	图 6.11 上的位置
焊缝	＞1500	铸造组织柱状树枝晶	1
熔合区及过热区	1250～1400	晶粒粗大,可能出现魏氏组织,硬化之后,易产生裂纹,塑性不好	2
	1100～1250	粗晶与细晶交替混合	
相变重结晶区	900～1100	又称正火区或细晶粒区,晶粒细化,机械性能良好	3

续表

部位	加热温度范围/(℃)	组织特征及性能	图6.11上的位置
不完全重结晶区	730～900	粗大铁素体和细小的珠光体、铁素体，机械性能不均匀，在急冷的条件下可能出现高碳马氏体	4
时效脆化区	300～730	由于热应力及脆化物析出，经时效而产生脆化现象，在显微镜下观察不到组织上的变化	5～6
母材	室温～300	没有受到热影响的母材部分	7

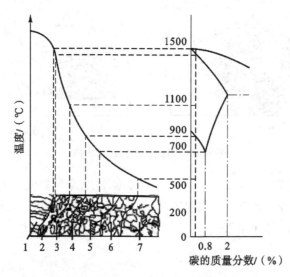

图 6.11　焊接热影响区不同温度范围与钢状态图的关系

表 6.3　不同焊接方法热影响区的平均尺寸

焊接方法	各区平均尺寸/mm			总宽/mm
	过热区	相变重结晶区	不完全重结晶区	
手工电弧焊	2.2～3.0	1.5～2.5	2.2～3.0	6.0～8.5
埋弧自动焊	0.8～1.2	0.8～1.7	0.7～1.0	2.3～4.0
电渣焊	18～20	5.0～7.0	2.0～3.0	25～30
氧乙炔气焊	21	4.0	2.0	27.0
真空电子束	—	—	—	0.05～0.75

6.2.4　焊接缺陷分类

　　如果焊缝中存在缺陷，会在产品使用中造成极大的危害性。因此在检测中一定要避免漏检、错检，以提高检测的质量。

1. 焊接缺陷的危害性

焊接缺陷对锅炉压力容器安全的影响主要表现在三个方面：由于缺陷的存在，减少了焊缝的承载截面积，削弱了拉伸强度；由于缺陷形成缺口，缺口尖端会发生应力集中和脆化现象，容易产生裂纹并扩展；缺陷可能穿透筒壁，发生泄漏，影响致密性。

2. 焊接缺陷分类

金属熔化焊焊接接头中的缺陷可分为裂纹、未熔合、未焊透、夹渣、气孔、形状缺陷等六类。

1) 裂纹

裂纹是指材料局部断裂形成的缺陷。裂纹有多种分类方法，按延伸方向可分为纵向裂纹、横向裂纹、辐射状裂纹等；按发生部位可分为焊缝裂纹、热影响区裂纹、熔合区裂纹、焊趾裂纹、焊道下裂纹、弧坑裂纹等；按发生条件和时机可分为热裂纹、冷裂纹、再热裂纹等。各种裂纹的分布情况如图 6.12 所示。

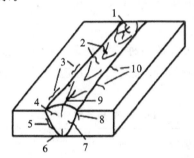

1—弧坑裂纹；2—焊缝上横向裂纹；3—热影响区纵向裂纹；4—焊缝内晶间裂纹；5—焊道下裂纹；
6—焊缝根部裂纹；7—热影响区焊缝贯穿裂纹；8—焊趾裂纹；9—焊缝上纵向裂纹；10—热影响区横向裂纹。

图 6.12　各种裂纹的分布情况

(1) 热裂纹。热裂纹发生于焊缝金属凝固末期，敏感温度区间大致在固相线附近的高温区。最常见的热裂纹区是结晶裂纹，其生成原因是在焊缝金属凝固过程中，结晶偏析使杂质生成的低熔点共晶物富集于晶界，形成"液态薄膜"，由于焊缝凝固收缩而受到拉应力，最终开裂形成裂纹。结晶裂纹最常见的情况是沿焊缝中心长度方向开裂，即纵向裂纹，有时也发生在焊缝内部两个柱状晶体之间，即横向裂纹。弧坑裂纹是另一种形态的，是常见的热裂纹。焊缝中结晶裂纹的出现地带如图 6.13 所示。

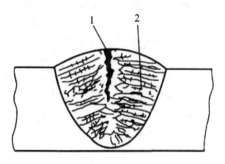

1—弧坑裂纹；2—焊缝上横向裂纹。

图 6.13　焊缝中结晶裂纹的出现地带

热裂纹都是沿晶界开裂,通常发生在杂质较多的碳钢和奥氏体不锈钢等材料焊缝中。

(2)冷裂纹。冷裂纹一般在焊后冷却至马氏体转变温度以下产生,对于低碳钢和低合金钢,大致在 200～300℃ 以下。冷裂纹可能在焊后立即出现,也有可能在几个小时、几天甚至更长时间以后才发生,这种冷裂纹称为延迟裂纹,具有更大的危险性。

拘束应力、淬硬组织和扩散氢是产生延迟裂纹的三大因素。延迟裂纹多发生在热影响区,少数发生在焊缝上,沿纵向和横向都有发生。焊趾裂纹、焊道下裂纹、根部裂纹都是延迟裂纹常见的形态。冷裂纹微观形态有沿晶开裂,也有穿晶开裂,多发生在低合金高强钢和中、高碳钢的焊接接头。

(3)再热裂纹。再热裂纹是指某些含钼、钒、铬、铌、钛等沉淀强化元素的低合金高强钢和耐热钢,焊接冷却后又重新加热(通常是消除应力热处理)的过程中,在焊接热影响区的粗晶区产生的裂纹。产生裂纹的原因是再加热时焊接残余应力松弛,导致较大的附加变形。与此同时,热影响区的粗晶部位会析出合金碳化物组成的沉淀硬化相,如果粗晶部位的蠕变塑性不足以适应应力松弛所产生的附加变形,则沿晶界发生裂纹。再热裂纹的敏感温度区间为550～650℃。

裂纹是焊接缺陷中危害性最大的一种。裂纹是一种面积型缺陷[①],它的出现将显著减少承载截面积,更严重的是裂纹端部会形成尖锐缺口,应力高度集中,很容易扩展导致破坏。焊接裂纹分类见表 6.4 所示。

表 6.4　焊接裂纹分类表

裂纹分类		基本特征	敏感的温度区间	被焊材料	位置	裂纹走向
热裂纹	结晶裂纹	在结晶后期,由于低熔共晶形成的液态薄膜削弱了晶粒间的联结,在拉伸应力作用下发生开裂	在固相线温度以上稍高的温度(固液状态)	杂质较多的碳钢、低中合金钢、奥氏体钢、镍基合金及铝	焊缝上,少量在热影响区	沿奥氏体晶界
	多边化裂纹	已凝固的结晶前沿,在高温和应力的作用下,晶格缺陷发生移动和聚集,形成二次边界,它在高温处于低塑性状态,在应力作用下产生的裂纹	固相线以下再结晶温度	纯金属及单相奥氏体合金	焊缝上,少量在热影响区	沿奥氏体晶界
	液化裂纹	在焊接热循环峰值温度的作用下,在热影响区和多层焊的层间发生重熔,在应力作用下产生的裂纹	固相线以下稍低温度	含 S、P、C 较多的镍铬高强钢、奥氏体钢、镍基合金	热影响区及多层焊的层间	沿奥氏体晶界
再热裂纹		厚板焊接结构消除应力处理过程中,当热影响区的粗晶存在不同程度的应力集中时,由于应力松弛所产生的附加变形大于该部位的蠕变塑性,则发生再热裂纹	600～700℃回火处理	含有沉淀强化元素的高强钢、珠光体钢、奥氏体钢、镍基合金等	热影响区的粗晶区	沿晶界开裂

---

① 具有三维尺寸的缺陷称为体积型缺陷,具有二维尺寸(第三维尺寸极小)的缺陷称为面积型缺陷。

续表

裂纹分类		基本特征	敏感的温度区间	被焊材料	位置	裂纹走向
冷裂纹	延迟裂纹	在淬硬组织、氢和拘束应力的共同作用下产生的具有延迟特征的裂纹	在 M_S 点以下	中、高碳钢，低、中合金钢、钛合金等	热影响区，少量在焊缝	沿晶或穿晶
	淬硬脆化裂纹	主要是由淬硬组织，在焊接应力作用下产生的裂纹	M_S 点附近	含碳的 NiCrMo 钢、马氏体不锈钢、工具钢	热影响区，少量在焊缝	沿晶及穿晶
	低塑性脆化裂纹	在较低温度下，由于被焊材料的收缩应变，超过了材料本身的塑性储备而产生的裂纹	在 400℃以下	铸铁、堆焊硬质合金	热影响区及焊缝	沿晶及穿晶
层状撕裂		主要是由于钢板的内部存在分层的夹杂物（沿轧制方向），在焊接时产生的垂直于轧制方向的应力，致使在热影响区或稍远的地方，产生"台阶"式层状开裂	约 400℃以下	含有杂质的低合金高强钢厚板结构	热影响区附近	穿晶或沿晶

2）未熔合

未熔合是指焊缝金属与母材金属，或焊缝金属之间未熔化结合在一起的缺陷。按其所在部位，未熔合可分为坡口未熔合、层间未熔合及根部未熔合（分为单 V 坡口和 X 坡口），分别如图 6.4(a)、(b)、(c)和(d)所示。

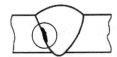 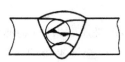 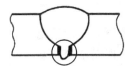 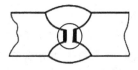

（a）坡口未熔合　　　（b）层间未熔合　　　（c）单V坡口根部未熔合　　　（d）X坡口根部未熔合

图 6.14　未熔合示意图

产生未熔合缺陷的主要原因有：焊接电流过小；焊接速度过快；焊条角度不对，产生了弧偏吹现象；焊接处于下坡焊位置，母材未熔化时已被铁水覆盖；母材表面有污物或氧化物，影响熔敷金属与母材间的熔化结合等。

未熔合也是一种面积型缺陷，坡口未熔合和根部未熔合对承载截面积的减小都非常明显，应力集中也比较严重，其危害性仅次于裂纹。

3）未焊透

未焊透是指母材金属之间没有熔化，焊缝金属没有进入接头的根部造成的缺陷。未焊透可分为双面焊未焊透和单面焊未焊透两种，如图 6-15 所示。

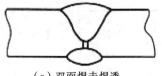
（a）双面焊未焊透

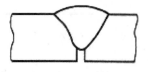
（b）单面焊未焊透

图6.15 未焊透示意图

产生未焊透的原因主要有焊接电流过小,焊接速度过快。坡口角度太小,根部钝边太厚。间隙太小,焊条角度不当,电弧太长等。未焊透也是一种比较危险的缺陷,其危害性取决于缺陷的形状、深度和长度。

4)夹渣

夹渣是指焊缝金属中残留有外来固体物质所形成的缺陷。夹渣按形态可分为点状夹渣、块状夹渣、条状夹渣,如图6.16所示;按残留固体物质种类,可分为非金属夹渣和金属夹渣。

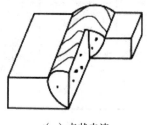
（a）点状夹渣

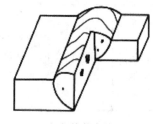
（b）块状夹渣

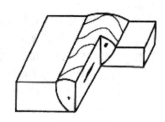
（c）条状夹渣

图6.16 夹渣示意图

非金属夹渣的主要成分是硅酸盐,也有一些是氧化物和硫化物,它们主要来自焊条药皮和焊剂熔渣。金属夹渣最常见的是钨夹渣,它是由钨极氩弧焊中的钨极烧损,熔入焊缝中形成的。

产生非金属夹渣的主要原因有焊接电流太小,焊接速度太快,熔池金属凝固过快,运条不正确,铁水与熔渣分离不好,层间清渣不彻底等。产生金属夹渣的主要原因是焊接电流过大或钨极直径太小,氩气保护不良引起钨极烧损,钨极触及熔池或焊丝而剥落。夹渣是一种体积型缺陷,容易被射线照相检出。夹渣会减少焊缝受力截面。夹渣的棱角容易引起应力集中,成为交变载荷下的疲劳源。

5)气孔

气孔是指熔入焊缝金属的气体引起的空洞。气孔按形状可分为球形气孔、条形气孔和针形气孔;按分布状态可分为单个气孔、条状气孔、链状气孔、虫状气孔等,如图6.17所示。

生成气孔的气体主要是 H_2 和 O_2。气体来自电弧区周围的空气,母材和焊材表面杂质(如油污、锈、水分以及焊条药皮和焊剂)的分解燃烧。熔化的金属在高温下可以吸收大量气体,冷却时,气体在金属中的溶解度下降,气体便析出并聚集生成气泡上浮,如果受到焊缝金属结晶的阻碍无法逸出,就会留在金属内生成气孔。气孔是一种体积型缺陷。它对焊缝强度的影响主要是减少了受力截面,深气孔(针孔)有时会破坏焊缝的致密性。

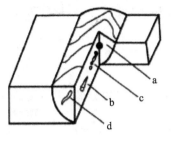
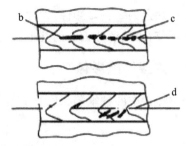

a—单个气孔;b—条状气孔;c—链状气孔;d—虫状气孔。

图 6.17 气孔的示意图

6)形状缺陷

形状缺陷是指焊缝金属表面成型不良或其他原因造成的缺陷,包括咬边、根部内凹、弧坑缩孔、焊瘤、未焊满、搭接不良、烧穿、收缩沟等。外焊缝两侧咬边如图 6.18(a)所示,内焊缝两侧咬边如图 6.18(b)所示。根部内凹如图 6.19 所示。弧坑缩孔如图 6.20 所示。外焊瘤如图 6.21(a)所示,根部焊瘤如图 6.21(b)所示。

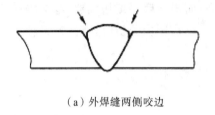
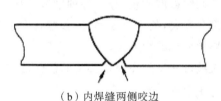

（a）外焊缝两侧咬边   （b）内焊缝两侧咬边

图 6.18 咬边

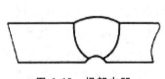
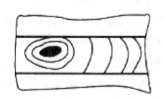

图 6.19 根部内凹   图 6.20 弧坑缩孔

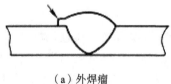
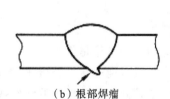

（a）外焊瘤   （b）根部焊瘤

图 6.21 焊瘤

6.3 底片影像分析

课前预习

底片上影像千变万化,形态各异,但按其来源大致可分为三类:缺陷造成的缺陷影像,由试件外观形状造成表面几何影像,由于材料、工艺条件或操作不当造成的伪缺陷影像。对于底片上的每一个影像,评片人员都应能够作出正确解释。影像分析和识别是评片工作的重要环节,也是评片人员的基本技能。

6.3.1 焊接缺陷影像

下面介绍焊接中各种缺陷在底片上呈现的影像。熟悉缺陷的影像,为后续的评片工作做好知识储备。

1.裂纹

底片上裂纹的典型影像是轮廓分明的黑线或黑丝。其细节特征包括:黑线或黑丝上有微小的锯齿,有分叉,粗细和黑度有时有变化,有些裂纹影像呈较粗的黑线与较细的黑丝相互缠绕状;线的端部尖细,端头前方有时有丝状阴影延伸。

各种裂纹的影像差异和变化较大,因为裂纹影像不仅与裂纹自身形态有关,而且与射线能量、工件厚度、透照角度、底片质量等许多因素有关。例如,透照时射线束方向与裂纹深度方向平行,得到的裂纹影像是一条黑线;随着透照角度逐渐增大,黑线将变宽,同时黑度变小,透照角度更大时,可能只出现一条模糊的宽带阴影,完全失去了裂纹影像特征。又例如,薄板焊缝的裂纹影像比较清晰,各种细节特征可以显示出来,而当透照厚度增加后,细节特征可能有一部分丧失,甚至完全消失,影像将发生很大变化。所以在影像分析时,要注意各种因素对裂纹影像变化的影响。

裂纹可能发生在焊接接头的任何部位,包括焊缝和热影响区。

2.未熔合

坡口未熔合的典型影像是连续或断续的黑线,宽度不一,黑度不均匀,一侧轮廓较齐,黑度较大,另一侧轮廓不规则,黑度较小,在底片上的位置一般在焊缝中心至边缘的1/2处,沿焊缝纵向延伸。层间未熔合的典型影像是黑度不大的块状阴影,形状不规则,如伴有夹渣时,夹渣部位的黑度较大。国外也有把不含夹渣的层间未熔合称为白色未熔合,而含夹渣的层间未熔合称为黑色未熔合的说法。根部未熔合的典型影像是一条细直黑线,线的一侧轮廓整齐且黑度较大,为坡口或钝边痕迹,另一侧轮廓可能较规则也可能不规则。根部未熔合在底片上的位置应是焊缝根部的投影位置,一般在焊缝中间,因坡口形状或投影角度等原因也可能偏向一边。

3.未焊透

未焊透的典型影像是细直黑线,两侧轮廓都很整齐,为坡口钝边痕迹,宽度恰好为钝边间隙宽度。有时坡口钝边有部分熔化,影像轮廓就变得不太整齐,线宽度和黑度局部发生变化,但只要能判断是处于焊缝根部的线性缺陷,仍判定为未焊透。未焊透在底片上处于焊缝根部的投影位置,一般在焊缝中部,因透照偏、焊偏等原因也可能偏向一侧。未焊透呈断续或连续分布,有时能贯穿整张底片。

4.夹渣

非金属夹渣在底片上的影像是黑点、黑条或黑块,形状不规则,黑度变化无规律,轮廓不圆滑,有的带棱角。非金属夹渣可能发生在焊缝中的任何位置,条状夹渣的延伸方向多与焊缝平行。钨夹渣在底片上的影像是一个白点,由于钨对射线的吸收系数很大,因此,白点的黑度极小(极亮),据此可将其与飞溅影像相区别。钨夹渣只产生于非熔化极氩弧焊焊缝中,该焊接方法多用于不锈钢薄板焊接和管子对接环焊缝的打底焊接。钨夹渣尺寸一般不大,形状不规则,大多数情况是以单个形式出现,少数情况是以弥散状态出现。

5.气孔

气孔在底片上的影像是黑色圆点,也有呈黑线(条状气孔)或其他不规则形状的。气孔的轮廓比较圆滑,其黑度中心较大,至边缘稍减小。气孔可以发生在焊缝中任何部位,发生部位与气孔形状有对应的规律,如手工单面焊根部易发生条状气孔,双面焊根部易发生链状气孔,焊缝中心线两侧易发生虫状气孔。"针孔"直径较小,但影像黑度很大,一般发生在焊缝中心。"夹珠"是另一类特殊的气孔缺陷,它是由前一道焊接生成的气孔,被后一道焊接熔穿,铁水流进气孔的空间而形成的,在底片上的影像为黑色气孔中间包含着一个白色圆珠。

6.3.2　伪缺陷影像

伪缺陷是指由于照相材料、工艺或操作不当在底片上留下的影像。常见的伪缺陷有划痕、压痕、折痕、水迹、静电感光、显影斑纹、显影液沾染、定影液沾染、增感屏伪缺陷等。

1.划痕

划痕指胶片被尖锐物体(如指甲、器具尖角、胶片尖角、砂粒等)划过,在底片上留下的黑线。划痕细而光滑,十分清晰。识别方法是借助反射光观察,可以看到底片上药膜有划伤痕迹。

2.压痕

胶片局部受压会引起局部感光,从而在底片上留下压痕。压痕是黑度很大的黑点,其大小与受压面积有关,借助反射光观察,可以看到底片上药膜有压伤痕迹。

3.折痕

胶片受弯折,会发生减感或增感效应。曝光前受折,折痕为白色影像,曝光后受折,折痕为黑色影像。最常见的折痕形状呈月牙形。借助反射光观察,可以看到底片有折伤痕迹。

4.水迹

由于水质不好或底片干燥处理不当,会在底片上出现水迹,水滴流过的痕迹是一条黑线或黑带,水滴最终停留的痕迹是黑色的点或弧线。水迹可以发生在底片的任何部位,黑度一般不大。水流痕迹直而光滑,可以找到起点和终点,水珠痕迹形状与水滴一致,借助反射光观察,有时可以看到底片上水迹处药膜有污物痕迹。

5.静电感光

切装胶片时,因摩擦产生的静电发生放电现象使胶片感光,在底片上留下黑色影像。静电感光影像以树枝状最为常见,也有点状或冠状斑纹影像。静电感光影像比较特殊,易于识别。

6.显影斑纹

由于曝光过度,显影液温度过高,浓度过大导致快速显影时,或因显影时搅动不及时,均会造成显影不均匀,从而产生显影斑纹。显影斑纹呈黑色条状或宽带状,在整张底片范围出现,影像对比度不大,轮廓模糊,一般不会与缺陷影像混淆。

7.显影液沾染

显影液沾染指显影操作开始前,胶片上沾染了显影液。沾上显影液的部位提前显影,黑度比其他部位大,影像可能是点、条或成片区域的黑影。

8.定影液沾染

定影液沾染指显影操作开始前,胶片沾染了定影液。沾上定影液的部位发生定影作用,使得该部位黑度小于其他部位,影像可能是点、条或成片区域的白影。

9.增感屏伪缺陷

增感屏伪缺陷是指由于增感屏的损坏或污染使局部增感性能改变而在底片上留下的影像。如增感屏上的裂纹或划伤会在底片上造成黑色伪缺陷影像,而增感屏上的污物会在底片上造成白色影像。增感屏引起的伪缺陷,在底片上的形状和部位与增感屏上完全一致。当增感屏重复使用时,伪缺陷会重复出现。避免此类伪缺陷的方法是经常检查增感屏,及时淘汰损坏了的增感屏。

底片上除了上述伪缺陷外,还有因胶片质量不好或暗室处理不当引起的药膜脱落、网纹、指印、污染等,以及因胶片保存或使用不当造成的跑光、霉点等。

6.3.3　表面几何影像

表面几何影像是指由于试件的结构和外观形状投影形成的影像,大致可分为试件结构影像、焊接成型影像、焊接形状缺陷影像、表面损伤影像等。

试件结构影像:指由于母材厚度的变化、焊缝垫板、试件内部结构投影等因素造成的影像。

焊接成型影像:指焊缝余高、根部形状、焊缝表面波纹、焊道间沟槽等生成的影像。

焊接形状缺陷影像:指咬边、烧穿、内凹、收缩沟、弧坑、焊瘤、未填满、搭接不良等因焊接造成的表面缺陷的影像。

表面损伤影像:指由非焊接因素造成的表面缺陷的影像,如机械划痕、压痕、表面撕裂、电弧烧伤、打磨沟槽等。

为能正确识别表面几何影像,首先,要求评片人员仔细了解试件结构和焊接接头形式;其次,评片人员应熟悉不同焊接方法和焊接位置的焊缝成型特点;此外,评片人员应注意焊缝外观检查的结果,掌握试件的表面质量状况,对可能影响缺陷识别的表面几何形状进行打磨,评片时应注意对表面缺陷的核查。底片上焊接形状缺陷的影像和表面损伤的影像主要根据其位置、形状、表面结晶形态以及影像轮廓清晰度等特征来加以识别。

6.3.4　底片影像分析要点

底片上包含着丰富的信息,评片人员从底片上能获得的不仅仅是缺陷情况,还能了解到一些试件结构、几何尺寸、表面状态以及焊接和照相投影等方面的情况。注意提取上述信息并进行综合分析,有助于作出正确的评定。

本节简要叙述了观察底片时应提取的信息要点以及影像分析的一般方法。只有在理论学习的基础上经过大量的实践训练,才能较好掌握影像分析的技能。

1.通览底片时的影像分析要点

结合已掌握的情况,通过观察底片,一般应进行以下分析并作出判断。

焊接方法区分手工焊、自动焊、氩弧焊等。

焊接位置区分平焊、立焊、横焊或仰焊(对管子环焊缝则有水平固定、垂直固定或滚动焊等)。

焊缝形式区分双面焊、单面焊、加垫板单面焊。

评定区范围认清焊缝余高边缘、热影响区范围。

投影情况及投影位置判断投影是否偏斜,认清焊缝上缘和下缘以及根部的位置。

认清焊接方向,估计结晶方向,查找起弧和收弧位置。

了解试件厚度,判断试件厚度变化情况,大致判断清晰度、对比度、灰雾度的大小和成像质量水平,判定底片质量是否满足标准规定的要求。

2.缺陷定性时的影像分析要点

观察影像时,一般首先注意的是影像形状、尺寸、黑度。除此以外,还应做下列观察与分析。

(1)影像位置。根据影像在底片上的位置以及影像特征,结合投影关系,推测其在焊缝中的位置在根部、坡口还是表面,在焊缝还是在热影响区。

(2)影像的延伸方向。影像的延伸方向有一定规律性,例如,未熔合、未焊透等沿焊缝纵向,热裂纹、虫状气孔与焊缝结晶方向有关,咬边、弧坑的轮廓与焊缝表面波纹相吻合。

(3)影像轮廓清晰程度。除了照相工艺条件影响清晰度外,还应注意影响轮廓清晰程度的因素并据此进行分析厚板与薄板中影像清晰程度的差异、缺陷和某些伪缺陷清晰度差异、内部缺陷和表面缺陷轮廓清晰度的差异等。

(4)影像细节特征。注意寻找细节特征,如裂纹的尖端、锯齿、未焊透的直边等。

(5)影像定性分析方法——列举排除法。列举排除法是影像定性分析常用的方法,对一定形状的影像,先列出它可能是什么,再根据每一类影像的特点,逐个鉴别,排除与影像特征不符的推测,最终得到正确的结论。

例如,对底片的一个黑点,它可能是气孔、点状夹渣、弧坑、压痕、水迹、显影液沾染、霉点,可逐个进行鉴别。

气孔、点状夹渣、压痕、水迹、显影液沾染的影像特征和识别方法在本章内已有叙述。弧坑的特征是发生在焊道中央,在收弧部位,焊接位置应处于平焊,如果是霉点,则应大量发生,在底片上广泛分布,不会是孤立黑点。

对底片上的一条黑线,可以列出它可能是裂纹、未熔合、未焊透、条状气孔、咬边、错口、划痕、水迹、增感屏伪缺陷等。

裂纹、未熔合、未焊透、划痕、水迹、增感屏伪缺陷影像的特征和识别方法本章内已有叙述,条状气孔为细长黑线,黑度均匀,轮廓圆滑,发生在手工单面焊的焊缝根部;咬边发生在焊缝边缘,与焊缝波纹的起伏走向一致。错口发生在焊缝中心线上,如果细看的话,可以发现它不是一道黑线而是一道不同黑度区域的明暗分界线。

3.影像分析示例:小径管环焊缝底片评判要点

小径管环焊缝双壁双影照相的特点是透照厚度变化大。例如,对 $\Phi 51$ mm×3.5 mm 的管子照相,最大透照厚度为最小透照厚度的 3.7 倍,因此,底片上不同部位的黑度和灵敏度差异较大。

为错开上下焊缝,透照时射线束有一倾角,对 $\Phi 51$ mm×3.5 mm 的管子,这一倾角约为 12°~18°。倾角会引起影像畸变,对纵向裂纹检出亦有影响。上下焊缝几何不清晰度存在较大差异,对 $\Phi 51$ mm×3.5 mm 的管子,上焊缝 U_g 约为下焊缝的 10 倍。边蚀效应较严重,散射比较大,因此,成像质量不高。

1)通览底片时的影像分析要点

辨认焊接方法小径管焊口多采用手工焊,由根部成型情况判断是否用氩弧焊打底。辨认焊接位置根据焊缝波纹判断水平固定、垂直固定或是滚动焊;如果是水平固定,找出起弧的仰焊位置和收弧的平焊位置。确定有效评定范围根据黑度和灵敏度情况判断检出范围是否达到 90%。辨明投影位置焊缝根部投影位于椭圆影像的内侧;根据影像放大或畸变情况以及清晰程度有时可分辨出上焊缝和下焊缝。

2)缺陷定性时的影像分析要点

①常见影像缺陷有裂纹、根部未熔合、未焊透、夹渣、气孔、焊穿、内凹、内咬边等。

②常见形状缺陷有焊瘤、弧坑、咬边。

③影像位置的一般规律:根部裂纹、未熔合、未焊透、条状气孔、内凹、内咬边、烧穿都发生在焊缝根部,底片上的位置处于椭圆内侧;内凹一般在仰焊位置;根部焊瘤、焊漏、弧坑在平焊位置。

④观察影像的主要特征和细节特征,注意未焊透与内凹的区别,烧穿、弧坑与气孔的区别,条状气孔与裂纹的区别。

6.4 焊接接头的质量等级评定

课前预习

底片上的缺陷被确认以后,下一步就是对照有关标准,评出焊接接头的质量等级。射线照相标准有许多种,例如国家标准、部颁标准、行业标准以及国外标准等。在我国,锅炉压力容器产品执行的探伤标准由国家安全监察法规和产品设计制造规范指定。法规和规范同时还对探伤方法的选用、探伤部位、比例以及验收质量等级等方面作出了规定。

不同的射线照相标准关于质量分级的具体规定各不相同,但确定质量等级的原则和依据大体是一致的。缺陷的危害性、焊接接头的强度水平、制造要求的工艺水平是质量分级考虑的主要因素,缺陷性质、尺寸大小、数量、密集程度是划分质量等级的主要依据。评片人员应熟悉标准中的有关内容,正确运用并严格执行评级规定。

6.4.1 焊接接头质量分级评定

本节结合 NB/T 47013—2015 标准,简单评定承压设备熔化焊接接头质量分级的有关规定。

1.焊接接头质量级别划分

标准将焊缝质量划分为Ⅰ、Ⅱ、Ⅲ、Ⅳ四个等级,Ⅰ级质量最好,Ⅳ级质量最差。

2.缺陷性质与质量等级

标准在承压设备焊接接头评定中提到了五种焊接缺陷,即裂纹、未熔合、未焊透、条形缺陷和圆形缺陷。对于小径管环焊缝评定增加了根部内凹和根部咬边。至于其他焊接形状缺陷并未提及,这是因为射线探伤应在焊缝外观检验合格后进行,形状缺陷应由外观目视检查发现,不属无损探伤检测范畴,因此不作评级规定。但对于目视检查无法进行的场合或部位,包括小径管、小直径容器、钢瓶、锅炉联箱以及其他带垫板焊缝的根部缺陷,如内凹、烧穿、内咬边等应由射线照相检出并作评级规定。

标准有关缺陷性质的评级规定裂纹、未熔合、双面焊和加垫板单面焊的未焊透属不允许存在的缺陷,只要发生即评为Ⅳ级。不加垫板单面焊允许未焊透存在(这取决于焊缝系数),但最高只能评Ⅲ级,其允许长度按条状夹渣Ⅲ级的有关规定。对夹渣和气孔按长宽比重新分类:长宽比大于3的定义为条状夹渣,长宽比小于或等于3的定义为圆形缺陷,对两者分别制定控制指标,其中Ⅰ级焊缝不允许条状夹渣存在。

3.缺陷数量与质量等级

缺陷数量包括单个尺寸、总量和密集程度三个方面。定量的依据(包括缺陷长度和宽度尺寸以及间距)是底片上量得的尺寸,不考虑投影放大或畸变造成的影响。黑度不作为缺陷定级依据,特殊情况下需要考虑缺陷高度和黑度对焊缝质量影响时应另作规定。标准允许圆形缺陷存在,但需根据母材厚度对缺陷数量加以限制。规定单个缺陷尺寸不得超过母材厚度的1/2。对缺陷总量采用点数换算,对缺陷密集程度采用评定区控制。各质量等级允许的缺陷点数都有明确规定。标准对于条状夹渣,也是根据母材厚度来限制的,以单个条渣长度、条渣总长和间距三项指标分别对单个缺陷尺寸、总量、密集程度做出限制。此外,如果在圆形缺陷评定区内同时存在圆形缺陷和条状夹渣或单面焊的未焊透,则需要进行综合评级,这也属对缺陷密集程度限制的规定。标准关于缺陷定量和评级的各种规定甚多,应在标准讲解时逐条详细说明并示例,本节不作赘述。

6.4.2　射线照相检验记录与报告

评片人员应对射线照相检验结果及有关事项进行详细记录并出具报告,其主要内容包括产品情况、透照工艺条件、底片评定结果、评片人签字、日期、照相位置布片图等。

产品情况:包含工程名称、试件名称、规格尺寸、材质、设计制造规范、探伤比例部位、执行标准、验收、合格级别。

透照工艺条件:包括射源种类、胶片型号、增感方式、透照布置、有效透照长度、曝光参数(管电压、管电流、焦距、时间)、显影条件(温度、时间)。

底片评定结果:包括底片编号、像质情况(黑度、像质计丝号、标记、伪缺陷)、缺陷情况(缺陷性质、尺寸、数量、位置)、焊缝级别、返修情况、最终结论。

最后还需要有评片人签字、日期、照相位置布片图等。

承压设备熔化焊焊接
接头射线检测结果评定
和质量分级　　　　　检测技术等级　　　　　课程思政

习 题 6

一、判断题

1. 由于射线照相存在影像放大现象，所以底片评定时，缺陷定量应考虑放大的影响。 （　　）

2. 各种热裂纹只发生在焊缝上，不会发生在热影响区。 （　　）

3. 形状缺陷不属于无损检测检出范畴，但对于目视检查无法进行的场合和部位，射线照相应对形状缺陷，例如内凹、烧穿、咬边等评级。 （　　）

4. 射线照相时，不同的投影角度会使工件上不同部位的特征点在底片上的相对位置改变。 （　　）

5. 熔化焊焊接过程中的二次结晶仅仅发生在焊缝，与热影响区无关。 （　　）

6. 若在较淡背景上出现较黑"B"字，说明背散射严重。 （　　）

7. 裂纹按发生的条件和时机可分为热裂纹、冷裂纹、再热裂纹等。 （　　）

8. 焊缝金属之间未熔化结合在一起的缺陷不是未熔合。 （　　）

9. 焊缝形状缺陷包括咬边、烧穿、焊瘤、弧坑、内凹、未焊透，等等。 （　　）

10. 钨夹渣在底片上的影像是一个白点，它只产生在钨极氩弧焊中。 （　　）

二、选择题

1. 观片室的明暗程度最好是（　　　）。

    A. 越暗越好 　　　　　　　　　　　　B. 控制在 70 lm 左右

    C. 与透过底片的亮度大致相同 　　　　D. 以上都不对

2. 以下关于底片灵敏度检查的叙述，哪一条是错误的？（　　　）

    A. 底片上显示的像质计型号，规格应正确

    B. 底片上显示的像质计摆放应符合要求

    C. 如能清晰地看到长度不小于 10 mm 的像质计钢丝影像，则可认为底片灵敏度达到该钢丝代表的像质指数

    D. 要求清晰显示钢丝影像的区域是指焊缝区域，热影响区和母材区域则无此要求

3. 以下关于底片黑度检查的叙述，哪一条是错误的？（　　　）

    A. 焊缝和热影响区的黑度均应在标准规定的黑度范围内

    B. 测量最大黑度的测量点一般选在中心标记附近的热影响区

    C. 测量最小黑度的测量点一般选在搭接标记附近的焊缝上

    D. 每张底片黑度检查至少测量四点，取四次测量的平均值作为底片黑度值

4.以下关于观片灯亮度的叙述,哪一条是正确的? (　　)

A.观光时,灯越亮越好　　　　　　　　B.透过底片的光强最好为 30 cd·m^{-2}

C.透过底片的光强最好为 100 cd·m^{-2}　　D.光源的颜色最好为绿色,白色也可以

5.一般情况下,正常人的眼睛大约可以看清(　　)。

A.直径 0.25 mm 的点和 0.025 mm 的线　　B.直径 0.025 的点和 0.0025 mm 的线

C.直径 0.025 mm 的点和 0.25 mm 的线　　D.直径 0.0025 mm 的点和 0.025 mm 的线

6.再热裂纹发生的位置一般在(　　)。

A.母材　　　　　B.热影响区　　　　　C.焊缝区　　　　　D.以上都是

7.结晶裂纹是热裂纹的一种,发生的位置一般是(　　)。

A.焊缝区　　　　　B.热影响区　　　　　C.母材　　　　　D.以上都是

8.焊接电流过大或焊条角度不对可能引起(　　)。

A.未焊透　　　　　B.未熔合　　　　　C.气孔　　　　　D.咬边

9.静电感光的影像一般是(　　)。

A.鸟爪型　　　　　B.树枝型　　　　　C.点状或冠状　　　　　D.以上都是

10.底片上的出现宽度不等,有许多断续分枝的锯齿形黑线,它可能是(　　)。

A.裂纹　　　　　B.未熔合　　　　　C.未焊接　　　　　D.咬边

三、简答题

1.评片前首先要检查底片是否合格,其合格要求有几项?

2.观片灯的性能要求有哪些?

3.底片上缺陷定性时的影像分析要点有哪些?

四、计算题

1.观察射线底片时,若透过底片的光强相同,则最小可见对比度 ΔD_{min} 也相同。今用亮度为 L_0 的观片灯观察黑度为 1.6 的底片,然后再观察黑度为 2.5 的底片。为使最小可见对比度 ΔD_{min} 不变,应使观片幻灯片亮度提高多少倍?

2.观察射线底片时,若透过光强相同,则最小可见对比度 ΔD_{min} 也相同。今用亮度为 1200 lx 的观片灯观察黑度 1.4 的底片,然后又观察黑度 3.2 的底片,因原亮度难于观察,需将亮度提高后观察。此时为使最小可见对比度 ΔD_{min} 不变,应将亮度调至多少 lx?

3.今摄得黑度分别为 2.1 和 2.9 的两张底片,按同一条件进行观察。观片时若透过光以外的环境光强与透过黑度为 2.9 的底片后的光强相同,则同一直径的像质计金属丝在黑度 2.9的底片上可见对比度是黑度 2.1 的底片上可见对比度的几倍?(设黑度 1.2~3.5,ΔD 与 D 成正比)

参考答案

第7章

辐射防护

众所周知,射线具有辐射性,会对人体造成不可逆转的损伤,因此,辐射防护是从事射线检测的人员必须掌握的。本章主要介绍辐射防护的基本概念、基本知识及防护措施。

7.1 辐射量

课前预习

辐射效应的研究和应用,离不开对电离辐射的计算,因此需要规定各种辐射量的定义和单位,用以表征辐射的特征,描述辐射场的性质,度量电离辐射与物质相互作用时的能量传递及受照物内部的变化程度和规律。

从放射防护角度出发,可将描述 X 射线的辐射量分为电离辐射辐射量和辐射防护辐射量两类。电离辐射辐射量包括照射量 P、比释动能 K、吸收剂量 D 等;辐射防护辐射量包括当量剂量、有效剂量等。

所谓剂量,是指某一对象接受或吸收的辐射的一种度量。它可以指照射量、吸收剂量等。

7.1.1 电离辐射辐射量

下面介绍照射量 P、比释动能 K、吸收剂量 D 等常用电离辐射辐射量及相应的照射量率 $\dot{P}$、比释动能率 $\dot{K}$、吸收剂量率 $\dot{D}$ 的定义,SI 单位及其相互关系。

1. 照射量 P 与照时量率 $\dot{P}$

(1)照射量 P。照射量 P 是用来表征 X 射线或 γ 射线对空气电离本领大小的物理量。照射量 P 是指 X 射线或 γ 射线的光子在单位质量的空气中释放出来的所有次级电子(负电子和正电子),当它们被空气完全阻止时,在空气中形成的任何一种符号的(带正电或负电的)离子的总电荷的绝对值。

当 X 射线或 γ 射线穿过空气时,由于它们和空气中的分子(或原子)相互作用的结果,便产生了次级电子。这些次级电子具有一定能量,当它们和空气分子作用时能使空气分子电离,形成离子对,即正离子和负离子。X 射线或 γ 射线的能量越高,数量越大,对空气的电离本领越强,被电离的总电荷量也越多。我们将照射量 P 定义为 $\mathrm{d}Q$ 除以 $\mathrm{d}m$ 所得的商,即

$$P = \frac{\mathrm{d}Q}{\mathrm{d}m} \tag{7.1}$$

式(7.1)中,$\mathrm{d}Q$ 是当光子产生的全部电子被阻止于空气中时,在空气中所形成的任何一种符号的离子总电荷量的绝对值;$\mathrm{d}m$ 是体积球的空气质量。

照射量 P 的 SI 单位为库仑·千克$^{-1}$,用符号 C·kg^{-1} 表示。专用单位为伦琴,用字母 R 表示,简称伦。两者的换算关系为

$$1\ \mathrm{R} = 2.58 \times 10^{-4}\ \mathrm{C \cdot kg^{-1}}$$

$$1\ \mathrm{C \cdot kg^{-1}} = 3.877 \times 10^{3}\ \mathrm{R}$$

此外,还有毫伦(mR),微伦(μR)等单位,与伦琴的关系为

$$1\ \mathrm{R} = 10^{3}\,\mathrm{mR} = 10^{6}\ \mu\mathrm{R}$$

一个正(负)离子所带的电量为 4.8×10^{-10} 静电单位,1 伦是在干燥空气中产生 1 静电单位的电量,所以产生 2.083×10^{9} 对离子。照射量只适用于 X、γ 射线对空气的效应,且只适用于光子能量大约在几千伏到 3 MV 之间。

(2)照射量率 $\dot{P}$。照射量率 $\dot{P}$ 是指单位时间的照射量,也就是 dP 除以 dt 所得的商,即

$$\dot{P} = \frac{\mathrm{d}P}{\mathrm{d}t} \tag{7.2}$$

照射量率 $\dot{P}$ 的 SI 单位有库仑·千克$^{-1}$·秒$^{-1}$,符号为 C·kg^{-1}·s^{-1};伦·时$^{-1}$,符号为 R·h^{-1};伦·秒$^{-1}$,符号为 R·s^{-1}。

2.比释动能 K 与比释动能率 $\dot{K}$

(1)比释动能 K。比释动能 K 的定义。比释动能 K 是指不带电粒子与物质相互作用,在单位质量的物质中释放出来的所有带电粒子的初始动能的总和。X 射线或 γ 射线与物质相互作用最重要的标志是将能量转移给物质,这是产生辐射效应的依据。能量转换过程分为两个阶段:X 射线或 γ 射线的能量转移给次级电子;次级电子通过电离和激发的形式,将能量转移给物质。比释动能 K 是描述第一阶段的能量转移情况,即描述不带电粒子有多少能量转移带电粒子的一个辐射量。

质量为 dm 的物质中,若不带电粒子释放出来的所有带电粒子的初始动能的总和为 dE_{tr},则比释动能 K 的定义式表示为

$$K = \frac{\mathrm{d}E_{\mathrm{tr}}}{\mathrm{d}m} \tag{7.3}$$

比释动能只适用于 X 射线和 γ 射线等不带电粒子的辐射,但适用于各种物质。

比释动能 K 的 SI 单位为焦耳·千克$^{-1}$,符号为 J·kg^{-1},其特定名称为"戈瑞",符号为 Gy。1 Gy 等于 1 kg 受照射的物质吸收 1 J 的辐射能量,即

$$1\ \mathrm{Gy} = 1\ \mathrm{J \cdot kg^{-1}}$$

其他单位还有毫戈瑞,符号为 mGy,微戈瑞,符号为 μGy。它们的关系为

$$1\ \mathrm{Gy} = 10^{3}\ \mathrm{mGy} = 10^{6}\ \mu\mathrm{Gy}$$

沿用单位为拉德,符号为 rad,与 Gy 的换算关系为

$$1\ \mathrm{rad} = 10^{-2}\ \mathrm{Gy}$$

(2)比释动能率 $\dot{K}$。比释动能率用字母 $\dot{K}$ 表示,指单位时间内的比释动能。若在时间 dt 内,比释动能的增量为 dK,则比释动能率 $\dot{K}$ 定义为

$$\dot{K} = \frac{\mathrm{d}K}{\mathrm{d}t} \tag{7.4}$$

比释动能 $\dot{K}$ 的 SI 单位为戈瑞·秒$^{-1}$,用符号表示为 Gy·s^{-1}。其他单位有:戈瑞·时$^{-1}$,用符号表示为 Gy·h^{-1};毫戈瑞·时$^{-1}$,用符号表示为 mGy·h^{-1};微戈瑞·时$^{-1}$,用符号表示

为 $\mu Gy \cdot h^{-1}$ 等。

参考空气比释动能率 $\dot{K}$ 是在空气中距源 1 m 的参考距离处对空气衰减和散射修正后的比释动能率 $\dot{K}$,用 1 m 处的 $\mu Gy \cdot h^{-1}$ 表示。

3. 吸收剂量 D 与吸收剂量率 $\dot{D}$

(1)吸收剂量 D。吸收剂量 D 是描述电离辐射与物质的相互作用,这种作用实际是一种能量的传递过程,作用的结果是电离辐射的能量被物质吸收,引起被照射物质的性质发生各种变化,其中有物理的、化学的、生物学的,等等。物质吸收的辐射能量越多,则由辐射引起的效应就越明显。吸收剂量 D 是衡量物质吸收辐射能量的多少的物理量,表示能量吸收与辐射效应的关系。

任何电离辐射照射物体时,受照物体将吸收电离辐射的全体或部分能量。我们用比释动能 K 描述第一阶段的能量转移情况,对于第二阶段的能量转移情况即描述次级电子有多少能量被物质吸收,可用吸收剂量 D 表示,即吸收剂量 D 是表征受照物体吸收电离辐射能量程度的一个物理量。

吸收剂量 D 的定义是任何电离辐射授予质量为 dm 的物质的平均能量 $d\bar{\varepsilon}$ 除以 dm 所得的商,即

$$D = \frac{d\bar{\varepsilon}}{dm} \tag{7.5}$$

式(7.5)中, $\bar{\varepsilon}$ 为平均授予能。授予能 ε 为进入一基本体积的全部带电电离粒子和不带电电离粒子能量和与离开该体积的全部带电电离粒子和不带电电离粒子的能量总和之差,再减去在该体积内发生任何核反应或基本粒子反应所增加的静止质量的等效能量。

吸收剂量 D 不像照射量 P 和比释动能 K ,只适用 X 射线或 γ 射线,它适用于任何类型和任何能量的电离辐射,同时也适用于任何被照射物质。吸收剂量 D 的大小一方面取决于电离辐射的能量,另一方面取决于被照射物质本身的性质。因此,在提及吸收剂量 D 时,必须说明是什么物质的吸收剂量 D 。

吸收剂量 D 的 SI 单位和比释动能相同,用焦耳·千克 $^{-1}$ 表示,其特定名称为戈瑞,符号为 Gy。沿用单位为拉德,符号为 rad,两者的换算关系为

$$1 \text{ Gy} = 1 \text{ J} \cdot \text{kg}^{-1}$$
$$1 \text{ Gy} = 100 \text{ rad}$$

(2)吸收剂量率 $\dot{D}$ 。各种电离辐射的生物效应,不仅与吸收剂量 D 的大小有关,还与吸收剂量的速率有关,因此,引入吸收剂量率 $\dot{D}$ 的概念。一般说来,吸收剂量率 $\dot{D}$ 表示单位时间内吸收剂量的增量。吸收剂量率 $\dot{D}$ 严格定义为单位时间 dt 内吸收剂量的增量 dD ,即

$$\dot{D} = \frac{dD}{dt} \tag{7.6}$$

吸收剂量率 $\dot{D}$ 的 SI 单位与比释动能率 $\dot{K}$ 相同,有戈瑞·秒 $^{-1}$,符号为 $Gy \cdot s^{-1}$;毫戈瑞·时 $^{-1}$,符号为 $mGy \cdot h^{-1}$;微戈瑞·秒 $^{-1}$,符号为 $\mu Gy \cdot s^{-1}$ 等。

4.照射量 P、比释动能 K、吸收剂量 D 的关系

照射量 P、比释动能 K 和吸收剂量 D 这三个量之间存在着一定的联系和区别,下面就分别介绍这三个量之间的关系。

1)照射量 P 和比释动能 K 的关系

X 射线或 γ 射线照射空气时,如果忽略次级电子能量转移成热能和辐射能的部分,即认为:在单位质量空气中所产生的次级电子能量全部用于使空气分子电离,则空气中某点照射量 P 和比释动能 K 在带电粒子平衡条件下的关系为

$$1K = 33.72P \tag{7.7}$$

式中,照射量 P 的单位为库伦/千克($C \cdot kg^{-1}$),比释动能 K 的单位为戈瑞(Gy)。

例题 7.1　已知空气中某点 X 射线的照射量 P 为 1.29×10^{-4} $C \cdot kg^{-1}$,求空气中该点的比释动能 K。

解　由式(7.7)可得

$$1K = 33.72P = 33.72 \times 1.29 \times 10^{-4} = 4.35 \times 10^{-3} \text{ Gy}$$

答:空气中该点的比释动能 K 为 4.35×10^{-3} Gy。

2)比释动能 K 和吸收剂量 D 的关系

比释动能 K 和吸收剂量 D 分别反映物质吸收电离辐射的两个阶段。对于一定质量 dm 的物质,不带电粒子转移给次级电子的平均能量 $d\overline{\varepsilon}_{tr}$ 与物质吸收能量相等,则比释动能 K 和吸收剂量 D 相等,即

$$K = \frac{d\overline{\varepsilon}_{tr}}{dm} = \frac{d\overline{\varepsilon}}{dm} = D \tag{7.8}$$

式(7.8)成立必须满足两个条件:带电粒子在平衡条件下;带电粒子产生的辐射损失忽略不计。

3)照射量 P 和吸收剂量 D 的关系

在实际工作中,仪器直接测量的只能是照射量 P,而不是吸收剂量 D。因此,要计算辐射场中某点被照射物质的吸收剂量 D,就只能用该点的照射量进行换算。也就是说,测量或计算出辐射场中某点的照射量 P,才能换算出某一物质在该点的吸收剂量 D。常见的有下列两种换算关系。

①将空气中某点的照射量 $P_{空}$ 换算成该点空气的吸收剂量 D。如果以 $D_{空}$ 表示空气的吸收剂量(Gy),$P_{空}$ 表示空气的照射量($C \cdot kg^{-1}$),则空气中的吸收剂量 $D_{空}$ 与照射量 $P_{空}$ 换算公式为

$$D_{空} = 33.72P_{空} \tag{7.9}$$

如果吸收剂量 $D_{空}$ 的单位用 Gy,而照射量 $P_{空}$ 的单位用 R,则空气中的吸收剂量 $D_{空}$ 与照射量 $P_{空}$ 换算公式为

$$D_{空} = 8.69 \times 10^{-3}P_{空} \tag{7.10}$$

②将空气中某点的照射量 $P_{空}$ 换算成该点被照射物质的吸收剂量 $D_{空}$。由于吸收剂量 $D_{空}$ 的大小既取决于光子的能量又取决于受照射物质的性质,显然,把照射量 $P_{空}$ 换算成吸收剂量 $D_{空}$ 就需要乘以一个既能反映入射光子的能量,又能反映被照射物质性质的换算因子 f,

即

$$D_物 = \frac{(\mu_{en}/\rho)_物}{(\mu_{en}/\rho)_空} D_空 = fP \tag{7.11}$$

式(7.11)中，$(\mu_{en}/\rho)_物$ 是物质的质能吸收系数；$(\mu_{en}/\rho)_空$ 是空气的质能吸收系数；$D_物$ 是受照物的吸收剂量，单位是 Gy；$D_空$ 是空气的吸收剂量，单位是 Gy；P 是空气的照射量，单位是 C·kg^{-1}；f 是换算因子，或称转换系数，与光子的能量和受照射物质的性质有关。若 $D_物$ 的单位是 Gy，P 的单位是 C·kg^{-1}，则 f 的单位是 Gy·kg·C^{-1}。

表 7.1 中列出了水、肌肉组织和骨骼对于不同能量光子的 f 值。由表中数据可见，对于低能光子，在照射量相同的情况下，骨骼的吸收剂量比肌肉高 3～4 倍，当光子能量超过 200 keV 后，对于相同照射量，各种物质的吸收剂量都非常接近。

表 7.1　水、肌肉组织、骨骼对于不同能量光子的 f 值

光子能量/MeV	$f/(\text{Gy} \cdot \text{kg} \cdot \text{C}^{-1})$		
	水	肌肉组织	骨骼
0.010	35.1	36.1	140.7
0.020	33.9	35.8	162.4
0.10	37.0	37.0	56.2
0.20	37.4	37.2	37.9
0.50	37.7	37.4	36.2
1.0	37.6	37.3	35.9
10.0	37.4	37.1	36.1

4）照射量 P、比释动能 K 和吸收剂量 D 之间的区别

照射量 P、比释动能 K 和吸收剂量 D 之间的区别见表 7.2。

表 7.2　照射量 P、比释动能 K 和吸收剂量 D 之间的区别

辐射量种类		照射量 P	比释动能 K	吸收剂量 D
剂量的含义		表征 X、γ 射线在所关注的体积内用于电离空气的能量	表征不带电粒子在所关心的体积内交给带电粒子的能量	表征电离辐射在所关心的体积内被物质吸收的能量
适用范围	辐射场	X、γ 射线	不带电粒子的辐射	任何带电粒子和不带电粒子的辐射
	介质	空气	任何物质	任何物质
单位		C·kg^{-1}	Gy、rad	Gy、rad
换算关系		1 C·kg^{-1}=3.877×10^3 R 1 R=2.58×10^{-4}C·kg^{-1}	1 Gy=10^2 rad	1 Gy=10^2 rad

7.1.2 辐射防护辐射量

辐射防护中使用的辐射量有很多种,本节主要介绍与人体有关的辐射量:当量剂量和有效剂量。同时,介绍国际放射防护委员会的一些新规定。

1. 当量剂量 H_T

吸收剂量在一定程度上可以反映生物体因受到辐射而产生的生物效应,但辐射的生物效应不只是仅仅依赖于吸收剂量的大小,还与其他因素有关。同样的吸收剂量,由于射线的种类和能量不同,对机体产生的生物效应亦有不同。考虑到这一影响因素,应该有一个与辐射种类和射线能量有关的因子对吸收剂量进行修正,这个因子叫作辐射权重因子(W_R)。用辐射权重因子修正后的吸收剂量叫作当量剂量。

需要特别指出的是,在辐射防护中,关心的往往不是受照体某点的吸收剂量,而是某个器官或组织吸收剂量的平均值。辐射权重因子正是用来对某组织或器官的平均吸收剂量进行修正的。因此,用辐射权重因子修正的平均吸收剂量即为当量剂量。

对于某种辐射 R 在某个组织或器官 T 中的当量剂量 $H_{T.R}$ 可由下式给出:

$$H_{T.R} = D_{T.R} W_R \tag{7.12}$$

式(7.12)中,W_R 是辐射 R 的辐射权重因子;$D_{T.R}$ 是辐射 R 在器官或组织 T 内产生吸收剂量。

如果对于某一组织或器官 T 的照射是由几种具有不同种类和能量的辐射组成,则应将吸收剂量分成若干组,每组各有与其对应的辐射权重因子 W_R,分别用不同的 W_R 对相应种类辐射的吸收剂量进行修正,而后相加即可得出总的当量剂量。

因此,对于受到多种辐射的组织或器官 T,其当量剂量应表示为

$$H_T = \sum_R W_R D_{T.R} \tag{7.13}$$

式(7.13)中,$D_{T.R}$ 和 W_R 的物理意义同公式(7.12)。

辐射权重因子的数值大小是由 ICRP(International Commission on Radiological Protection,国际放射防护委员会)选定的。其数值大小表示特定种类和能量的辐射在小剂量时诱发生物效应的情况。表 7.3 列出了一些射线的辐射权重因子。

表 7.3 一些射线的辐射权重因子

辐射的类型及能量范围	辐射权重因子 W_R	辐射的类型及能量范围	辐射权重因子 W_R
光子,所有能量	1	中子,能量<10 keV	5
电子及介子,所有能量*	1	10 keV~100 keV	10
		>100 keV~2 MeV	20
质子(不包括反冲质子),能量>2 MeV	5	>2 keV~20 MeV	10
α粒子、裂变碎片、重核	20	>20 MeV	5

注:* 表示不包括由原子核向 DNA 发射的俄歇电子,此种情况下需进行专门的微剂量测定考虑。

从表 7.3 可见,对 X 射线和 γ 射线,不管能量多高,辐射权重因子 W_R 始终为 1,也就是说,对任一器官或组织,被 X 射线和 γ 射线照射后的吸收剂量和当量剂量在数值上是相等的。

辐射权重因子 W_R 是无量纲的,当量剂量的 SI 单位与吸收剂量的 SI 单位都为 $J \cdot kg^{-1}$ 时,它的专用名称是希沃特,符号为 Sv,关系为

$$1 \text{ Sv} = 1 \text{ J} \cdot kg^{-1}$$

此外还有厘希沃特(cSv)、毫希沃特(mSv)和微希沃特(μSv)等单位,它们之间的关系为

$$1 \text{ Sv} = 10^2 \text{ cSv} = 10^3 \text{ mSv} = 10^6 \text{ } \mu\text{Sv}$$

2.当量剂量率 $\dot{H}_T$

当量剂量率 $\dot{H}_T$ 是单位时间内的当量剂量,若在 dt 时间内,当量剂量的增量为 dH_T,则当量剂量率为

$$\dot{H}_T = \frac{dH_T}{dt} \tag{7.14}$$

当量剂量率 $\dot{H}_T$ 的 SI 单位为希沃特·秒$^{-1}$,符号为 $Sv \cdot s^{-1}$。

3.组织权重因子

辐射防护中通常遇到的情况是小剂量慢性照射,在这种条件下引起的辐射效应主要是随机性效应。

随机性效应发生的概率与受照的组织或器官有关,也就是不同的组织或器官,虽然吸收了相同当量剂量的射线,但发生随机性效应的概率有可能不一样。为了考虑不同器官或组织对发生辐射随机性效应的不同敏感性,引入了一个新的权重因子对当量剂量进行加权修正,使得修正后的当量剂量能够更好地反映出受照组织或器官吸收射线后所受的危害程度。这个对组织或器官 T 的当量剂量加权的因子称为组织权重因子,用 W_T 表示。ICRP 推荐的各组织或器官的 W_T 值列于表 7.4 中。

表 7.4　各组织或器官的组织权重因子 W_T

组织或器官	组织权重因子 W_T	组织或器官	组织权重因子 W_T
性腺	0.20	肝	0.05
(红)骨髓	0.12	食道	0.05
结肠	0.12	甲状腺	0.05
肺	0.12	皮肤	0.01
胃	0.12	肝表面	0.01
膀胱	0.05	骨表面	0.01
乳腺	0.05	其余组织或器官	0.05

由表 7.4 中可以看出,每个组织的权重因子均小于 1。对射线越是敏感的组织,权重因子的数值越大,所有组织或器官权重因子的总和为 1。

4.有效剂量 E

经过组织权重因子 W_T 加权修正后的当量剂量称为有效剂量,用字母 E 表示。因为 W_T

无量纲,所以有效剂量的单位与当量剂量的单位相同,即 $J \cdot kg^{-1}$,其专用名称是 Sv。

　　通常在接受照射中,会同时涉及几个组织或器官,所以应该有不同组织或器官的 W_T 分别给当量剂量 H_T 进行修正,所以有效剂量 E 是对所有组织或器官加权修正后的当量剂量之总和,其公式如下:

$$E = \sum_T W_T \cdot H_T \tag{7.15}$$

式(7.15)中,H_T 是组织或器官 T 所受的当量剂量;W_T 是组织或器官 T 的组织权重因子。

7.1.3　ICRP 第 60 号出版物的一些新规定

　　ICRP 于 1977 年发表的和 ICRP 第 60 号出版物关于辐射的有关量的定义有所不同,下面介绍其中的部分差异。

　　ICRP 于 1977 年发表的第 26 号出版物中将辐射的生物效应分为"随机性效应"和"非随机性效应",而在 60 号出版物中,将"非随机性效应"另定义为"确定性效应",使表述更为准确。

　　"随机性效应"和"确定性效应"的定义如下:

　　随机性效应:指发生概率与剂量成正比,而严重程度与剂量无关的辐射效应。一般认为,在辐射防护感兴趣的低剂量范围内,这种效应的发生不存在剂量阈值。

　　确定性效应:指通常情况下存在剂量阈值的一种辐射效应。超过阈值时,剂量越高则效应的严重程度越大。

　　按照原先国际辐射单位与测量委员会(ICRU)的定义,吸收剂量可以表示出某一无限小的点的吸收剂量。

　　当量剂量是针对特定组织或器官的,用辐射权重因子修正后的吸收剂量。当量剂量与过去的剂量当量的差别在于权重因子的概念。剂量当量用品质因子 Q 修正,而 W_R 与 Q 的实质含义有极大的差别。按 ICRP 规定,Q 值按照辐射的传能线密度(LET)来确定。ICRP 把 Q 值与 LET 联系起来的原意只是为了粗略地指示出 Q 值随辐射类型的变化,可是这样却造成了一个学术上的误解,认为 Q 值与 LET 有一种精确的数学关系。然而,从放射生物学上看,这种精确的数学关系是不存在的。因此,ICRP 另用来对吸收剂量加权,使其能代表不同类型辐射在小剂量时诱发随机性效益的相对生物效能(RBE_M)。需要强调的是,既然 W_R 是针对随机效应而制定的,因此,就不能处处都用当量剂量来恰当地表示它与确定性效益的关系。

7.2　剂量测定方法

课前预习

7.2.1　辐射监测

　　从事电离辐射的实践离不开对辐射的监测。辐射监测是放射防护的一项重要技术,其主要目的是保护工作人员和居民,使其免受辐射的有害影响。因此,辐射监测的内容应包括辐射测量和参照电离辐射防护及辐射源安全基本标准对测定结果进行卫生学评价两个方面。

　　工业射线照相一般使用的是 X 射线和 γ 射线。工作人员处于辐射场中工作,主要受外照射。因此,辐射监测的内容主要是防护监测。辐射防护监测的实施包括辐射监测方案的制定、现场测量、照射场测量、数据处理、结果评价等。在监测方案中,应明确监测点位、监测周期、监测仪器与方法,以及质量保证措施等。辐射防护监测特别强调质量保证措施,监测人员应经考核持证上岗,监测仪器要定期送计量部门检定,对监测全过程要建立严格的质量控制程序。

辐射防护监测按监测的对象可分为工作场所辐射监测和个人剂量监测。

1)工作场所辐射监测

工作场所辐射监测包括透照室内的辐射场测定和周围环境的剂量场分布测定两部分。

(1)透照室内的辐射场测定。在透照室内辐射场测定中,需测定不同射线源在不同条件下射线直接输出剂量、散射线量以及有散射体存在时剂量场的分布情况,以便及时发现潜在的高剂量区,从而采取必要的防护措施。根据剂量场的分布资料,可以计算工作人员的允许连续工作时间,估计工作者在给定条件下将受到的照射剂量。另外,还可测定增添防护设施后剂量场的改变情况,以便评定防护设施的性能。

(2)周围环境的剂量场分布测定。周围环境剂量场分布测定包括透照室门口、窗口、走廊、楼上、楼下和其他相邻房间以及周围环境的照射量率,它可为改善防护条件提供有价值的信息,保证环境剂量水平符合放射卫生防护要求。

除以上测定外,现场透照时应根据剂量水平划分控制区和监督(管理)区。控制区是指在辐射工作场所划分的一种区域,在该区域内要求采取专门的防护手段和安全措施,以便在正常工作条件下能有效控制照射剂量和防止潜在照射。监督(管理)区是指辐射工作场所控制区以外,通常不需要采取专门防护手段和安全措施,但要不断检查其职业照射条件的区域。

现行标准规定:以空气比释动能率低于 $40\ \mu\mathrm{Gy}\cdot\mathrm{h}^{-1}$ 作为控制区边界。对监督(管理)区的规定是:对于 X 射线照相,控制区边界外空气比释动能率在 $4\ \mu\mathrm{Gy}\cdot\mathrm{h}^{-1}$ 以上的范围划为管理区;对于 γ 射线照相,控制区边界外空气比释动能率在 $2.5\ \mu\mathrm{Gy}\cdot\mathrm{h}^{-1}$ 以上的范围划为监督区。

作业场所启用时,应围绕控制区边界测量辐射水平,并按空气比释动能不超过 $40\ \mu\mathrm{Gy}\cdot\mathrm{h}^{-1}$ 的要求进行调整。操作过程中,应进行辐射巡测,观察放射源的位置和状态。

2)个人剂量监测

个人剂量监测是测量被射线照射的个人所接受的剂量,这是一种控制性的测量。它可以告知在辐射场中工作的人员直到某一时刻为止,已经接受了多少照射量或吸收剂量,因此,就可以控制以后的照射量。如果被照射者接受了超剂量的照射,个人剂量监测不仅有助于分析超剂量的原因,还可以为医生治疗被照射者提供有价值的数据。当然,个人剂量监测和工作场所监测是相辅相成的。此外,个人剂量监测对加强管理、积累资料、研究剂量与效应关系有很大的作用。

实际上,并不是任何外照条件下都需要进行个人剂量监测。通常只有受照射剂量达到某一水平的地方或偶尔可能发生大剂量照射的地方,才需要进行个人剂量监测。

GB 18871—2002《电离辐射防护与辐射源安全基本标准》规定了个人剂量监测三种情况:

①对于任何在控制区工作的工作人员,或有时进入控制区工作并可能受到显著职业照射的工作人员,或其职业照射剂量可能大于 $5\ \mathrm{mSv}\cdot\mathrm{a}^{-1}$(毫希沃特·年$^{-1}$)的工作人员,均应进

行个人监测。在进行个人监测不现实或不可行的情况下,经审管部门认可后可根据工作场所监测的结果和受照地点和时间的资料对工作人员的职业受照作出评价。

②对在监督区或只偶尔进入控制区工作的工作人员,如果预计其职业照射剂量为 $1\sim5$ mSv·a^{-1},则应尽可能进行个人监测。应对这类人员的职业受照进行评价,这种评价应以个人监测或工作场所监测的结果为基础。

③如果可能,对所有受到职业照射的人员均应进行个人监测。但对于受照剂量始终不可能大于 1 mSv·a^{-1}的工作人员,一般可不进行个人监测。

7.2.2　辐射剂量仪

众所周知,人的感觉器官不能察觉电离辐射的存在,所以要完成辐射监测的任务,必须依靠专门的探测装置,即辐射剂量仪。

辐射剂量仪之所以能测量电离辐射,其基本原理是根据电离辐射的物理和化学效应,利用这些效应制成各种不同型号和用途的剂量仪。这些效应包括:利用射线通过气体时的电离效应;利用射线通过某些固体时的电离和激发;利用射线与某种物质的核反应或弹性碰撞所产生的易于探测的次级粒子;利用射线的能量在物质中所产生的热效应;利用射线(如 α、β 射线等)所带的电荷;利用射线和物质作用而产生的化学变化。

辐射剂量仪可分为探测器和测量装置(电子线路)两部分:前者的原理是选用某种物质按一定方式对辐射产生响应(即物理、化学反应);后者的原理是选用电子线路测量响应的程度。

常见剂量仪的探测器主要有三类:一是利用射线在空气中的电离效应的气体探测器,如电离室、正比计数器、盖革-米勒(G-M)计数管等;二是利用射线在半导体产生电子和空穴现象的半导体探测器;三是利用射线在闪烁体中产生发光效应的闪烁计数器。此外还有其他探测器,如热释光剂量计、固体径迹剂量计等。

7.2.3　剂量仪器的选择

下面介绍选择剂量仪器的主要原则及其剂量仪器的校准。

1. 剂量仪器的选择

在辐射防护监测中,监测剂量仪器的选择一般应掌握以下几方面原则:

(1)射线性质。对于射线种类及性质清楚的场所,应选用针对性强的仪器;对于辐射场性质不清楚的场所,应选用带有多用探头的监测仪器或多种监测仪。

(2)量程范围。仪器的量程下限值至少应在个人剂量限值的 1/10 以下,上限值根据具体情况而定。

(3)能量响应。理想的测量仪器应该是不论射线能量大小,只要照射量相同,其仪器的响应就应该相同。然而事实上,仪器的响应总是随着能量的不同而产生一定的差异,这种差异越小,仪器的能量响应越好。对剂量率仪表,一般要求与 Cs137 相比,在 50 keV 到 3 MeV 范围内能量响应差异不大于±30%。对数百千电子伏特以上的光子来说,能量响应差别不大,但对 100 keV 以下的光子就需要注意仪器的能量响应性能与被测光子的能量是否相适应。

(4)环境特征。对于温度,要求在 $10\sim40$℃的温度范围内仪器读数变化在±5%以内;对于相对湿度,要求在 10%～95%的湿度范围内仪器读数变化在±5%以内。此外,还应考虑气压和电磁场的影响。

(5)对其他辐射的响应。高能 γ 射线和 β 射线都能穿透电离室或计数管的壁引起仪器响应,造成 β、γ 射线测量相互干扰;中子场中往往有 γ 辐射场。所以,一般 γ 辐射监测仪应对能量直到 2.27 MeV 的 β 射线无响应。

(6)其他因素。仪器零点漂移要小,测量的方向性误差应不大于±30%,仪器响应速度要快,质量要轻,体积要小。

2.剂量仪器的校准

剂量仪器校准的目的是保证仪器正常工作,满足仪器测量结果总的误差要求,包括能量响应、方向响应、环境效应、分量程线性等。

校准仪器的基本方法有两种,即标定法和替代法。标定法是一种利用性质已充分了解的辐射场、标准源标定。当对辐射场不十分了解时则采用替代法,可用标准仪器比对基准、次级标准、工作标准的误差传递。

国际辐射单位与测量委员会报告(ICRV)提出过以下意见:

当最大当量剂量与最大容许剂量可以比拟时,准确度应达±30%。当剂量水平为最大容许剂量的 1/10 时,误差达 3 倍似乎是可以接受的。如遇到剂量水平要比最大容许剂量大得多的时候,应该努力来提高辐射测量准确度。

考虑剂量限值是在偏于保守方式下导出的,所以在辐射防护监测中几乎不需要有很高的准确度。

7.2.4 场所辐射监测仪器

用于场所辐射监测的仪器按体积、质量和结构可分为携带式和固定式两类:携带式仪器体积小、质量轻,具有合适的量程,便于个人携带使用;固定式监测装置一般由安装在操作室的主机和通过电缆安装在监测处的探头两部分组成(如伦琴计)。此装置还可采用带有音响或灯光信号的报警装置,一旦场所的剂量超过某一预定阈值时,仪器能自动给出信号。

在场所辐射监测中,有用射线束的照射场内辐射水平很高,而一般散、漏射线的辐射水平较低,必须根据探测对象选用适当的仪器进行测量。

以下介绍几种常用的辐射监测仪器。

1.气体电离探测器

电离室、正比计数器和 G-M 计数管统称为气体电离探测器,其工作原理的共同点是利用射线使气体发生电离的特性,通过收集探测器工作室内的气体电离所产生的电荷来测定辐射剂量。

1)电离室探测器

电离室相当于一个充气的密封电容器。由于电离室没有放大功能,其输出的电离电流很弱,因此,要特别考虑弱电流测量的要求。

电流电离室。它具有结构简单、使用方便、测量范围宽、能量响应好和工作稳定可靠等优点。虽然它灵敏度不是很高,但足够常规防护监测的需要,因此广泛应用于 X 射线和 γ 射线的剂量测量。

高气压电离室。它是测量辐射剂量率的新型探测器,由高气压电离室(一般充氩气到约 2×10^6 Pa)探测器和电子线路组成。与一般电离室探测器相比,其灵敏度和测量精度更高。这类仪器价格比较贵,目前国外已普遍应用,国内也已有产品生产。

2)G-M 计数管

G-M 计数管比电离室灵敏度高,入射射线只要产生一个离子对就能引起放电而被记录,输出脉冲的幅度大、仪器结构简单、不易损坏、价格低廉。其缺点是:分辨时间太长,不能用于高计数率测量。在很强的辐射场中,由于计数率太大会发生"饱和",对 γ 射线探测效率较低。目前国内有多种型号产品。

2. 闪烁探测器

闪烁探测器是利用某些物质在辐射作用下会发光的特性来探测辐射的,这些物质称为荧光物质或闪烁体。常用的闪烁体可分无机闪烁体和有机闪烁体两类:前者大多是含有杂质的无机盐晶体,例如 CsI(T1)、NaI(T1)等;后者大多属于环苯结构的芳香族化合物,例如蒽晶体等。

闪烁探测器由闪烁体和光电倍增管、放置放大器等组成,射线在闪烁体中产生的荧光极弱,须用光电转换器件(光电倍增管)来把荧光转换成电脉冲,并加以放大,其脉冲幅度正比于带电粒子或光子在闪烁体晶体中累积的能量。

闪烁探测器的优点是对 γ 射线探测效率高,灵敏度比 G-M 计数管高,分辨时间短,能测量射线的强度和能量。

3. 半导体探测器

半导体探测器是 20 世纪 60 年代后迅速发展起来的一种测量辐射剂量率的新型探测器,其工作原理与气体电离室探测器相似。半导体探测器有硅 PN 结型、锂漂移型、高纯锗型等多种类型,其中大多为 PN 结结构。在没有受到辐射时,处于反向偏压下的 PN 结绝缘电阻很大,漏电流很小。在受到辐射时,由辐射产生的带电粒子在半导体中产生电子–空穴对,在外电场作用下分别向两电极漂移,在电路中形成电流并产生电压脉冲信号。

与气体电离室探测器相比,半导体探测器的优点是:由于半导体密度比气体大得多,在输出同样脉冲情况下,半导体探测器的体积比气体探测器小得多;半导体探测器的能量分辨能力很高,比闪烁探测器还要高数十倍,可用于 X 射线谱和 γ 能谱测量。

7.2.5 个人剂量监测仪器

个人剂量监测仪的探测器件通常佩戴在人员身上,以监测个人受到的总照射量或者组织的吸收剂量。因此,探测元件或仪器必须非常小巧、轻便、牢固、容易使用、佩戴舒适,而且能量响应要好,并不受所测辐射以外的因素干扰。

常用的个人剂量监测仪有电离室式的个人剂量笔、胶片剂量计,以及属于固体剂量仪的玻璃剂量仪和热释光剂量仪。目前使用较多的是固体剂量仪。下面主要介绍个人剂量笔和热释光剂量仪。

1. 个人剂量笔

个人剂量笔(个人剂量计),实际上是一种直读式袖珍电离室,又叫携带剂量表,是一种形似钢笔的小验电器,如图 7.1 所示。其组成部分有绝缘体、可动纤维、电离室、物镜和目镜。其基本结构包括两个电极,一个带正电(中心电极),一个带负电(外电极)。中心电极(阳极)与外电极(阴极)绝缘,中心电极有一个活动的石英丝,当电离室充电后,因同性电相斥,活动丝被固定中心电极推开,把刻度按活动丝到固定电极的距离与剂量的关系校准,电荷最多、斥力最大的刻度为零位,依据活动丝位置刻度 X 射线剂量。当 γ 射线及 X 射线与电离室的空气或电离室壁相互作用形成正、负离子对时,电离室两极板电荷减少、斥力减弱,活动丝下垂,即可直接读出 X 射线剂量。

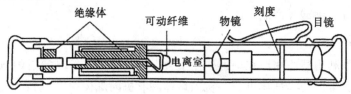

图 7.1　个人剂量笔

这种个人剂量笔具有读数迅速、简便的优点,但它能量响应较差,并且常由于绝缘性能不良或受到冲撞震动而引起错误的读数,目前已很少使用。

2.热释光剂量仪

热释光剂量仪和荧光玻璃剂量仪都是固体发光剂量仪。这是 20 世纪 50 年代以来迅速发展起来的剂量测量仪器。热释光剂量仪具有灵敏度和精确度较高等优点,且尺寸小,剂量元件可加工成小徽章,有的还可加工成一定形状的指环戴在手指上,佩戴方便。热释光剂量仪的缺点是不能直接显示读数,需要通过专门的加热读出装置读取剂量值。

热释光剂量仪和测量仪器(读数装置)的工作原理如图 7.2 所示,具有晶体结构的固体剂量元件(磷光体),常因含有杂质或其中的原子、离子缺位、错位等原因造成晶体缺陷。这种缺陷导致周围电中性状态的破坏,从而造成带电中心。带电中心具有吸引异性电荷的本领。若带电中心吸引异性电荷的本领很强,甚至能把异性电荷束缚住,则称之为"陷阱"。陷阱吸引、束缚异性电荷的能力,即陷阱深度。

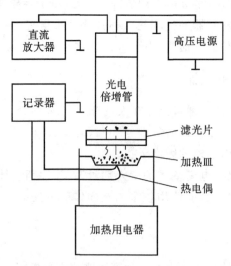

图 7.2　热释光剂量仪和测量仪器(读数装置)的工作原理

热释光剂量剂的工作原理如图 7.3 所示,当固体受到射线照射时,电子获得足够能量,从其正常位置(禁带)跳到导带而运动,直到被陷阱捕获为止,如图 7.3(a)所示。如果陷阱深度很大,那么常温下电子将长久地留在陷阱之中。只有当固体被加热到一定程度时,它才能从陷阱中逸出。当逸出电子从导带返回禁带时,即发出蓝绿色的可见光,如图 7.3(b)所示。发光强度与陷阱中的电子数有关,而电子数又取决于受照射的射线量,因此,测量发光强度即可推算出射线的照射量。

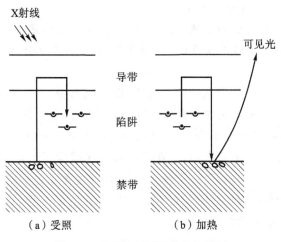

图 7.3　热释光剂量计的工作原理

热释光剂量元件的品种很多,目前最常用的是氟化锂(LiF)类热释光材料,其中早期的 LiF(Mg、Ti)灵敏度低,成本高,而 20 世纪 80 年代研制的 LiF(Mg、Cu、P)具有高灵敏度特性,应用日益广泛。其他热释光剂量元件有用四硼酸锂($Li_2B_4O_7$)和氟化钙(CaF_2)等。

热释光剂量元件一经加热读数,其内部储存的辐射信息随即消失,因而它不具备复测性,但是作为剂量元件,可重复投入使用。

7.3　辐射防护

本节主要介绍辐射防护的目的和基本原则、剂量限值规定和辐射损伤机理。

课前预习

7.3.1　辐射防护

对于辐射防护,往往会形成两种截然相反的观念,一是马虎大意,漠不关心;二是谈虎色变,盲目增加防护成本。这二者都是不对的。要正确实施辐射防护,必须明确辐射防护的目的和基本原则。这些目的和基本原则应基于以下事实。

电离辐射是不能够完全避免的,因此盲目增加防护成本是没有意义的。在人类生活的环境中,天然存在多种射线和放射性物质,称为天然本底辐射。据报道,世界上多数地区的人的年平均天然本底辐射剂量水平为 1~6 mSv。此外,各种人工辐射也不可避免,以医疗照射为例,一次诊断过程中病人受到的局部剂量大约相当于天然辐射年剂量的 1~50 倍。辐射治疗应用的剂量往往超过几个 Gy。

电离辐射所致随机性效应是"线性无阈"的,因此应避免任何不合理的照射。所谓无阈,是指不存在一个在其以下不产生人体伤害的阈值。所谓线性,是指随机性效应发生概率随剂量的增加而增大。因此,应尽量减少不必要的照射。

辐射防护的目的有两方面:一方面,防止有害的确定性效应;另一方面,限制随机性效应的发生率,使之达到被认为可以接受的水平。

辐射防护应遵循以下三个基本原则:

(1)辐射实践的正当化。辐射实践的正当化,即辐射实践所致的电离辐射危害同社会和个人从中获得的利益相比是可以接受的,这种实践具有正当理由,获得的利益超过付出的代价。

(2)辐射防护的最优化。辐射防护的最优化,即应当避免一切不必要的照射。在考虑经济和社会因素的条件下,所有辐射照射都应保持在尽可能低的水平。直接以个人剂量限值作为设计和安排工作的唯一依据并不恰当,设计辐射防护的真正的依据应是防护最优化。

(3)个人剂量限值。个人剂量限值,即在实施辐射实践的正当化和辐射防护的最优化原则的同时,运用剂量限值对个人所受的照射加以限制,使之不超过规定。

辐射防护的三个基本原则是一个有机的统一整体,在实际工作中,应同时予以考虑,只有这样才能保证辐射防护正常和合理地进行。

7.3.2　剂量限值规定

辐射安全防护

我国现行放射防护标准 GB 18871—2002《电离辐射防护与辐射源安全基本标准》规定的剂量限值如下:

1)职业照射剂量限值

(1)应对任何工作人员的职业照射水平进行控制,使之不超过下述限值:

①由审管部门决定的连续 5 年的年平均有效剂量(但不可作任何追溯性平均)为 20 mSv;

②任何一年中的有效剂量为 50 mSv;

③眼晶体的年当量剂量为 150 mSv;

④四肢(手和足)或皮肤的年当量剂量为 500 mSv。

(2)对于年龄为 16～18 岁接受涉及辐射照射就业培训的徒工和年龄为 16～18 岁在学习过程中需要使用放射源的学生,应控制其职业照射使之不超过下述限值:

①年有效剂量为 6 mSv;

②眼晶体的年当量剂量为 50 mSv;

③四肢(手和足)或皮肤的年当量剂量为 15 mSv。

在特殊情况下,可依据标准中有关"特殊情况的剂量控制"的规定,对剂量限值进行如下临时变更:

依照审管部门的规定,可将剂量平均期由 5 个连续年延长到 10 个连续年;并且,在此期间内,任何工作人员所接受的平均有效剂量不应超过 20 mSv,任何单一年份不应超过 50 mSv;此外,当任何一个工作人员自此延长平均期开始以来所接受的剂量累计达到 100 mSv 时,应对这种情况进行审查。

剂量限制的临时变更应遵循审管部门的规定,但任何一年内不得超过 50 mSv,临时变更的期限不得超过 5 年。

2)公众照射剂量限值

公众中有关关键人群组的成员所受到的平均剂量估计值不应超过下述限值:

年有效剂量为 1 mSv;

特殊情况下,如果 5 个连续年的年平均剂量不超过 1 mSv,则某一单一年份的有效剂量可提高到 5 mSv;

眼晶体的年当量剂量为 15 mSv;

皮肤的年当量剂量为 50 mSv。

7.3.3　辐射损伤的机理

辐射对机体带来的损害,分为确定性效应和随机性效应。确定性效应是指射线剂量高于某一个剂量值时,临床上即可观察到这种效应,而射线剂量低于该值时,就不会产生这种效应。随机性效应不存在剂量阈值,它的发生概率随着剂量的增大而增大。

1.确定性效应和随机性效应

射线照射人体全部或局部组织,若能杀死相当数量的细胞,而这些细胞又不能由活细胞的繁殖来补充,则细胞丢失可在组织或器官中产生临床上可检查出的严重功能性损伤,这种因照射引起的生物效应称为确定性效应。可以预测,确定性效应的严重程度与剂量有关,而且存在一个阈剂量:低于阈剂量时,因被杀死的细胞较少,不会引起组织或器官出现可检查到的功能性损伤,在健康人中引起的损害概率为零;随着剂量的增大,被杀死的细胞增加,当剂量增加到一定水平时,其概率陡然上升到 100%,这个值称为剂量阈值。

人体不同组织或器官对射线照射的敏感程度差异很大。单次(即急性)低于几 Gy 的剂量照射,很少有组织表现出临床意义的有害作用。对于分散在几年中的剂量,对大多数组织在年剂量低于 0.5 Gy 时不致有严重效应,但性腺、眼晶状体及骨髓等组织或器官对辐射则表现较为敏感。一般而言,这些组织效应发生的频率随剂量增加而增加,其严重程度也随剂量增加而变化。

电离辐射的随机性效应被认为无剂量阈值,其有害效应的严重程度与受照剂量的大小无关,但其发生概率随剂量的增加而增大,这种效应称为随机性效应。

随机性效应分为两大类:第一类发生在体细胞内,当电离辐射使细胞发生变异(基因突变或染色体畸变)而未被杀死,这些存活着的但发生变异的细胞能继续繁殖,经过长短不一的潜伏期,可能在受照射体内诱发癌症,此种随机性效应称为致癌效应。第二类发生在生殖组织细胞内,当电离辐射使生殖细胞发生变异,就可能传给受照射者的后代,使其后裔出现遗传疾患,这种随机性效应称为遗传效应。

2.影响辐射损伤的因素

辐射损伤是一个复杂的过程,它与许多因素,如辐射性质、剂量、剂量率、照射方式、照射部位、照射面积、机体的生理状态等有关。

(1)辐射性质。辐射性质包括辐射的种类和能量。不同质的辐射在介质中的传能线密度(Linear Energy Transfer，LET)不一，所产生的电离程度不同，因而相对生物效应也有不同。X射线和γ射线的生物效应基本一致，而中子和γ相比，由于中子的LET较大，所以中子产生的生物效应比γ射线大。对同一种类型的辐射，由于射线能量不同，产生的生物效应也不同。例如，低能X射线造成皮肤红斑所需的照射量小于高能X射线。这是因为低能X射线主要被皮肤所吸收，而高能X射线照射时，将能量同时分布到较深的组织中去。

(2)剂量。剂量与生物效应之间存在着复杂的关系，一般来说，吸收剂量越大，生物效应也越大。以一次全身照射为例，不同剂量的照射对人体损伤可大致估计为：吸收剂量0.25 Gy以下的一次照射，观察不出明显的病理变化；吸收剂量0.5 Gy左右，可见一时性迹象变化；吸收剂量再大时便出现机能的和血象的改变，因个体差异有的可能表现出轻的辐射症状；一般1 Gy以上能引起程度不同(轻度、重度、极重度)的急性放射病。一次全身照射的半致死剂量约5 Gy。如剂量达10 Gy以上，受照者在一两个月内100%死亡。几十Gy的全身照射，可破坏中枢神经系统而在几分钟至几小时内致死。

(3)剂量率。由于人体对射线的生物损伤有一定的恢复作用，故在受照总剂量相同时，小剂量的分散照射比一次大剂量率的急性照射所造成的生物损伤要小得多。例如，若一生全身均匀照射的累积剂量为2 Gy，并不会发生急性生物损伤；如一次急性照射的剂量为2 Gy，则可能产生严重的躯体效应，在临床上表现为急性放射病。因此，进行剂量控制时，应在尽可能低的剂量水平下分散进行。

(4)照射方式。照射方式分为外照射和内照射两种。对于射线检测工作者来说，主要是外照射。在外照射的情况下，单方向与多方向进行照射的生物损伤不一样。一次照射与多次照射，或多次照射之间的时间间隔不同所产生的生物损伤也有差别。

(5)照射部位。生物损伤与受照部位有关，受照部位不同，产生的生物损伤也不同。例如，以6 Gy照射全身可引起致死，而同样的剂量照射手足，可能不会发生明显的临床症状。在相同剂量和剂量率照射条件下，不同部位的辐射敏感性的高低依次排列为：腹部、盆腔、头部、胸部、四肢。因此，要特别注意腹部的防护。

(6)照射面积。在相同剂量照射下，受照面积越大，产生的效应也越大。以6 Gy照射为例，在几平方厘米的面积上照射，仅引起皮肤暂时变红，不会出现全身症状；受照面积增大到几十平方厘米，就会有恶心、头痛等症状出现，但经过一个时期就会消失；若再增大受照射面积，症状就会更严重，如受照面积达到全身的1/3以上，就有致死的危险。因此，应尽量避免大剂量的全身照射。

当然，照射面积所产生影响同时还与照射部位密切相关，如果受照部位是重要的器官所在，即使是小面积的照射也会造成该器官的严重损伤。

3.辐射损伤的机理

电离辐射把能量传递给物质，从原子水平的激发或电离开始，继而引起分子的破坏，又进一步影响到细胞、组织、器官，还可以引起机体继发性的损伤，进而使机体组织发生一系列生物化学变化、代谢的紊乱、机能的失调以及病理形态等方面的改变，损伤严重则导致机体死亡。

电离辐射扰乱和破坏机体细胞和组织的正常代谢活动，破坏细胞和组织的结构，引起损伤的方式既有直接的作用,也有间接的作用。

直接的作用是指射线照射生物体时,与肌体细胞、组织、体液等物质相互作用,引起物质的原子或分子电离,甚至可以直接破坏机体内某些大分子结构,如使蛋白分子链断裂、核糖核酸或脱氧核糖核酸的断裂、破坏一些对物质代谢有重要意义的酶等。

间接作用是指射线通过电离生物体内广泛存在的水分子,形成一些自由基,通过这些自由基的作用来损伤机体。所谓自由基是指有一个或多个不配对电子而能独立存在的分子或原子,具有极高的不稳定性和化学反应性,存在时间极其短暂,但却能迅速地引起其他生物分子结构的破坏。

电离辐射的生物作用是一个包含着一系列矛盾的非常复杂的过程。机体从吸收能量到引起损伤有其特有的原发和继发反应过程,要经历许多性质不同而又相互联系的变化,在作用时间上可以从 10~16 s 延伸至数年或更长。人的机体又存在着对损伤进行修复的能力,损伤和修复几乎是同时进行的,无论是大分子损伤或是自由基的产生,体内都有相应的修复机制。一旦损伤因素解除,机体在短时间内即能恢复。

7.4　辐射防护方法

课前预习

本节主要讲述辐射防护方法、照射量的计算、防护计算、屏蔽防护材料等内容。

7.4.1　辐射防护方法

辐射防护的目的在于控制辐射对人体的照射,使之保持在可以合理做到的最低水平,保证个人所受到的当量剂量不超过规定标准。对于工业射线检测而言,只需要考虑外照射的防护。总的来说,外照射的防护比内照射的防护容易解决。

时间、距离和屏蔽是外照射防护的三个基本要因素。时间是指控制射线对人体的曝光时间;距离是指控制射线源到人体的距离;屏蔽是指在人体和射线源之间隔一层吸收物质。

众所周知,在具有恒定剂量率的区域里工作的人,其累积剂量正比于他在该区域内停留的时间。剂量是剂量率和时间的乘积,在剂量率不变的情况下,照射时间越长,工作人员所接受的剂量就越大。为了控制剂量,对于个人来说,就要求操作熟练,动作尽量简单迅速,减少不必要的照射时间。为确保每个工作人员的累积剂量在允许的剂量限值以下,有时一项工作需要几个人轮换操作,从而达到缩短照射时间的目的。

增大与辐射源间距离可以降低受照剂量。这是因为,在辐射源一定时,照射剂量或剂量率与离辐射源的距离平方成反比,即

$$\frac{D_1}{D_2} = \frac{R_2^2}{R_1^2} \quad \text{或} \quad D_1 R_1^2 = D_2 R_2^2 \tag{7.16}$$

式(7.16)中,D_1 是距辐射源 R_1 处的剂量;D_2 是距辐射源 R_2 处的剂量;R_1 是辐射源到 1 点的距离;R_2 是辐射源到 2 点的距离。

从式(7.16)可见,当距离增加一倍时,剂量或剂量率减少到原来的 1/4。其余依次类推。在实际工作中,为减少工作人员所接受的剂量,在条件允许的情况下,应尽量增大人与辐射源

之间的距离,尤其是在无屏蔽的室外工作,应尽量利用连接电缆长度达到距离防护的目的。无论何时何种情况,不得用手直接抓取放射源。

在实际工作中,当人与辐射源之间的距离无法改变,而时间又受到工艺操作的限制时,欲降低工作人员的受照剂量水平,只有采用屏蔽防护。屏蔽防护就是根据辐射通过物质时强度被减弱的原理,在人与辐射源之间加一层足够厚的屏蔽物,把照射剂量减少到容许剂量水平以下。

根据防护要求的不同,屏蔽物可以是固定式的,也可以是移动式的。属于固定式的屏蔽物有防护墙、地板、天花板、防护门等;属于移动式的屏蔽物有容器、防护屏及铅房等。

用作 γ 射线和 X 射线的屏蔽材料是多种多样的。从原理上讲,任何材料对射线强度都有程度不同的削弱,但原子序数高的或密度大的防护材料,其防护效果更好。在实用中,铅和混凝土是最常用的防护材料。

总之,屏蔽材料必须根据辐射源的能量、强度、用途和工作性质来具体选择,同时还必须考虑成本和材料来源。

7.4.2　照射量的计算

下面给出照射量、照射率与居里的关系式。

照射量和居里的关系式为

$$P = \frac{AK_\gamma t}{R^2} \tag{7.17}$$

式(7.17)中,P 是照射量,单位是 R;A 是放射性活度,单位是 Ci;K_γ 是常数(照射量率常数),单位是 $R \cdot m^2 \cdot h^{-1} \cdot Ci^{-1}$;$R$ 是到点源的距离,单位是 m;t 是受照时间,单位是 h。

照射率和居里的关系式为

$$\dot{P} = \frac{AK_\gamma}{R^2} \tag{7.18}$$

式(7.18)中,符号的物理意义和单位同式(7.17)。

K_γ 是放射性同位素本身的一种属性,表示从 1 Ci 点源释放出的未经过滤的 γ 射线在距源 1 m 处所造成的照射率($R \cdot h^{-1}$),常数的单位为伦·米^2·时$^{-1}$·居里$^{-1}$($R \cdot m^2 \cdot h^{-1} \cdot Ci^{-1}$)。射线检测中常用 γ 放射源的 K_γ 常数列于表 7.5 中。

表 7.5　常用 γ 放射源的 K_γ 常数

γ 源名称	$K_\gamma/[R \cdot m^2 \cdot h^{-1} \cdot Ci^{-1}]$	$K_\gamma/[\times 10^{-16} C \cdot m^2 \cdot kg^{-1} \cdot h^{-1} \cdot Bq^{-1}]$
Co60	1.32	92
Cs137	0.32	22.3
Tm170	0.0014	0.097
Ir192	0.472	32.9
Se75	0.20	13.9

前面列出的照射量(或照射量率)与放射性活度的关系式的适用条件是:放射源必须是点源。所谓点源,是指测量点到源距离(R)应至少比源的尺寸大 5~10 倍,满足此条件即可把源看作点源。

例题 7.2　今有探伤用 Co60 源 5 Ci,工作人员操作时离源 5 m,工作人员所在处的照射率是多少?

解　由题目可知 $A=5$ Ci,$R=5$ m,从表 7.5 查得 $K_\gamma=1.32$ R·m²·h⁻¹·Ci⁻¹,代入式(7.17)可得式

$$\dot P=\frac{AK_\gamma}{R^2}=\frac{5\times1.32}{5^2}=0.264 \text{ R·h}^{-1}$$

答:工作人员所在处照射率为 0.264 R·h⁻¹。

7.4.3　防护计算

以下分别介绍时间防护、距离防护和屏蔽防护中相关参量的计算方法。

1.时间防护的计算

例题 7.3　已知辐射场中某点的剂量率为 50 μSv·h⁻¹,在不超过剂量限值的情况下,工作人员每周可从事工作多少时间?

解　放射性工作人员年剂量限值为 50 mSv,一年的工作时间 50 周计算,每周的剂量限值为

$$P=50/50=1 \text{ mSv}=10^3 \text{ μSv}$$

因为

$$P=\dot Pt \tag{1}$$

由已知条件和式(1)可得

$$1000=50t \tag{2}$$

由式(2)可解得

$$t=1000/50=20 \text{ h} \tag{3}$$

答:每周可以工作 20 h。

例题 7.4　如果一个工作人员,每周需要在某照射场停留 40 h,在不允许超过剂量限值的情况下,试问照射场中所允许的最大剂量率为多少。

解　由例题 7.3 知每周的剂量限值为 1000 μSv,剂量和剂量率的关系为

$$P=\dot Pt \tag{1}$$

由式(1)可得

$$1000=40\dot P \tag{2}$$

由式(2)可得

$$\dot P=25 \text{ μSv·h}^{-1} \tag{3}$$

答:照射场中所允许的最大剂量率为 25 μSv·h⁻¹。

2.距离防护的计算

例题 7.5　距离一个特定的 γ 源 2 m 处的剂量率是 400 μSv·h^{-1},在距源多远处的剂量率为 25 μSv·h^{-1}?

解　由照射剂量或剂量率与离源的距离平方成反比,即

$$\frac{D_1}{D_2} = \frac{R_2^2}{R_1^2} \quad \text{或} \quad D_1 R_1^2 = D_2 R_2^2 \tag{1}$$

由式(1)可得

$$400 \times 2^2 = 25 \times R_2^2 \tag{2}$$

由式(2)可得

$$R_2^2 = 64 \tag{3}$$

所以

$$R_2 = 8 \text{ m} \tag{3}$$

答:离源 8 m 处其剂量率为 25 μSv·h^{-1}。

3.屏蔽防护的近似计算

当需要快速计算屏蔽防护时,可根据所需半价层(或 1/10 价层)个数来确定防护层厚度。在第 1 章第 3 节中曾给出过半价层定义。半价层厚度 $T_{1/2}$ 是指将入射 X 射线或 γ 光子的照射量(或照射率)减弱一半所需的屏蔽层厚度。同理可定义 1/10 价层厚度 $T_{1/10}$,$T_{1/10}$ 是指将入射 X 或 γ 光子的照射量(或照射率)减弱到 1/10 所需的屏蔽层厚度。

$T_{1/2}$ 和 $T_{1/10}$ 之间有下列关系:

$$T_{1/2} = 0.301 T_{1/10} \tag{7.19}$$

$$T_{1/10} = 3.32 T_{1/2} \tag{7.20}$$

利用半价层计算屏蔽厚度的公式:

$$\frac{I_0}{I} = 2^n \tag{7.21}$$

$$d = n T_{1/2} \tag{7.22}$$

式(7.21)和式(7.22)中:I_0 是屏蔽前的射线强度;I 是屏蔽后的射线强度;n 是半价层个数;d 是屏蔽层厚度;$T_{1/2}$ 是半价层厚度。

通过半价层计算确定屏蔽层厚度的步骤如下:

求出屏蔽前的照射量(或照射率)I_0;

确定屏蔽后的安全剂量 I(国家标准规定 $I = 2.5$ μSv/h);

根据公式 $I_0/I = 2^n$,求出半价层个数 n 值;

根据射线能量和屏蔽物质的种类由表 7.6 或表 7.7 中查出 $T_{1/2}$;

根据公式 $d = n T_{1/2}$ 求出屏蔽层厚度值 d。

表 7.6　γ 射线的半价层是 $T_{1/2}$ 的厚度值

γ射线能量 /MeV	屏蔽物质/cm			
	水	水泥	钢	铅
0.5	7.4	3.7	1.1	0.4
0.6	6.0	3.9	1.2	0.44
0.7	8.6	4.2	1.3	0.59
1.1	10.6	5.2	1.6	0.97
1.2	11.0	5.5	1.6	1.03
1.3	11.5	5.7	1.7	1.1

表 7.7　强衰减、宽 X 射线束的近似半价层厚度 $T_{1/2}$ 和 $T_{1/10}$

峰值电压 /kV	半价层厚度 $T_{1/2}$/cm		1/10 价层厚度 $T_{1/10}$/cm	
	铅	混凝土	铅	混凝土
50	0.006	0.43	0.017	1.5
70	0.017	0.84	0.052	2.8
100	0.027	1.6	0.088	6.3
125	0.028	2.0	0.093	6.6
150	0.030	2.24	0.099	7.4
200	0.052	2.5	0.17	8.4
250	0.088	2.8	0.29	9.4
300	0.147	3.1	0.48	10.9
400	0.250	3.3	0.83	10.9
500	0.360	3.6	1.19	11.7
1000	0.790	4.4	2.6	14.7

例题 7.6　已知 Co60 的 $T_{1/2}=1.06$ cm,将 Co60 照射量率减小到 1/2000,所需铅防护层厚度为多少?

解　由式(7.21)可得

$$I_0/I = 2000 = 2^n \tag{1}$$

由式(1)可得

$$n\lg 2 = \lg 2000 \tag{2}$$

201

由式(2)可得

$$n = \lg 2000 / \lg 2 = 10.96 \approx 11 \tag{3}$$

可知 $T_{1/2} = 1.06$ cm，由式(7.22)可得

$$d = n T_{1/2} = 11 \times 1.06 \approx 11.7 \text{ cm} \tag{4}$$

答：所需铅防护层厚度为 11.7 cm。

例题 7.7 于 250 kV X 光机一定距离处测得其照射率为 200 mR·h⁻¹，若要将该点照射率降到 10 mR·h⁻¹，试估算所需混凝土的屏蔽厚度。

解 由式(7.21)可得减弱倍数

$$K = 200 / 10 = 20 = 2^n \tag{1}$$

由式(1)可得

$$n = \lg 20 / \lg 2 \approx 4.3 \tag{2}$$

即需 4.3 个 $T_{1/2}$，查表 7.6 可知 250 kV 时混凝土的 $T_{1/2} = 2.8$ cm，所以由式(7.22)可得混凝土屏蔽层的厚度为

$$d = n T_{1/2} = 4.3 \times 2.8 \approx 12 \text{ cm}$$

答：所需混凝土的屏蔽厚度为 12 cm。

应该指出，利用半价层计算屏蔽厚度虽然简单方便，但这只是一种近似算法。无论对单色射线还是连续射线，只要有散射线存在，即属于宽束的情况，其半价层就不是固定数值，半价层厚度随防护层的厚度增加而增加。但在厚度很大时，半价层的厚度不再随防护层的增加而增加。因此，根据所需半价层的数目而计算出的防护层不够准确。

7.4.4 屏蔽防护材料

屏蔽材料首先必须根据辐射源的能量、强度、用途和工作性质来具体选择，其次，还要考虑到屏蔽材料多方面的性能和经济成本。

1. 屏蔽材料

虽然理论上任何物质都能使穿过的射线受到衰减，但并不是都适合作屏蔽防护材料。在选择屏蔽防护材料时，必须从材料的防护性能、结构性能、稳定性能和经济成本等方面综合考虑。

(1)防护性能。防护性能主要是指材料对辐射的衰减能力，也就是说，为达到某一预定的屏蔽效果所需材料的厚度和质量。在屏蔽效果相当的情况下，成本差别不大、厚度最薄、质量最轻的材料最理想。此外，还应考虑所选材料在衰减入射的过程中不产生贯穿性的次级辐射，或即使产生，也非常容易吸收。

(2)结构性能。屏蔽材料除应具有很好的屏蔽性能，还应成为建筑结构的部分。因此，屏蔽材料应具有一定的结构性能，包括材料的物理形态、力学特性和机械强度等。

(3)稳定性能。为保持屏蔽效果的持久性，要求屏蔽材料稳定性能好，也就是材料具有抗辐射的能力，而且当材料处于水、汽、酸、碱、高温环境时，能耐高温、抗腐蚀。

(4)经济成本。所选用的屏蔽材料应成本低、来源广泛、易加工,且安装、维修方便。

2.屏蔽防护材料

屏蔽 X 射线和 γ 射线常用的材料有两类:一类是高原子序数的金属,另一类是低原子序数的建筑材料。

(1)铅。铅原子序数 82,密度 $11350 \text{ kg} \cdot \text{m}^{-3}$。铅具有耐腐蚀,在射线照射下不易损坏和强衰减 X 射线的特性,是一种良好的屏蔽防护材料。但铅的价格贵,结构性能差,机械强度差,不耐高温,具有化学毒性,对低能 X 射线散射量较大。选用时需根据情况具体分析,例如,用作 X 射线管管套内衬防护层、防护椅、遮线器、铅屏风和放射源容器等。

在 X 射线防护的特殊需要中,还常采用含铅制品,如铅橡胶、铅玻璃等。铅橡胶可制成铅橡胶手套、铅橡胶围裙、铅橡胶活动挂帘和各种铅橡胶个人防护用品等;铅玻璃可保持玻璃的透明特性,可做 X 射线机透视荧光屏上的防护用铅玻璃,以及铅玻璃眼镜和各种屏蔽设施中的观察窗。

(2)铁。铁原子序数 26,密度 $7800 \text{ kg} \cdot \text{m}^{-3}$。铁的机械性能好,价廉,易于获得,有较好的防护性能,因此,是防护性能与结构性能兼优的屏蔽材料,通常多用于固定式或移动式防护屏蔽。对 100 kV 以下的 X 射线,大约 6 mm 厚的铁板就相当于 1 mm 厚铅板的防护效果。因此,可在很多地方用铁代铅。

(3)砖。砖作为屏蔽防护材料,价廉、通用、来源容易。在医用诊断 X 射线能量范围内,一砖厚(约 24 cm)实心砖墙约有 2 mm 的铅当量。对低管电压产生的 X 射线,砖的散射量较低,故是屏蔽防护的好材料,但在施工中应使砖缝内的砂浆饱满,不留空隙。

(4)混凝土。混凝土由水泥、粗骨料(石子)、沙子和水混合做成,密度约为 $2300 \text{ kg} \cdot \text{m}^{-3}$,含有多种元素。混凝土的成本低廉,有良好的结构性能,多用作固定防护屏障。为特殊需要,可以通过加进重骨料(如重晶石、铁矿石、铸铁块等),以制成密度较大的重混凝土。重混凝土的成本较高,浇注时必须保证重骨料在整个防护屏障内的均匀分布。

中国核辐射
受害第一人

习　题　7

一、判断题

1.暗室内的工作人员在冲洗胶片的过程中,会受到胶片上的衍生的射线照射,因而白血球也会降低。　　　　　　　　　　　　　　　　　　　　　　　　　　　　　　　　(　　)

2.热释光胶片剂量仪和袖珍剂量笔的工作原理均基于电离效应。　　　　　　(　　)

3.照射量单位"伦琴"只适用于 X 射线或 γ 射线,不能用于中子射线。　　　(　　)

4.当 X 或 γ 射源移去以后工件不再受辐射作用,但工件本身仍残留极低的辐射。(　　)

5. 即使剂量相同,不同种类辐射对人体伤害是不同的。 （   ）

6. 从 X 射线机和 γ 射线的防护角度来说,可以认为 1 Gy＝1 Sv。 （   ）

7. 焦耳/千克是剂量当量单位,库仑/千克是照射量单位。 （   ）

8. X 射线比 γ 射线更容易被人体吸收,所以 X 射线对人体的伤害比 γ 射线大。 （   ）

9. 辐射损伤的确定性效应不存在剂量阀值,它的发生概率随着剂量的增加而增加。

（   ）

10. 在辐射防护中,人体任一器官或组织被 X 和 γ 射线照射后的吸收剂量和当量剂量在数值上是相等的。 （   ）

二、选择题

1. 吸收剂量的 SI 单位是（   ）。

    A. 伦琴（R）   B. 戈瑞（Gy）   C. 拉德（rad）   D. 希沃特（Sv）

2. 当光子能量超过 200 keV 后,对于人体组织的吸收剂量与照射量换算关系大致为（   ）。

    A. 1 Gy＝0.01 R   B. 1 Gy＝0.1 R

    C. 1 Gy＝10 R   D. 1 Gy＝100 R

3. 在相同吸收剂量的情况下,对人体伤害最大的射线种类是（   ）。

    A. X 射线   B. γ 射线   C. 中子射线   D. β 射线

4. 一旦发生放射事故,首先必须采取的正确步骤是（   ）。

    A. 报告卫生防护部门   B. 测定现场辐射强度

    C. 制定事故处理方案   D. 通知所有人员离开现场

5. Ir192 γ 射线通过水泥墙后,照射率衰减到 200 mR·h^{-1},为使照射率衰减到 10 mR·h^{-1} 以下,至少还应覆盖（   ）厚的铅板。（设半价层厚度为 0.12 cm）

    A. 10.4 mm   B. 2.6 mm   C. 20.8 mm   D. 6.2 mm

6. 离源 200 mm 处的照射率为 100 mR·h^{-1},照射率为 2 mR·h^{-1} 的辐射区边界标记离源的距离约为（   ）。

    A. 0.7 m   B. 1.4 m   C. 2.8 m   D. 1 m

7. 射线的生物效应,与下列什么因素有关？（   ）

    A. 射线的性质和能量   B. 射线的照射量

    C. 肌体的吸收剂量   D. 以上都是

8. 辐射损伤随机效应的特点是（   ）。

    A. 效应的发生率与剂量无关   B. 剂量越大效应越严重

    C. 只要限制剂量便可以限制效应发生   D. B 和 C

9. 辐射防护基本要素是（   ）。

    A. 时间防护   B. 距离防护   C. 屏蔽防护   D. 以上都是

10. 下列关于利用半价层计算屏蔽层厚度的说法,不正确的是（   ）。

    A. 只要有散射线存在,其半价层就不是固定值

    B. 根据半价层计算出的屏蔽层厚度是准确的

    C. 半价层厚度随屏蔽层的厚度增加而增加

D. 屏蔽层厚度很大时,半价层厚度不再随屏蔽层厚度增加而增加

三、简答题

1. 叙述射线防护的三大方法的原理。

2. 什么叫随机性效应? 什么叫确定性效应?

3. 简述辐射防护的目的和基本原则。

四、计算题

1. Ir192 源活度为 50 Ci,求距源 1 m 处和 20 m 处的照射率。(Ir192 的 $K_\gamma = 0.472$ R·m^2·h^{-1}·Ci^{-1})

2. 已知某一 γ 射线源 1 m 处剂量率为 16 mSv,问 20 m 处的剂量率为多少? 又采用屏蔽方法欲使 20 m 处剂量率降至 4 μSv,问需铅防护层的厚度为多少?(设该能量放射铅半价层的 $T_{1/2} = 0.5$ cm)

3. 一颗放射性强度为 10 Ci 的 Ir192 源,工作人员距源 1 m 处工作,需要设计一个屏蔽层,现仅有 15 mm 厚的铅板可作一层屏蔽,其余要用铁作屏蔽层,在不考虑散射影响情况下,需要多厚的铁板才能使工作点的剂量率为 2.1 mR·h^{-1}?(已知铅的半价层为 3.5 mm,铁的半价层为 10 mm,Ir192 的 $K_\gamma = 0.472$ R·m^2·h^{-1}·Ci^{-1})

参考答案

第8章

其他射线检测方法和技术

除了以 X 射线和 γ 射线为探测手段，以胶片作为信息载体的常规射线照相方法外，还有许多种射线检测的方法，例如：利用加速器产生的高能 X 射线进行检测的高能射线照相、应用数字化技术的图像增强器射线实时成像、计算机 X 射线照相(CR)、线阵列扫描成像(LDA)、数字平板成像(DR)、层析照相以及利用中子射线进行检测的中子射线照相，等等。此外还有一些特殊照相方法，例如：几何放大照相、移动照相、康普顿散射照相等。

本章重点介绍在目前工业生产中得到广泛应用的高能射线照相、射线实时成像检测，以及近年来发展很快的数字化射线成像技术、X 射线层析照相、中子射线照相。

课前预习

8.1 高能射线照相

能量在 1 MeV 以上的 X 射线被称为高能射线。工业检测中使用的高能射线大多数是通过电子加速器获得的。

8.1.1 加速器

工业射线照相通常使用的加速器有电子回旋加速器和直线加速器两种，下面分别介绍。

1.电子回旋加速器

电子回旋加速器采用变压器的磁感效应使电子加速。变压器中初级线圈与交流电源连接，使铁芯上的次级线圈产生的电压等于次级线圈的匝数与磁通量的时间变化速率的乘积，产生的电子流由存在于导线中的自由电子构成，电子回旋加速器本质上是一个变压器，如图8.1 所示。

二次绕组是一个抽成真空的环形管，又称为环形真空室。环形管通常是瓷制的，内侧涂有导电的靶层并接地。除了代替导线之外，环形管还用来容纳被加速做高速旋转的电子。

环形真空管位于产生脉冲磁场的电磁体的两级之间，射入管中的电子由于磁场的作用将在环形通道中加速，作用在粒子上的力与磁通量变化速率和磁场大小成正比。被加速电子在撞击靶之前要环绕轨道转几十万圈，以获得足够的能量。

电子回旋加速器焦点小，照相几何不清晰度小，可以获得高灵敏度的照片，但其设备技术复杂，造价比较高，体积庞大，射线强度低，限制了它的应用。

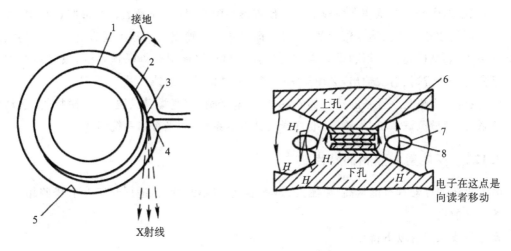

1—平衡轨道;2—盘形轨道;3—靶结构;4—发射器;5—内部深靶;

6—钢片;7—环形室;8—电子轨道。

图 8.1　电子回旋加速器示意图

2.直线加速器

直线加速器是用射频(RF)电压加速电子至导向装置,并使电子正好在适当的时刻到达磁场中某一加速点。加速器的导向装置是由一系列空腔构成,这些空腔在使用射频电源时成为谐振腔。空腔每一端都有孔,允许电子通过它进入到下一个空腔。在适当时候射入的电子穿过谐振腔时被加速,从而增加了能量,当电子从空腔的另一端出来后进入下一个空腔被继续进行加速。目前用于探伤的有两种直线加速器,一种采用行波原理,另一种采用加速驻波原理。

现以 Varian 公司生产的直线加速器为例介绍直线加速器的结构、原理和操作,直线加速器的总体布置如图 8.2 所示。直线加速器的结构可分为电流调整系统、控制操作台和主机三个部分。

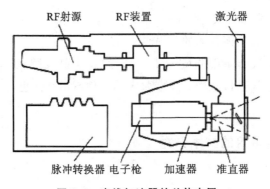

图 8.2　直线加速器的总体布置

(1)电流调整系统。380 V 的三相电经过分电稳压系统稳压后,经高压供电系统并通过调制解调器提供整个加速器各部分的电源。

（2）控制操作台。在操作台面板上可以预置摄片曝光时间、剂量数。在透照过程中,若曝光时间与剂量数有一项已达到预置数时,设备即停止射线输出。面板上还设有自锁控制故障的指示系统,如高压、真空、氟利昂真空、调制器门限位、挡板钥匙等联锁系统,只要一个故障指示灯亮着,就无法使射线输出,必须排除故障以后才能输出射线。

（3）主机。主机是该设备的核心部分,主要由电子枪、加速管、靶、波导管、磁控管、自动频率调整系统、剂量测试系统、均整器、准直器及高真空系统、激光对焦系统组成。

8.1.2　高能射线照相的特点

电子直线加速器具有能量高、束流大、体积小、焦点小的特点,适用于工业射线照相,具有良好的发展前景。

高能射线照相有以下特点:

（1）射线穿透能力强,透照厚度大。目前 X 射线机对钢的穿透厚度通常小于 100 mm,而高能射线对钢透照厚度可达 400 mm 以上,使得大厚度工件射线探伤成为可能。

（2）焦点小,焦距大,照相清晰度高。虽然高能 X 射线装置比一般 X 射线探伤机要大得多,散热问题比较好解决,所以焦点可以做得很小。如电子回旋加速器只有 $0.3\sim0.5$ mm,直线加速器焦点一般也小于 1 mm。小焦点有利于提高照相清晰度。

（3）散射线少,照相灵敏度高。众所周知,在高能范围随着射线能量的增加,散射比 n 也随之下降,因而高能射线照相散射比小,灵敏度高。

（4）射线强度大,曝光时间短,可以连续运行,工作效率高。直线加速器距离靶 1 m 处的剂量为 $4\sim100$ Gy·min^{-1},比 γ 射线源剂量率高出 10 倍以上。因此采用直线加速器照相透照时间短,工作效率高。透照 100 mm 厚的钢工件曝光时间约为 1 min,这是其他设备所无法比拟的。

（5）可以连续运行不需间歇。普通工业 X 光机开 5 min 要歇 5 min,其间歇时间与工作时间之比几乎是 1:1,而加速器可以连续运行不需间歇。加速器这个特点对于大厚度工件的探伤来说,效率更高,更加经济合理。

（6）能量转换率高。根据公式 $\eta=K·Z·V$ 可知,能量 V 与 η 成正比,直线加速器 X 射线能量转换率达 50%～60%,而普通的 X 光机只有 1%～3%。

（7）照相厚度宽容度大。使用能量为 4 MeV 的高能射线照相,即使试件厚度差高达 1 倍,照相底片的黑度差可小于 1,这样对厚度差大的工件不用补偿也可能达到一般标准所规定的黑度要求。

8.1.3　高能射线照相的技术数据

1.固有不清晰度

高能 X 射线装置焦点小,且高能射线照相时,为了得到足够大的照射场,通常采用较大的焦距。因此,该装置几何不清晰度较小,而固有不清晰度却因为射线能量高而较大。与低能 X 射线照相检验时相反,固有不清晰度成为影响高能射线照相清晰度的主要因素。

2.灵敏度

在大多数材质和厚度范围内,如果工艺正确,高能射线照相灵敏度能够达到或低于 1%。

3.增感屏

高能射线照相中,前屏的厚度对增感和滤波作用均产生显著影响,而后屏的厚度对增感来说相对不重要。因此,高能射线照相时,可以不使用后屏。实验证明,某些条件下高能射线照相的灵敏度在不使用后屏时反而有所提高,这一点与常规射线照相有所不同。实际照相时,前屏通常选择厚度 0.25 mm 左右的铅增感屏,如使用后屏,其厚度可与前屏相同。

除铅之外,还可以根据实际需要采用铜、钽及钨等材料做增感屏,以满足不同的探伤要求。

8.1.4　高能射线的防护

加速器产生的高能射线不但能量高,强度也很大。以美国 Varian 公司生产的 Linatron 400 型加速器为例,该设备在距离靶 1 m 处每分钟射线输出的剂量是 400 rad,能量为 4 MeV,而人体全身辐射的半致死剂量为 400 rad 左右。若人员被该设备误照是十分危险的,所以必须做好安全防护工作。

高能射线的防护主要包括:

(1)加速器的防护主要采用屏蔽防护,加速器屏蔽室必须进行安全防护设计,室外的剂量率必须低于国家卫生标准。

(2)因为高能 X 射线对空气进行电离后产生的臭氧和氮氧化合物对人体有害,故室内必须安装鼓风机进行换气。

(3)对于直线加速器来说,除了防护高能 X 射线的误伤外,还应对加速器进行微波辐射防护,同时还要预防高电压、氟利昂气体等对人体的危害。

8.2　射线实时成像检测

射线实时成像是一种在射线透照的同时即可观察到所产生的图像的检测方法,这种方法最重要的过程就是利用荧光屏将射线与光进行转换。射线源透过工件后,在荧光屏检测器上成像,通过电视摄像机摄像后,将图像直接显示或通过计算机处理后显示在电视监视屏上,以此来评定工件内部质量。

快速、高效、动态、多方位在线检测是应用射线实时成像的最大优点。实时成像用于装配线上工件的快速检测,改变工件位置的遥控装置使检测者可以随意观察工件的细节或随意移动工件进行检测,这样,验收与否可以立即决定,无需拖延时间或浪费胶片。

8.2.1　射线实时成像检测的发展

射线实时成像技术的研究已有很长历史,多年来,它一直被称作"X 射线荧光检测法"。20 世纪 50 年代,X 射线图像增强器的发展,促进了实时成像技术的重大进步;70 年代开始,微焦点 X 射线发生器、图像放大技术、高度自动化控制系统以及电脑的应用给射线实时成像检验带来了更大的发展;90 年代,国际焊接学会成立了专题小组报道这方面的应用情况。近年来,射线实时成像检验已得到越来越广泛的应用。20世纪70年代以后,科技的发展使得射线实时成像检测质量得到了很大改进,这主要包括:采用图像增强器代替简单的荧光屏,实现图像亮度和对比度增强;采用微焦点或小焦点射线源,以投影放大方式进行射线照相;引入数字图像处理技术,改进图像质量。

目前,射线实时成像检测灵敏度已基本上能满足工业检测要求,在中等厚度范围其灵敏度已接近胶片射线照相的水平。

对实际缺陷,特别是裂纹类平面状缺陷的检出能力,早期的电视荧光检测设备由于原始图像是在多晶体转换屏上形成的,所以其固有不清晰度很大,成像质量远低于胶片法。由于转换屏和X射线图像增强器的改进,再加上计算机技术的发展,能将电视图像转换成数字信号,进行数字图像存储和数字图像处理,射线实时检测性能有了显著提高。利用图形识别技术,还可实现焊接缺陷自动或半自动评判。

8.2.2　射线实时成像系统的图像特性

射线实时成像系统的图像构成要素包括像素和灰度。射线实时成像检测系统图像质量主要指标有三项,即图像分辨率、图像不清晰度和对比灵敏度。这三项指标大致可对应于胶片照相的颗粒度、不清晰度和对比度,但由于实时成像与胶片照相的成像原理、方法和器材均有所不同,因此,两者的定义和实质内容是有区别的。

1. 图像分辨率

图像分辨率又称空间分辨率是指显示器屏幕图像可识别线条分离的最小间距,单位是 $LP \cdot mm^{-1}$(线对·毫米$^{-1}$)。射线实时成像检测系统的图像分辨率可采用线对测试卡测定,铂-钨双丝像质计也可用来测定图像分辨率。

2. 图像不清晰度

图像不清晰度是指一个边界明锐的器件成像后,其影像边界模糊区域的宽度。影响图像不清晰度的因素主要是几何不清晰度和荧光屏的固有不清晰度。在射线实时成像检测技术中,几何不清晰度除了与焦点尺寸有关外,还与选用的放大倍数有关。图像不清晰度可采用线对测试卡测定,也可用双丝像质计测量。射线实时成像检测系统的图像,容易实现较高的对比度,但却往往不能得到满意的清晰度。

3. 对比灵敏度

对比灵敏度是指从显示器图像中可识别的透照厚度百分比,即 $\Delta T / T$。在射线实时成像检测系统显示器上所观察到的图像对比度 C 与主因对比度和荧光屏的亮度有关。对比灵敏度可用阶梯试块测定。

8.2.3　射线实时成像检测的工艺要点

射线实时成像检测技术有一些与常规射线照相不同的特殊要求,其工艺特点如下:

1. 最佳放大倍数

图像放大后有利于细小缺陷的识别。但随着放大倍数的增大,几何不清晰度也增大,不利于缺陷识别。

2.扫描速度和定位精度

射线实时成像检测过程包含动态检验和静态检验。对于动态检验,要控制好工件和射线源的移动速度,它直接影响图像的噪声,采用的扫描速度与射线源的强度相关;对于静态检验,机械驱动装置必须具有一定的定位精度(≤10 mm)。

3.图像处理

射线实时成像检测技术采用的数字图像处理技术包括对比度增强(灰度增强)、图像平滑(多帧平均法降噪)、图像锐化(边界锐化)和伪彩色显示。

4.系统性能校验

为保证检验结果可靠,必须对系统的性能进行定期校验。校验方法有静态校验和动态校验两种。静态校验项目包括图像分辨率和对比灵敏度等,校验的周期和间隔应符合有关要求。动态校验是在正常检测速度下采用被检试件进行检验,用带缺陷的试样进行动态校验时,所用透照参数和试件移动速度应与实际检测相同,像质计的选择、数目、放置等应符合标准和工艺的规定。

8.2.4 图像增强器射线实时成像系统的优点和局限性

与常规射线照相相比,图像增强器射线实时成像系统有以下优点和局限性:

工件送到检测位置就可以立即获得透视图像,检测速度快,工作效率比射线照相高数十倍;不使用胶片,不需处理胶片的化学药品,运行成本低,且不造成环境污染;检测结果可转化为数字化图像用光盘等存储器存放,存储、调用、传送比底片方便;图像质量,尤其是空间分辨率和清晰度低于胶片射线照相;图像增强器体积较大,检测系统应用的灵活性和适用性不如普通射线照相装置;设备一次投资较大;显示器视域有局限,图像的边沿容易出现扭曲失真。

8.3 数字化射线成像技术

一般认为,数字化射线成像技术包括计算机射线照相(CR)技术、线阵列扫描数字成像(LDA)技术以及数字平板(DR)技术。其中,DR 平板包括非晶硅(a-Si) 数字平板、非晶硒(a-Se)数字平板和 CMOS 数字平板。

8.3.1 计算机射线照相技术

计算机射线照相(Computed Radiography,CR)是指将 X 射线透过工件后的信息记录在成像板(Image Plate,IP)上,经扫描装置读取,再由计算机重建为可视化图像的技术。整个系统由成像板、激光扫描读出器、数字图像处理和储存系统组成。

1.CR 技术的原理

计算机射线照相的工作过程如下:用普通 X 射线机对装于暗盒内的成像板曝光,射线穿过工件到达成像板,成像板上的荧光发射物质具有保留潜在图像信息的能力,即形成潜影。

211

成像板上的潜影是由荧光物质在较高能带俘获的电子形成光激发射荧光中心构成。在激光照射下,光激发射荧光中心的电子将返回它们的初始能级,并以发射可见光的形式输出能量,所发射的可见光强度与原来接收的射线剂量成比例。因此,可用激光扫描仪逐点逐行扫描,将存储在成像板上的射线影像转换为可见光信号,通过具有光电倍增和模数转换功能的读出器将其转换成数字信号存入到计算机中。计算机射线照相(CR)技术工作原理示意图如图 8.3所示。对于 100 mm×420 mm 的成像板,从激光扫描仪完成扫描到读出器读出数据,整个过程不超过 1 min。读出器有多槽自动排列读出和单槽读出两种,前者可在相同时间内处理更多成像板。

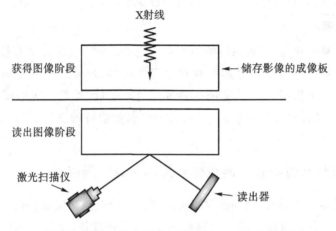

图 8.3 计算机射线照相(CR)技术工作原理示意图

数字信号被计算机重建为可视影像在显示器上显示,根据需要对图像进行数字处理。在完成对影像的读取后,可对成像板上的残留信号进行消影处理,为下次使用做好准备,成像板的寿命可达数千次。

2.CR 技术的特点

CR 技术的优点和局限性有如下几个方面:

原有的 X 射线设备不需要更换或改造,可以直接使用。宽容度大,曝光条件易选择。对曝光不足或过度的胶片可通过影像处理进行补救。可减小照相曝光量。CR 技术可对成像板获取的信息进行放大增益,从而可大幅度地减少 X 射线曝光量。CR 技术产生的数字图像存储、传输、提取、观察方便。成像板与胶片一样,有不同的规格,能够分割和弯曲。成像板可重复使用几千次,其寿命决定于机械磨损程度。虽然单板的价格昂贵,但实际比胶片更便宜。CR 成像的空间分辨率可达到 5 LP·mm^{-1}(即 100 μm),稍低于胶片水平。虽然比胶片照相速度快一些,但是不能直接获得图像,必须将 CR 屏放入读取器中才能得到图像。CR 成像板与胶片一样,对使用条件有一定要求,不能在潮湿的环境中和极端的温度条件下使用。

8.3.2 线阵列扫描数字成像技术(LDA)

线阵列扫描数字成像技术是指由 X 射线机发出的经准直为扇形的一束 X 射线,穿过被检测工件,被线扫描成像器(又称线阵列扫描(linear diode arrays)探测器,即 LDA 探测器)接收,将 X 射线直接转换成数字信号,然后传送到图像采集控制器和计算机中。每次扫描 LDA 探测器所生成的图像仅仅是很窄的一条线,为了获得完整的图像,就必须使被检测工件做匀速运动,同时反复进行扫描。计算机将多次扫描获得的线性图像进行组合,最后在显示器上显示出完整的图像,从而完成整个的成像过程。线阵列扫描数字成像系统工作原理如图 8.4 所示。

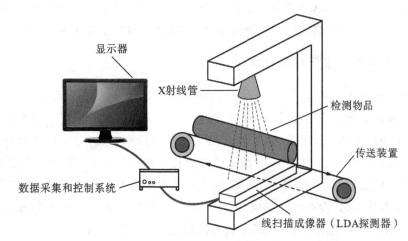

图 8.4　线阵列扫描数字成像系统工作原理示意图

1.线扫描成像器的技术特性

1)空间分辨率

空间分辨率主要由像素的尺寸和排列决定。像素间距越小,其空间分辨率就越高。实际用光电二极管制造的 LDA 探测器的像素尺寸为 $80\sim250\ \mu m$。

2)动态范围

动态范围是指成像器可以识别的由 X 射线转换成数字图像的灰度等级。一般情况下,动态范围的理论值应该是成像器 A/D 转换器的 Bit 数(通常是 12 Bit,即 4096 级灰度)。在实际使用过程中,由于转换器件(光电二极管)的非线性特性,使得动态范围要低于理论值。

3)动态校准

校准在很大程度上影响着光电二极管阵列的工作性能。校准可以在模拟的部分进行,也可以在数字的部分进行,或者是同时进行。基本校准包括补偿和放大,它们可分别针对每一个像素进行。像素之间的补偿偏差由光电二极管的溢出电流和放大补偿水平确定,而放大变化则是由闪烁体材质的不均匀性引起的。另外,光电二极管的转换不一致性及非线性特性也是需要动态校准的原因。当温度变化时,会引起光电二极管转换偏差,需根据预设的补偿模式给予校准。

4)扫描速度

影响扫描速度的主要因素是系统信号的处理速度和 X 射线光通量的大小。现在计算机及电子线路的处理速度都很高,即使扫描线较长的 LDA 探测器,也能在很短的时间内处理完毕,因此系统的扫描速度取决于 X 射线光通量的大小。只有当 X 射线在 LDA 探测器上的累积剂量达到一定数量时才能有较好质量的图像,否则信号会被系统固有噪声淹没,使得成像质量大大降低。

5)与射线源相关的设计

针对不同射线源,在 LDA 探测器的设计上会有显著的差异。首先要解决的是优化闪烁体,实现闪烁体与 X 射线的能量匹配。当使用能量较高的 X 射线时,必须保证闪烁体能承受高能光子的轰击。目前 LDA 成像器具有承受 450 kV X 射线直接照射的能力。其次是 X 射线的屏蔽和准直,X 射线会增加电子线路的噪声,所以屏蔽和准直很重要。

8.3.3 数字平板直接成像技术

数字平板直接成像技术(Director Digital Panel Radigraphy,简称 DR 技术),是近几年才发展起来的全新的数字化成像技术。DR 技术与胶片或 CR 技术的处理过程不同,在两次照射期间,不必更换胶片和存储荧光板,仅仅需要几秒钟的数据采集,就可以观察到图像,检测速度和效率大大高于胶片和 CR 技术。除了不能进行分割和弯曲外,DR 技术与胶片和 CR 技术具有几乎相同的适应性和应用范围。DR 技术比图像增强器射线实时成像系统的成像质量高很多,不仅成像区均匀,没有边缘几何变形,而且空间分辨率和灵敏度要高得多,其图像质量已接近或达到胶片照相水平。与 LDA 线阵列扫描相比,数字平板可做成大面积平板一次曝光形成图像,而不需要通过移动或旋转工件,经过多次线扫描才获得图像。

数字平板有非晶硅(a–Si)平板、非晶硒(a–Se)平板和 CMOS 平板三种。

8.3.4 数字化射线成像的特点

1.其他获取数字图像的方法

除了上述 CR、DR、LDA 等数字化射线成像技术外,还有其他方法可以获得射线检测数字化图像。例如,对底片进行扫描,可将底片上的图像转换为数字图像;工业射线实时成像系统中通过数字式摄像机也能获得数字图像。但上述两种方法均不划入数字化射线成像技术范畴,因为这两种方法的数字图像是在模拟图像基础上加工而获得的:前者是对已完成的射线照相产品一件底片进行一次再加工,后者仅是在最后阶段通过数字式摄像机才变成数字信号图像,而其成像过程的大部分信号传递变换,从射线作用于输入转换屏以及图像增强器信号的输入输出,均是模拟信号。

以上两种方法获取数字图像均存在缺点:底片数字扫描的缺点是扫描转换需要花费较长时间和添加额外设备,图形质量也可能因扫描出现某种程度的退化;而在射线实时成像系统中,由于成像阶段经过模拟信号的多次转换,造成信噪比降低和成像质量劣化,最终获得的数字图像质量是不高的。

2.数字成像探测器的分类

数字成像探测器是数字化成像系统的关键元器件。各种数字成像探测器都是由集成的数字元件排列而成的阵列。根据光电转换装置的原理和器件不同,数字成像探测器可以分为气体探测器和固体探测器两大类。

3.数字成像系统的技术特性

(1)数字成像系统的信噪比。信噪比是指有用信号电压与噪声电压之比,记为 S/N,通常用分贝值表示。信噪比越大,图像质量越好。

(2)数字成像系统的分辨率。探测器的空间分辨率主要是由图像传感器的像素尺寸决定。

(3)对比灵敏度与宽容度。图像的对比度和宽容度实际上是由射线剂量、光电转换装置的动态范围和系统增益决定的。其中,对比度与宽容度成为一对矛盾组。

4.数字化射线成像技术特点

各种数字化射线成像技术的共同特点是检测过程容易实现自动化,工作效率高,成像质量好,数字图像的处理、存储、传输、提取、观察应用十分方便。

从成像速度来说,各种数字化射线成像技术均比不上图像增强器实时成像,但比胶片照相或 CR 技术快得多。胶片照相或 CR 技术在两次照射期间需更换胶片和存储荧光板,曝光后需冲洗或放入专门装置读取,需要花费许多时间,而数字化射线成像技术仅仅需要几秒钟到几十秒的数据采集时间,就可以观察到图像。数字化射线成像技术成像的速度与成像精度有关,其中最快的非晶硅平板可以每秒 30 幅的速度显示图像,甚至可以替代图像增强器。然而,成像速度越快,所获得的图像的质量就越低。除了不能进行分割和弯曲外,数字平板能够与胶片和 CR 技术有同样的应用范围,可以被放置在机械或传送带位置,检测通过的零件,也可以采用多角度配置进行多视域的检测。数字化射线成像技术的图像质量比图像增强器射线实时成像系统高得多。

从成像质量来说,使用几何放大的图像增强器线性的空间分辨率约为 300 μm,二极管阵列(LDA)器的空间分辨率约为 250 μm,非晶硅/硒接收板的空间分辨率约为 130 μm,CR 平板的空间分辨率约为 100 μm。小型 CMOS 探测器的像素尺寸约为 50 μm,扫描式 CMOS 阵列探测器的像素为 80 μm,使用几何放大的扫描式 CMOS 阵列探测器的空间分辨率可达几微米。

数字平板的共同缺点是价格昂贵,而胶片和 CR 板的成本相对较低。此外,数字平板需要连接电源和电缆,非晶硅/硒接收板数字板易碎,其灵敏度会随温度变化。

8.4　X 射线层析照相

X 射线计算机层析(X‑ray Computed Tomography, X‑CT) 是近 20 年来迅速发展起来的计算机与 X 射线相结合的检测技术。该技术最早应用于医学,工业 CT 检测技术在近年来逐步进入实际应用阶段。

工业 CT 用经过高度准直的窄束 X 射线对工件分层进行扫描。X 射线管与探测器作为同步转动的整体,分别位于工件两侧的相对位置。检查中 X 射线束从各个方向对被探测的断面进行扫描,位于对侧的探测器接收透过断面的 X 射线,然后将这些 X 射线信息转变为电信号,再由 A/D 转换器转换为数字信号输入计算机进行处理,最后图像显示器用不同的灰度等级显示出来,就成为一幅 X‑CT 图像。

工业 CT 检测的特点是准确率高。以往的传统射线检测,是把工件全厚度重叠投影在一张底片上,无法分清楚各部分结构。工业 CT 是工件的分层断面图像,可给出工件任一平面层的图像,可以发现平面内任何方向分布的缺陷,它具有不重叠、层次分明、对比度高和分辨率高等特点,容易准确地确定缺陷的位置和性质。工业 CT 产生的数字化图像信号储存、转录均十分方便,但 CT 技术完整地检测一个工件比常规射线照相需要的时间长得多,费用也要高很多。

工业 CT 技术目前主要应用在下列方面:

(1)缺陷检测。工业 CT 技术可检验小型、复杂、精密的铸件和锻件以及大型固体火箭发动机。检验大型固体火箭发动机的 CT 系统,使用电子直线加速器 X 射线源,能量高达 25 MeV,可检验直径达 3 m 的大型固体火箭发动机。

(2)尺寸测量。工业 CT 技术可用于尺寸的测量,如精密铸造的飞机发动机叶片,其误差不大于 0.1 mm。

(3)结构和密度分布检查。在航空工业中,CT 技术用于检验与评价复合材料和复合结构,以及某些复合件的制造过程。这种检测与评价过程与取样破坏分析过程相比,不仅简化了生产过程、降低了成本,而且可靠性也大大提高。CT 技术还可用于检查工程陶瓷和粉末冶金产品制造过程中材料或成分的变化,特别是对高强度、形状复杂的产品更有意义。

8.5 中子射线照相

自从 20 世纪 30 年代初发现中子以来,它便被得以利用。目前,中子在许多领域的应用已取得令人瞩目的成果。

8.5.1 中子射线照相的原理

中子源发出的中子束射向被检测的物体,穿过物体的中子束被影像记录仪所接收而形成物体的射线照片,这就是中子射线照相。中子是一种不带电荷的基本粒子,其静止质量为 1.008665 u。中子射线与 X 射线和 γ 射线唯一的相同点是都属于不带电粒子束流,且具有很强的穿透物质能力。在其他方面,中子射线与 X 射线和 γ 射线的性质迥然不同。

1.中子射线的物理基本知识

中子与物质相互作用时有如下特点:

第一,当它射入物质时与核外电子几乎没有作用,而主要是与原子核发生作用。因此,中子的反应概率主要决定于核的性质,这与 X 射线和 γ 射线大不一样。X 射线和 γ 射线与物质作用时其能量衰减随吸收体原子序数的增加而逐渐增强,而对中子来说,原子序数相邻的两种元素对中子的吸收可能完全不同,序数小的元素吸收热中子可能比序数大的元素吸收热中子强得多。

第二,中子在某些较轻的元素中具有很大的截面,而在某些较重的元素中截面却很小。例如,氢中中子截面很大而铁或铅中中子截面很小。因此,一束能量固定的中子能够穿透很厚的铁或铅,却不能穿透很薄的含氢物质。

第三,不同的放射性同位素具有不同的中子截面,因此,用中子射线可以检测放射性物体。

由于中子具有上述独特性能,使得中子检测成为 X 射线检测的一种十分有效的辅助手段。描述中子射线的参数有强度和能量。强度是中子源单位时间里发射出来的中子数目,对于每次核反应释放一个中子的过程,中子强度等于单位时间内靶物质中所发生的核反应数。能量与中子的速度有关,中子的速度不同即能量不同。中子能量常用的单位是 eV(电子伏),中子常见的能量区域是 $10^{-3} \sim 10^7$ eV。习惯上把 0.1 MeV 以上的中子称为快中子,把 1 keV 以下的中子称为慢中子,介于其间的称为中能中子。在 10 eV~1 keV 能区的中子,由于它们与物质相互作用的截面常呈共振结构,所以又称为共振中子。10^{-2} eV 左右的中子,由于它相当于分子,原子晶格处于热运动平衡的能量,所以又称为热中子。比热中子能量更低的,就称为冷中子。各种中子能量的区分并不十分严格。

目前无损检测广泛应用的是热中子射线照相检验技术,这主要是因为对不同元素或不同物质,热中子质量吸收系数的差异最大,因此,热中子的检测灵敏度较高。此外,热中子源相对容易得到。

2.中子射线照相的原理

中子射线照相与 X 射线和 γ 射线照相原理十分相近。中子源发出的中子束射向被检测的物体(工件),由于物体的吸收和散射,中子的能量被衰减,衰减的程度则取决于物体内部结构的成分。穿过物体的中子束被影像记录仪所接收而形成物体的射线照片(胶片)。在实际使用中,热中子是最普遍的,但它不能直接从有关反应中制得,必须由快中子减速得到,因此,任何类型的中子源几乎都带有一个体积庞大的减速器(慢化剂)。对热中子来说,还另外需要进行准直,准直的目的是要限制到达物体的中子束发散。中子射线照相的基本透照布置如图 8.5 所示。

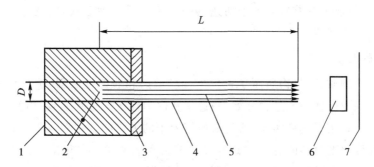

1—慢化剂;2—快中子源;3—中子吸收层;4—准直器;5—中子束;6—工件;7—胶片。

图 8.5　中子射线照相的基本透照布置

中子射线检测还有一个重要的性质,即中子本身几乎不具有直接感光的能力,但它能产生某些容易被记录下来(如感光作用)的二次辐射,如带电粒子、光子等。因此,要在感光胶片上记录中子的信息,必须使用某些类型的转换屏。转换屏在中子照射下发生核反应,产生的 α 粒子、β 粒子和 γ 光子使胶片感光。

中子照相按照转换方式的不同,可以分为直接曝光法和转换曝光法。直接曝光法如图 8.6(a)所示,胶片夹在两层转换屏之间,中子穿过物体落在转换屏上,使转换屏产生辐射而使胶片感光,产生的辐射通常是 β 射线或 γ 射线。转换曝光法(又称间接曝光法)如图 8.6(b)所示,穿过物体的中子束首先使转换屏曝光而使其具有放射性,然后将转换屏与胶片紧密接触地放在一起,转换屏发出的射线使胶片曝光而产生影像。

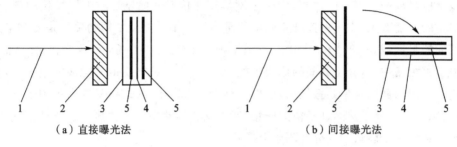

（a）直接曝光法　　　　　　　　（b）间接曝光法

1—中子束;2—工件;3—暗盒;4—胶片;5—转换屏。

图 8.6　热中子射线照相检验方法

8.5.2　中子射线照相设备

如上所述,大多数中子源发射出来的中子需经减速器慢化后变成热中子,然后通过准直器限制中子束的发射角,使它成为束照射,再透过被检工件,记录图像。所以中子探伤设备应包括中子源、减速器(或慢化剂)、准直器和记录设备。下面进行简单介绍。

1.中子源

产生中子的方法很多,但目前能用于探伤的中子源有四种:同位素中子源、加速器中子源、反应堆中子源和中子管式中子源。前两种中子源产生的是快中子,需要通过慢化剂变成热中子才能使用;反应堆中子源产生出来的中子是热中子,一般强度为 10^6 个中子/(s·cm²),可直接用于探伤;中子管式中子源是属于加速器中子源的另一种形式,它的体积小、价格低,可用作移动式中子检测装置。

2.减速器(慢化剂)

当快中子进入物质后,与物质原子核发生弹性散射和非弹性散射,造成能量损失而被减速。非弹性散射只发生在减速过程开始,减速主要由弹性散射过程实现。通过减速使快中子慢化。快中子慢化采用慢化剂实现,通过减速使中子的平均能量达到与慢化剂原子核的平均动能相同。描述慢化剂材料的主要参数是慢化能力和减速比。慢化能力是指在慢化剂的单位行程内中子能量的对数平均降低量。减速比是指慢化能力与宏观吸收截面之比。选择慢化剂材料时,不仅要考虑它的慢化能力,更要考虑它的减速比。慢化能力大但减速比小的材料,由于宏观吸收截面大,不适宜作慢化剂材料。

3.准直器

准直器用铝或不锈钢等材料制成,是一个双层壁的圆筒,两壁间填充了强烈吸收热中子的物质(硼及硼的化合物或水泥)。热中子通过准直器后,其能量减少为原来的 1%。

4.记录设备

中子射线检测中使用的中子转换屏,其作用是吸收入射的中子,然后直接发射能够被检测的某种射线,如带电粒子或光子。中子射线检测中常用的转换屏是闪烁转换屏,它在中子照射下产生荧光使胶片感光,常用的屏材料有钆(Gd)和镉(Cd)。这种曝光法要求屏受照射后产生的放射性具有较长的半衰期。常用的屏材料有铟(In,半衰期 0.9 h)和镝(Dy,半衰期 2.35 h)。

5.转换屏

中子本身几乎不能使胶片感光,因此,在热中子射线照相中必须采用转换屏。转换屏在中子的照射下可以发射 α 射线、β 射线或 γ 射线等,利用这些射线使胶片感光,记录透射中子分布图像,完成中子 β 射线照相。

转换屏分为两类:一类是钆、锂、硼、镉等,其中使用最多的是钆屏,它们在中子照射下瞬时发射射线,可用于直接曝光法;另一类是铟、镝、铑等,它们在受到中子的照射时,可以俘获中子,形成具有一定寿命的放射性核,在以后的放射性衰变中放射出 γ 射线,可用于间接曝光法。

8.5.3　中子射线照相应用简介

中子射线照相检验技术是常规 X 射线、γ 射线照相检验技术的补充,对一些特殊领域和特殊结构,中子射线照相检验技术具有特殊的意义。中子射线照相检验技术的主要缺点是中子源价格昂贵,使用时需特别注意中子的安全与防护问题,这就限制了中子射线照相检验技术的应用。

中子射线照相可应用于核工业装置、爆炸装置和火箭燃料装置、汽轮机叶片、电子器件及航空结构件(包括金属蜂窝结构和组件)等。

1.核工业装置

中子射线照相在核工业中用来检验高辐射性材料的核燃料,测定其尺寸,显示燃料的情况,观察冷却液泄漏或氧化物和同位素的分布情况。

2.爆炸装置和火箭燃料装置

爆炸装置和火箭燃料装置的检测是中子射线照相的重要应用方面。这种装置通常是在铅或不锈钢等金属制成的外壳中装入含氢的炸药或燃料。中子照相不仅能透过金属外壳,显示出里面装载的炸药或燃料,还能观察到其密度是否均匀、有无空隙等。

3.汽轮机叶片

对蜡模铸造制成的汽轮机叶片,要确定其清理后没有残余陶芯留在冷却空腔的内部,可用中子照相进行检验。

4.电子器件

某些电子器件中含有异物(如纸、布等)将不能工作,中子射线可将此显示出来。

5.航空结构件

对于航空和其他设备上的蜂窝结构可用中子进行检测。中子照相能显示制造或维修过程结构的黏结质量或黏结树脂的分布,对金属组件(如铝金属易于氢化而腐蚀)可检测腐蚀;对在役结构可检测其中存在的水分。

课程思政

习　题　8

一、判断题

1.与电子回旋加速器相比,直线加速器能量更高,束流更大,焦点更小。　　　　（　　）

2.宽容度大是高能 X 射线照相的优点之一。　　　　（　　）

3.加速器照相一般选择较大的焦距,其目的是减小几何不清晰度,提高灵敏度。　（　　）

4.中子几乎不具有使胶片溴化银感光的能力。　　　　（　　）

5.中子照相的应用之一是用来检查航空材料蜂窝结构的黏结质量。　　　　（　　）

6.中子对钢铁材料的穿透力很强,因此常用它来检测厚度超过 100 mm 的对接焊缝的焊接缺陷。

　　　　（　　）

7.高能 X 射线照相的不清晰度主要是固有不清晰度,几何不清晰度的影响几乎可以忽略。

　　　　（　　）

8.射线实时成像检验系统的图像容易得到较高的对比度,但不容易得到较好的清晰度。

　　　　（　　）

9.像素的多少决定了射线实时成像系统图像识别细节的能力。　　　　（　　）

10.在高能射线照相中,增感屏的增感作用主要靠前屏。　　　　（　　）

二、选择题

1.直线加速器中,电子以（　　）方式加速。

　　A.高频电波　　　　　　　　　　B.加速磁铁

　　C.中子轰击　　　　　　　　　　D.改变交流电磁铁磁场

2.回旋加速器中,电子以（　　）方式加速。

　　A.场发射　　　　　　　　　　　B.改变交流电磁铁磁场

　　C.高频电流　　　　　　　　　　D.加速磁铁

3.射线照相中使用加速器的目的是（　　）。

　　A.产生 γ 射线　　　　　　　　　B.产生高能量的 X 射线

　　C.产生中子射线　　　　　　　　D.产生 α 射线

4.利用电磁铁和变压器在环形轨道中加速电子产生高能 X 射线的加速器叫作（　　）。

　　A.静电加速器　　　B.直线加速器　　　C.回旋加速器　　　D.三者均是

5.以下哪一项不是高能射线照相的优点？（　　）

　　A.穿透力强　　　B.曝光时间短　　　C.散射比小　　　D.总的不清晰度小

6.以下哪一项不是评价射线实时成像系统图像质量参数？（　　）

　　A.分辨力　　　　　　B.对比度　　　　　　C.放大率　　　　　　D.以上都不是

7.中子射线照相使用的中子能量范围大致属于（　　）。

　　A.快中子　　　　　　B.慢中子　　　　　　C.热中子　　　　　　D.冷中子

8.以下哪一项不是运动中射线照相法的优点？（　　）

　　A.透照过程连续进行、效率高

　　B.照射场范围小、辐射危害低

　　C.采用连续胶片作为记录介质处理、阅读、储存方便

　　D.可通过投影放大技术提高分辨率

9.以下哪一种技术适宜检测大厚度物体的近表面缺陷？（　　）

　　A.中子射线照相　　　　　　　　　　B.运动中射线照相

　　C.康普顿散射照相　　　　　　　　　D.层析照相

10.以下元素中对中子吸收最大的是（　　）。

　　A.铅　　　　　　　　B.铁　　　　　　　　C.铝　　　　　　　　D.氢

三、简答题

1.简述中子射线照相的应用领域。

2.高能射线照相有哪些优点？

3.射线实时成像有哪些优点？

参考答案

《射线检测》试题及答案

参考文献

[1]强天鹏. 射线检测[M]. 2版. 北京:中国劳动社会保障出版社,2007.

[2]射线检验培训教材编写组. 射线检验培训教材[M]. 北京:水利电力出版社,1983.

[3]李瑞棠. X射线探伤检验技术[M]. 北京:机械工业出版社,1985.

[4]屠耀元,郑世才,李衍. 射线检测技术[M]. 上海:世界图书出版公司,1997.

[5]屠耀元. 射线检测工艺学[M]. 北京:航空工业出版社,1989.

[6]孙万铃,潘炳勋,杨新荣. 射线检验[M]. 北京:国防工业出版社,1989.

[7]中国无损检测学会. 射线检测[M]. 西德,译. 北京:机械工业出版社,1985.

[8]中国机械工程学会无损检测学会. 射线检测[M]. 北京:机械工业出版社,1988.

[9]韩继增,韩一. 射线透照焊缝典型照片分析[G]. 河北省科技咨询服务中心无损检测咨询
部,1992.

[10]NB/T 47013. 1～47013. 13—2015 承压设备无损检测[S/OL]. https://www. doc88.
com/p—7448627576372. html.

[11]射线检测复习题(含参考答案)第1章[Z/OL]. (2009-9-27)[2023-1-12]. https://
www. docin. com/p—33601577. html? docfrom＝rrela. [2023-1-12]

[12]射线检测复习题(含参考答案)第2章[Z/OL]. (2009-9-27)[2023-1-12]. https://
www. docin. com/p—33601584. html? docfrom＝rrela.

[13]射线检测复习题(含参考答案)第3章[Z/OL]. (2009-9-27)[2023-1-12]. https://
www. docin. com/p—33601589. html? docfrom＝rrela.

[14]射线检测复习题(含参考答案)第4章[Z/OL]. (2009-9-27)[2023-1-12]. https://
www. docin. com/p—33601593. html? docfrom＝rrela.

[15]射线检测复习题(含参考答案)第5～7章[Z/OL]. (2009-9-27)[2023-1-12].
https://www. docin. com/p—33601599. html? docfrom＝rrela.